普通高等教育"十二五"规划教材 风景园林与园林系列

风景园林规划设计

高成广　谷永丽　◉编著

U0270994

化学工业出版社

·北京·

本书共分4篇，共计24章。第1篇，介绍了风景园林规划设计应具备和了解的基础理论、知识；第2篇，介绍了小尺度、微观园林中风景园林要素（包括地形地貌、植物、建筑、道路广场、园林小品等）设计的内容及设计要点；第3篇，介绍了常见的、中等尺度、中观风景园林景观设计（包括小游园、道路绿地、庭院、广场、居住区等）的内容及设计要点；第4篇，介绍了大尺度、宏观风景园林综合规划（包括专类公园规划、综合公园规划、旅游规划、自然资源保护与利用规划、生态规划等）的内容及规划要点。

本书内容全面、系统性强，重点讲解了不同尺度、不同功能的风景园林规划设计的内容及要点，设计实例丰富、图文并茂。

本书可作为高等院校风景园林、园林相关专业（如城乡规划、建筑、环境艺术、景观、旅游等专业）的教材，及各类设计人员的参考用书，还可作风景园林专业本科、研究生的理论教材使用，还可结合配套教材（《风景园林规划设计实验实习指导书》）进行实验、实习课的教学。

图书在版编目（CIP）数据

风景园林规划设计/高成广，谷永丽编著． —北京：化学工业出版社，2015.1（2024.2重印）

普通高等教育"十二五"规划教材·风景园林与园林系列
ISBN 978-7-122-22343-2

Ⅰ．①风… Ⅱ．①高…②谷… Ⅲ．①园林设计 Ⅳ．①TU986.2

中国版本图书馆CIP数据核字（2014）第268644号

责任编辑：尤彩霞　　　　　　　　　装帧设计：韩　飞
责任校对：边　涛

出版发行：化学工业出版社（北京市东城区青年湖南街13号　邮政编码100011）
印　　装：北京虎彩文化传播有限公司
710mm×1000mm　1/16　印张16　字数413千字　2024年2月北京第1版第7次印刷

购书咨询：010-64518888　　　　　　售后服务：010-64518899
网　　址：http://www.cip.com.cn
凡购买本书，如有缺损质量问题，本社销售中心负责调换。

定　　价：42.00元

前　言

风景园林学（Landscape Architecture），是规划、设计、保护、建设和管理户外自然和人工境域的学科，与建筑学、城乡规划学，构成了人居环境科学的三大支柱。风景园林学以自然科学、人文社会科学为基础，综合性、交叉性强，涉及植物学、生态学、美学、工程学、地理学、气候学、人文学、社会学等多种学科，担负着建设与管理自然与人工环境、提高人类生活质量、传承和弘扬传统文化的重任。

风景园林规划设计，是综合运用科学、艺术和工程技术手段，在微观地域范围内，营建由地形地貌、植物、建筑、道路、园林小品等各种要素组成的景观，体现区域内的场所精神和文脉特征，具有一定的生态效益、游憩使用、绿化美化等功能的环境与空间；在宏观范围内，是保护和合理利用自然环境资源，协调环境与人类社会、经济发展，创造生态健全、景观优美、具有文化内涵和可持续发展的人居环境。

本书包括四部分内容：第1篇，介绍了风景园林规划设计应具备和了解的基础理论、知识；第2篇，介绍了小尺度、微观园林中风景园林要素（包括地形地貌、植物、建筑、道路广场、园林小品等）设计的内容及设计要点；第3篇，介绍了常见的、中等尺度、中观风景园林景观设计（包括小游园、道路绿地、庭院、广场、居住区等）的内容及设计要点；第4篇，介绍了大尺度、宏观风景园林综合规划（包括专类公园规划、综合公园规划、旅游规划、自然资源保护与利用规划、生态规划等）的内容及规划要点。

本书内容全面、系统性强，重点讲解了不同尺度、不同功能的风景园林，其规划设计的内容及要点不同，设计实例丰富、图文并茂，可作风景园林专业本科、研究生的理论教材使用，还可结合配套教材（《风景园林规划设计实验实习指导书》）进行实验、实习课的教学。此外，本书还可作为高等院校相关专业（如风景园林、园林城乡规划、建筑、环艺、景观、旅游等专业）的教材，及各类设计人员的参考用书。

由于编著者自身水平有限，书中难免存在不足及疏漏之处，敬请读者批评指正。

编著者
2014年12月

目　录

第1篇　风景园林基本理论

第1章　绪论 …………………………… 1

1.1　相关概念 ………………………… 1
1.2　风景园林相关学科 ……………… 3
1.3　风景园林规划设计的学习方法 …… 3

第2章　风景园林规划设计的依据与
　　　　原则 …………………………… 4

2.1　风景园林规划设计的依据 ………… 4
2.1.1　科学性 ……………………… 4
2.1.2　社会需要 …………………… 4
2.1.3　功能要求 …………………… 4
2.1.4　经济条件 …………………… 5
2.2　风景园林规划设计的原则 ………… 5

第3章　风景园林规划设计的基本理论 … 6

3.1　艺术美学 ………………………… 6
3.1.1　形式美的表现形态 ………… 6
3.1.2　形式美法则 ………………… 8
3.1.3　造景的艺术手法 …………… 10
3.2　文化学 …………………………… 11
3.2.1　园林文化 …………………… 11
3.2.2　宗教 ………………………… 14
3.2.3　制度 ………………………… 17

3.2.4　民俗风情 …………………… 17
3.2.5　地域特色 …………………… 17
3.3　人体工程与行为心理学 …………… 18
3.3.1　人体工程学 ………………… 18
3.3.2　行为心理学 ………………… 19
3.4　生态学理论 ……………………… 21
3.4.1　生态平衡理论 ……………… 21
3.4.2　生物多样性理论 …………… 22
3.4.3　景观生态学理论 …………… 22
3.4.4　化感作用 …………………… 23
3.4.5　恢复生态学理论 …………… 23

第4章　风景园林规划设计的程序 ……… 24

4.1　设计任务书阶段 ………………… 24
4.2　设计前期工作 …………………… 24
4.2.1　收集调查资料 ……………… 24
4.4.2　现场勘察 …………………… 25
4.2.3　资料的分析与整理 ………… 25
4.3　概念性规划阶段 ………………… 25
4.4　总体规划阶段 …………………… 25
4.5　初步设计阶段 …………………… 26
4.6　施工图设计阶段 ………………… 27

第2篇　风景园林要素设计

第5章　地形地貌 ……………………… 29

5.1　基本概念 ………………………… 29
5.2　地形的分类 ……………………… 30
5.3　地形地貌的功能与作用 ………… 30

5.3.1　美学功能 …………………… 30
5.3.2　空间的界定 ………………… 31
5.3.3　控制视线 …………………… 31
5.3.4　地形影响道路的布局 ……… 31
5.3.5　地形的排水 ………………… 32

5.3.6　改善小气候环境 …………… 32

5.4　地形地貌设计 …………………… 32

  5.4.1　设计任务 ……………………… 32

  5.4.2　设计原则 ……………………… 32

  5.4.3　各种地形设计 ………………… 32

5.5　地形地貌设计趋势 ……………… 33

  5.5.1　风水理论的运用 ……………… 33

  5.5.2　地形地貌及其生态特质的

      运用 ………………………… 34

  5.5.3　现代信息技术的运用 ………… 34

  5.5.4　大地艺术的表现 ……………… 34

第6章　风景园林植物 …………………… 35

6.1　园林植物的分类 ………………… 35

  6.1.1　乔木类 ………………………… 35

  6.1.2　灌木类 ………………………… 35

  6.1.3　藤本植物 ……………………… 35

  6.1.4　竹类 …………………………… 36

  6.1.5　园林花卉 ……………………… 36

  6.1.6　地被植物 ……………………… 36

  6.1.7　草坪 …………………………… 37

6.2　园林植物的功能作用 …………… 37

  6.2.1　建造功能 ……………………… 37

  6.2.2　观赏功能 ……………………… 38

  6.2.3　生态功能 ……………………… 41

  6.2.4　精神文化功能 ………………… 41

6.3　园林植物景观设计的原则 ……… 42

  6.3.1　科学性原则 …………………… 42

  6.3.2　艺术性原则 …………………… 42

  6.3.3　经济性原则 …………………… 42

6.4　园林植物景观设计 ……………… 43

  6.4.1　孤植 …………………………… 43

  6.4.2　对植 …………………………… 43

  6.4.3　行列式种植 …………………… 43

  6.4.4　丛植 …………………………… 43

  6.4.5　群植 …………………………… 44

  6.4.6　树林 …………………………… 44

  6.4.7　林带 …………………………… 45

  6.4.8　绿篱或绿墙 …………………… 45

  6.4.9　地表种植 ……………………… 45

  6.4.10　攀援种植 …………………… 46

  6.4.11　水体绿化 …………………… 46

  6.4.12　花境 ………………………… 47

  6.4.13　花卉景观设计 ……………… 47

6.5　植物景观设计趋势 ……………… 48

  6.5.1　恢复地带性植被景观设计 …… 48

  6.5.2　自然式植物景观设计 ………… 48

  6.5.3　立体绿化设计 ………………… 48

  6.5.4　节约型植物景观设计 ………… 49

第7章　风景园林建筑 …………………… 50

7.1　园林建筑的功能作用 …………… 50

  7.1.1　园林建筑的使用功能 ………… 50

  7.1.2　园林建筑的造景功能 ………… 50

7.2　园林建筑的分类 ………………… 51

  7.2.1　风景游憩建筑 ………………… 51

  7.2.2　服务性建筑 …………………… 51

  7.2.3　文化娱乐性建筑与设施 ……… 51

  7.2.4　公共设施类建筑 ……………… 51

  7.2.5　园林构筑物 …………………… 52

7.3　园林建筑设计 …………………… 52

  7.3.1　设计的方法和技巧 …………… 52

  7.3.2　园林建筑单体设计 …………… 53

第8章　风景园林道路 …………………… 56

8.1　园林道路的分类 ………………… 56

8.2　园林道路的设计 ………………… 57

  8.2.1　道路的布局 …………………… 57

  8.2.2　道路的线形设计 ……………… 58

  8.2.3　道路设计要点 ………………… 58

8.3　园林道路的铺装 ………………… 59

  8.3.1　铺装的功能 …………………… 59

  8.3.2　铺装设计 ……………………… 60

  8.3.3　铺装的排水 …………………… 61

第9章　风景园林小品 …………………… 62

9.1　园林小品的功能与作用 ………… 62

9.2　园林小品的分类 ………………… 63

9.2.1 园林雕塑 …………………… 63
9.2.2 园林建筑装饰 ……………… 64
9.2.3 装饰小品 …………………… 66
9.2.4 山石小品 …………………… 67
9.2.5 信息与服务设施 …………… 68

9.3 园林小品的设计 ………………… 70
9.3.1 主题 ………………………… 70
9.3.2 方案设计 …………………… 70
9.3.3 施工工艺与技术 …………… 70

第3篇 风景园林景观设计

第10章 小游园景观设计 …………… 71

10.1 小游园的功能 …………………… 71
10.2 小游园景观设计 ………………… 72
10.2.1 性质与类型 ………………… 72
10.2.2 主题与文化氛围营造 ……… 73
10.2.3 内容的确定 ………………… 73
10.2.4 组织交通 …………………… 74
10.2.5 空间分析 …………………… 75
10.2.6 景观分析 …………………… 75
10.2.7 植物配置 …………………… 75
10.2.8 竖向设计 …………………… 76

第11章 道路绿地景观设计 ………… 77

11.1 道路的类型 ……………………… 77
11.1.1 城市道路 …………………… 77
11.1.2 公路 ………………………… 77
11.2 道路绿地的功能 ………………… 78
11.2.1 卫生防护和改善生态环境…… 78
11.2.2 组织交通和保证安全 ……… 79
11.2.3 增强道路景观效果 ………… 79
11.2.4 其他功能 …………………… 79
11.3 道路绿地设计的原则 …………… 80
11.4 城市道路绿地景观设计 ………… 80
11.4.1 人行道绿地景观设计 ……… 80
11.4.2 分车带绿地景观设计 ……… 82
11.4.3 交通岛绿地景观设计 ……… 82
11.4.4 交叉路口绿地景观设计 …… 82
11.5 公路绿地景观设计 ……………… 83
11.5.1 一般公路绿地景观设计 …… 84
11.5.2 高速公路绿地景观设计 …… 85
11.6 铁路绿地景观设计 ……………… 88

11.6.1 设计原则与相关规定 ……… 88
11.6.2 铁路两侧绿化设计 ………… 89
11.6.3 路基边坡绿色防护 ………… 89

第12章 停车场景观设计 …………… 91

12.1 停车场设计指标 ………………… 91
12.1.1 停车场面积指标 …………… 91
12.1.2 建筑工程配套停车位指标 … 91
12.2 停车场设计 ……………………… 93
12.2.1 出入口布置 ………………… 93
12.2.2 停车场通道 ………………… 93
12.2.3 车辆停放方式 ……………… 94
12.3 停车场景观设计 ………………… 95
12.3.1 出入口景观 ………………… 95
12.3.2 停车场绿化 ………………… 95
12.3.3 停车场铺装设计 …………… 97

第13章 庭院景观设计 ……………… 99

13.1 住宅庭院 ………………………… 99
13.1.1 住宅庭院的功能与特点 …… 99
13.1.2 住宅庭院景观设计 ………… 100
13.2 办公庭院景观设计 ……………… 105
13.2.1 入口庭院 …………………… 105
13.2.2 中庭 ………………………… 106
13.2.3 过渡庭院 …………………… 106
13.2.4 外围庭院 …………………… 107

第14章 校园景观设计 ……………… 108

14.1 校园的功能与特点 ……………… 108
14.1.1 实用功能 …………………… 108
14.1.2 文化教育功能 ……………… 110

14.1.3　生态环境功能 ·············111
14.2　校园景观设计 ·············111
14.2.1　校园入口景观设计 ·············111
14.2.2　校园主轴线景观设计 ·············112
14.2.3　中心景观设计 ·············113
14.2.4　行政办公区景观设计 ·············113
14.2.5　教学科研区景观设计 ·············114
14.2.6　生活区景观设计 ·············114
14.2.7　体育活动区景观设计 ·············114

第15章　酒店环境景观设计 ·············115

15.1　入口景观设计 ·············115
15.2　大堂景观设计 ·············116
15.3　中庭景观设计 ·············116
15.4　廊道景观设计 ·············117
15.5　露台与阳台景观设计 ·············118
15.6　外围环境景观设计 ·············119

第16章　屋顶花园景观设计 ·············121

16.1　屋顶花园的概念 ·············121
16.2　屋顶花园的功能 ·············121
16.3　屋顶花园的类型 ·············122
16.4　屋顶花园景观设计 ·············123
16.4.1　性质与定位 ·············123
16.4.2　功能与空间布局 ·············123
16.4.3　景观要素设计 ·············123
16.5　设计技术要点 ·············125
16.5.1　屋顶荷载 ·············125
16.5.2　屋顶防水与排水 ·············125
16.5.3　后期维护与管理 ·············127

第17章　广场景观设计 ·············128

17.1　广场的概念 ·············128

17.2　广场的分类 ·············128
17.2.1　广场性质 ·············128
17.2.2　广场的空间形态 ·············131
17.2.3　城市规划等级 ·············131
17.3　城市广场的功能 ·············132
17.4　广场景观设计 ·············133
17.4.1　设计原则 ·············133
17.4.2　广场的定位 ·············134
17.4.3　广场的定量 ·············135
17.4.4　广场用地与功能区划分 ·············136
17.4.5　道路系统设计 ·············137
17.4.6　植物景观设计 ·············138
17.4.7　水景设计 ·············138
17.4.8　雕塑小品与设施设计 ·············139

第18章　居住区景观设计 ·············142

18.1　居住区景观的类型 ·············142
18.2　居住区景观设计原则 ·············142
18.3　居住区景观设计定位 ·············143
18.4　居住区景观分区设计 ·············143
18.4.1　出入口景观区 ·············144
18.4.2　中心景观区 ·············144
18.4.3　庭院景观区 ·············145
18.4.4　宅旁绿地景观 ·············145
18.4.5　道路景观 ·············146
18.4.6　外围环境 ·············148
18.5　居住区功能性场所设计 ·············148
18.5.1　休闲广场 ·············149
18.5.2　儿童游乐场 ·············149
18.5.3　老年活动场地 ·············150
18.5.4　运动健身场所 ·············151
18.5.5　安静休息区 ·············151

第4篇　风景园林综合规划

第19章　专类公园规划 ·············153

19.1　儿童公园 ·············153
19.1.1　儿童公园的类型 ·············153
19.1.2　儿童公园规划的原则 ·············153

19.1.3　儿童公园规划的主要内容 ·············154
19.1.4　儿童公园规划设计要点 ·············155
19.2　植物园 ·············157
19.2.1　植物园的作用 ·············157
19.2.2　植物园的类型 ·············158

19.2.3　植物园规划主要内容 ········· 158

19.3　动物园 ································· 160

19.3.1　动物园的作用 ············· 160

19.3.2　动物园的类型 ············· 160

19.3.3　动物园规划主要内容 ····· 161

19.4　现代墓园规划 ····················· 163

19.4.1　墓园的分类 ················ 163

19.4.2　现代墓园的特征 ··········· 164

19.4.3　现代墓园规划的原则 ····· 164

19.4.4　现代墓园规划的主要内容 ··· 166

19.5　其他专类公园 ····················· 171

第20章　综合公园规划 ··············· 172

20.1　综合公园的功能 ················· 172

20.2　综合公园规划的主要内容 ····· 172

20.2.1　综合公园规划的原则 ····· 172

20.2.2　综合公园的选址 ··········· 172

20.2.3　功能分区及内容 ··········· 173

20.2.4　公园的规划布局 ··········· 175

20.2.5　景观分区与景点布置 ····· 176

20.2.6　道路系统规划 ·············· 176

20.2.7　竖向景观规划 ·············· 178

20.2.8　植物景观规划 ·············· 179

20.2.9　服务设施规划 ·············· 179

20.2.10　专项工程规划 ············· 180

20.2.11　经济技术指标 ············· 180

20.3　规划文本编制 ····················· 181

第21章　城市园林绿地系统规划 ··· 182

21.1　城市绿地系统的性质 ··········· 182

21.2　规划的目标与指标 ··············· 182

21.3　绿地系统规划的主要内容 ····· 183

21.3.1　规划主要任务 ·············· 183

21.3.2　绿地系统规划的原则 ····· 183

21.3.3　绿地系统的结构布局 ····· 183

21.3.4　城市绿地的分类规划 ····· 184

21.3.5　城市树种规划 ·············· 188

21.3.6　城市生物多样性保护规划 ··· 188

21.3.7　古树名木保护规划 ········· 190

21.3.8　防灾避险绿地规划 ········· 190

21.4　规划文件编制 ····················· 192

21.4.1　规划文本 ···················· 192

21.4.2　规划说明书 ················· 192

21.4.3　规划图则 ···················· 192

21.4.4　规划基础资料汇编 ········· 193

第22章　自然资源保护与利用规划 ··· 194

22.1　风景名胜区规划 ················· 194

22.1.1　风景名胜区分类 ··········· 194

22.1.2　风景资源现状调查 ········· 194

22.1.3　风景资源分类 ·············· 195

22.1.4　风景资源评价 ·············· 195

22.1.5　风景区的范围与性质 ····· 196

22.1.6　风景名胜区发展的目标 ··· 196

22.1.7　风景名胜区的分区 ········· 197

22.1.8　风景名胜区的结构与布局 ··· 197

22.1.9　游人容量及生态原则 ····· 197

22.1.10　保护培育规划 ············· 198

22.1.11　风景游赏规划 ············· 199

22.1.12　典型景观规划 ············· 200

22.1.13　其他专项规划 ············· 200

22.1.14　规划成果与深度规定 ····· 201

22.2　森林公园规划 ····················· 201

22.2.1　森林公园的类型 ··········· 201

22.2.2　森林公园的功能与作用 ··· 201

22.2.3　森林公园风景资源评价 ··· 202

22.2.4　环境容量和旅游规模预测 ··· 203

22.2.5　森林公园功能分区与布局 ··· 204

22.2.6　植被与森林景观规划 ····· 204

22.2.7　生态文化建设规划 ········· 205

22.2.8　森林游憩规划 ·············· 205

22.2.9　基础设施规划 ·············· 205

22.2.10　保护保育工程规划 ········· 206

22.2.11　规划成果要求 ············· 207

22.3　自然保护区规划 ················· 208

22.3.1　自然保护区设立的标准 ··· 208

22.3.2　自然保护区的主要类型 ··· 208

22.3.3　自然保护区的等级 ········· 208

22.3.4　自然保护区的结构与布局 ···· 209
22.3.5　自然保护区规划编制的
　　　　内容 ············· 209
22.4　地质公园规划 ············· 213
22.4.1　规划编制的基本原则 ····· 213
22.4.2　规划主要内容及要求 ····· 213
22.4.3　规划成果要求 ········· 215

第23章　旅游规划 ············· 217
23.1　旅游规划的分类 ··········· 217
23.2　旅游发展规划 ············· 217
23.2.1　旅游发展规划的主要内容 ·· 217
23.2.2　旅游发展规划的成果 ····· 218
23.3　旅游区规划 ·············· 218
23.3.1　旅游资源调查 ········· 218
23.3.2　旅游资源评价 ········· 218
23.3.3　旅游区规划 ·········· 219
23.3.4　其它专项规划 ········· 220
23.4　主题公园规划 ············· 220
23.4.1　主题公园类型及特点 ····· 220
23.4.2　主题公园的规划原则 ····· 220
23.4.3　主题公园筹建基本程序 ··· 220
23.4.4　主题公园规划设计的
　　　　主要内容 ··········· 220
23.5　休闲农业园规划 ··········· 221
23.5.1　休闲农业园的类型与功能 ·· 221
23.5.2　休闲农业园规划主要内容 ·· 221
23.5.3　规划成果要求 ········· 223
23.6　温泉旅游度假区规划 ········ 223
23.6.1　温泉的种类 ·········· 223
23.6.2　温泉度假区规划的原则 ··· 223
23.6.3　规划开发模式 ········· 224

23.6.4　温泉产品及功能区规划 ······· 224

第24章　生态规划 ············· 227
24.1　生态规划概述 ············· 227
24.1.1　生态规划的概念 ······· 227
24.1.2　生态规划的目的与任务 ···· 227
24.1.3　生态规划的原则 ······· 227
24.1.4　生态规划的类型 ······· 228
24.1.5　生态规划的程序与内容 ···· 229
24.2　生态市（县）规划 ·········· 231
24.2.1　生态市（县）规划的
　　　　基本原则 ··········· 231
24.2.2　生态市（县）规划的
　　　　主要内容 ··········· 231
24.3　湿地公园规划 ············· 234
24.3.1　湿地公园的分类 ······· 234
24.3.2　湿地公园的功能和作用 ···· 236
24.3.3　湿地公园规划的原则 ····· 237
24.3.4　湿地公园规划的内容 ····· 237
24.3.5　湿地公园的功能分区 ····· 237
24.3.6　水系组织规划 ········· 238
24.3.7　生物多样性保护规划 ····· 239
24.3.8　游览道路系统规划 ······ 239
24.3.9　湿地生态保护与恢复规划 ·· 239
24.3.10　净水系统规划 ········ 240
24.4　矿山生态环境保护与恢复规划 ·· 241
24.4.1　规划基本原则 ········· 241
24.4.2　规划编制的程序 ······· 241
24.4.3　现状资料收集与分析 ····· 241
24.4.4　矿山生态规划 ········· 242
24.3.4　成果要求 ··········· 244

参考文献 ·················· 245

作者简介 ·················· 246

第1篇

风景园林基本理论

第1章 绪 论

1.1 相关概念

在人类历史发展的长河中，风景园林作为人类居住的家园，经历了从无到有、从简单到复杂的漫长过程，从最初的树栖穴息开始，到有一定规模的囿、苑、庭院、公园、国家公园，直到今天的人类大环境设计，在这一过程中，人类写下了来自自然、索取自然、破坏自然、保护自然，最终回归自然的人类文明史。风景园林的概念也从最初的囿、园、苑、自然山水园，发展到近现代的造园、园林、景观建筑、景园（园景）、地景、景观设计等相关概念。

（1）风景园林学

风景园林学（Landscape Architecture），是规划、设计、保护、建设和管理户外自然和人工境域的学科。风景园林学与城乡规划学、建筑学构成人居环境科学的三大支柱。风景园林学以自然科学、人文社会科学为基础，综合性、交叉性强，涉及植物学、生态学、美学、工程学、地理学、气候学、人文学、社会学等多种学科，担负着建设与管理自然和人工环境、提高人类生活质量、传承和弘扬优秀传统文化的重任。

（2）风景园林设计

"设"者，陈设、设置之意；"计"者，计谋、策略之意；设计，是把一种计划、规划、设想的内容，通过视觉的形式表达出来的过程。简单地说，设计就是有目的的创作行为。风景园林设计，是综合运用科学、艺术和工程技术手段，在微观地域范围内，营建由地形地貌（山石、水体）、植物、建筑、道路（广场）、园林小品等各种要素组成的环境景观，体现区域内的场所精神和文脉特征，具有一定的生态效益、游憩使用、绿化美化等功能的环境与空间。

（3）风景园林规划

"规"者，规划、规矩、谋划之意；"划"者，计划、刻画、策划之意。规划，意即进行比较全面、长远的发展计划，在时间尺度上包括远期规划（20年）、中期规划（10年）和近期规划（5年），在内容上包括总体规划、分区规划、专项规划和详细规划等。风景园林规划，主要是指在一定的时间尺度和地域范围内，根据国民经济和社会发展的需要，保护和合理利用自然环境资源，协调环境与人类经济和社会发展，创造生态健全、景观优美、具有文化内涵和可持续发展的人居环境。主要内容包括：确定园林建设项目的性质、规模、发展方向、主要内容、基础设施、空间综合布局、建设分期和投资估算等。

风景园林规划设计的范围，小尺度的包括地形地貌（山石、水体）、植物、建筑、道路（广场）、园林小品等各种要素的设计（图1-1）；中间尺度的包括小游园、庭院景观（私家或单位）、道路景观、城市广场景观、居住区景观等景观设计（图1-2）；大尺度的包括各种专类园、综合公园、城乡绿地系统、自然资源保护与利用规划、旅游规划、生态规划等（图1-3）。

图1-1　某公园局部植物配置

图1-2　某公园局部景观

图1-3　某城市局部景观

1.2　风景园林相关学科

风景园林学是一门综合性、交叉性强的应用学科，涉及的知识面较广、内容复杂，从涉及相关学科来看，主要与理工学科、农林学科、医学生理学科、艺术设计学科以及社会人文学科相关。

理工类学科，涉及生物学、植物学、生态学、地理地质学、土木建筑学、气象学等学科，具体内容包括生物栖息地营造、植物造景、生态保护、自然与人文地理、地形地貌、环境灾害、水土保持、历史建筑保护与再利用、建（构）筑物造型、设计、施工、结构等。

农林学科，主要包括园艺、林业，传统的庭院和造园设计、自然景观规划与运营等，其涉及内容是传统园林学科的重点。

艺术人文学科，包括美学、史论学，涉及空间构成、色彩设计、设计创意等，内容宽泛，是现代景观学科关注的重点，对于解决城市更替、城市文化继承等具有重要作用。

医学生理学科，主要包括环境心理学和环境行为学，从人与环境的选择与限定的相互关系着手，解决设计细节的问题。

社会管理类学科，主要有土地、资源、信息规划与管理，在崇尚构建低碳、生态和高效社会的今天，对提高整个社会的管理水平有着重要的意义。

1.3　风景园林规划设计的学习方法

（1）学习优秀的设计理论

风景园林规划设计，是人类改造或利用自然以营造理想生活环境的活动，都基于地理、气候、生物等各种自然环境条件，应用美学、文化、艺术和技术手段，营建自己理想中的家园，因而不同文明背景下的人们，在各自的景观营造过程中，产生了各种形式、风格的庭院及设计经验（理论），如传统的中国自然式山水园、伊斯兰风格庭院、欧洲规则式庭院、日本枯山水庭等，及现代的极简主义园林、结构主义园林、生态主义等，学习这些传统或现代的设计理论，做到"古为今用，洋为中用"，继承与发展相结合，提高自身风景园林规划设计的水平。

（2）培养艺术美感

风景园林是一门科学，也是一门艺术，从方案图、设计图到施工现场指导，都需要具有深厚的艺术美感、人文修养。在设计中，作品不仅要经济、实用、功能合理，还要有较好的图面表达效果，这也是园林设计师必备的素质之一；在施工中，如何根据现场材料（如乔木、花卉、景石等），在短时间内运用艺术、技术手段进行搭配、协调、组合，形成优美的园林景观，必须具备一定的艺术修养。因此，培养艺术美感，让自己拥有一双懂美、会欣赏、知优劣的慧眼，在风景园林专业的学习中至关重要。

培养艺术美感是一个长期的过程，没有捷径可走，只有平时多看、多练、勤于思考，临摹优秀的艺术作品，从早期简单的"抄"（抄袭），过渡到后期的"超"（超越），从量变到质变，扩大视野，才能"举一反三"，触类旁通。

（3）理论与实践相结合

任何优秀的设计理论都是理论，属于上层意识，只有理论与实践相结合，理论指导实践，实践再检验理论，经过理论——实践——理论——实践的过程，才能不断提高设计的理论水平，创建出满足大众需求、生态良好、经济实用、环境优美的风景园林作品。

第2章　风景园林规划设计的依据与原则

2.1　风景园林规划设计的依据

风景园林规划设计的依据，包括具有科学性、满足社会需要、满足功能要求和具有经济条件等。

2.1.1　科学性

风景园林规划设计必须遵循相关的科学原理，并按照一定的技术要求进行规划、设计与施工。规划设计的科学性主要表现在以下几个方面。

① 对自然条件的了解，包括对水文、地质地貌、冰冻线、土壤状况、植物、气候等的充分了解，为地形改造、水体设计、建筑布局及植物种植提供依据，避免建设过程中出现水体漏水、土方塌陷、植物死亡等工程事故。

② 具有丰富的生物、生态学知识，对树木、花草生理生态习性的了解，按照植物的生态习性进行配置，避免种植设计的失败。

③ 熟悉工程技术标准与规范，如规划、建筑、水利、土石方等方面的技术标准、规范，园林建筑、园林工程设施必须严格按照国家规范要求进行，才能保证规划设计的顺利审批和实施。

2.1.2　社会需要

风景园林要反映社会的意识形态，为广大人民群众的精神与物质文明建设服务。园林规划设计者要体察广大人民群众的心态，了解人们对园林景观的要求，创造出能满足不同年龄、不同兴趣爱好、不同文化层次游客的需要（图2-1）。

图2-1　城市绿地中不同人群的行为需求

2.1.3　功能要求

风景园林规划设计要满足使用功能、景观功能、交通功能、生态环境功能等。

① 使用功能　设计者应根据大众的审美要求、活动规律、民族习惯、历史传统、经济

活动及地理环境等方面，规划设计包括不同的使用功能，如日常游憩娱乐活动（如文娱活动、体育活动、安静休息等）、文化宣传与科普教育、商业服务、休息疗养、观光度假等各种功能，创造出景色优美、环境卫生、情趣健康、舒适方便的园林空间，以满足大众对各种功能的需求。

②景观功能　包括美化城市、增加环境的艺术美感，成为城乡景观的重要组成部分（图2-2）。

③生态环境功能　包括净化空气（吸收CO_2、释放O_2、吸收有害气体、吸滞烟尘、减少含菌量等）、净化水体和土壤，改善城市小气候环境（调节气温、湿度、通风防风等），保护生物多样性、降低城市噪声、安全防护（防震防火、防御放射性污染、备战防空等）、水土保持、生物防治、生态恢复等。风景园林对保护和改善人居环境起着极其重要的作用（图2-2）。

图2-2　风景园林保护和改善人居环境

④交通功能　考虑风景园林与周围环境的交通关系，如城市主干道、次干道与园林的主入口、次入口的关系；园林内部的交通关系，如出入口的位置、停车场、主干道、次干道、专用道路、人行步道等设置。

2.1.4　经济条件

经济条件是风景园林规划设计的重要依据。设计者应当在有限的投资条件下，发挥最佳规划设计技能，节省开支，创造出最理想的作品。

综上所述，一项优秀的风景园林作品，必须做到科学性、艺术性和经济条件、社会需要紧密结合，相互协调，全面运筹，争取达到最佳的社会效益、环境效益和经济效益。

2.2　风景园林规划设计的原则

园林规划设计必须遵循的基本原则，包括实用、经济、美观、生态等。

实用，是指园林的功能要求满足人的活动需要；经济，是指园林绿化的投资、造价、养护管理等方面的费用问题，应尽量减少人力、物力、财力的投资；美观，是指园林的布局、造景艺术的要求；生态，是指园林绿化必须建立在尊重自然、保护自然、恢复自然的基础上。

在不同的情况下，根据不同性质、不同类型、不同环境的差异，四者之间的关系有所侧重，但一般情况下，园林设计首先要考虑"实用"的问题，其次考虑是否"经济"，然后考虑是否"美观"和"生态"，四者相互依存、不可分割，不能片面强调，也不能相互孤立。实用、经济、美观的关系是辩证统一的，但必须建立在生态的基础上，这是风景园林规划设计的基本原则。

第3章 风景园林规划设计的基本理论

风景园林是在一定地域范围内，运用艺术与技术手段，创建美的自然环境和游憩境域，由植物、道路、地形地貌、建筑、园林小品等要素组成，要将这些组成要素设计为满足景观、生态、功能等要求的环境，就需要掌握一定的艺术审美规律、人文历史内涵、人体工程学、行为心理学、生态学等各方面的基本原理与方法。

3.1 艺术美学

风景园林是艺术，一种特殊的造型艺术，园林景观是真实的、立体的，以静态和动态的方式呈现在一定的空间之内，与一般的造型艺术不同的是，风景园林并不只是实体的艺术形象，而是通过众多的风景形象组合，构成了一个个连续的风景园林空间，是生活美、自然美和艺术美的高度和谐统一，有机地融合了建筑、文学、美学、书法、绘画、音乐等各门艺术，营造出自身独特的审美意境。因此，园林规划设计必须了解一些形式美的表现形态、法则及造景艺术手法。

3.1.1 形式美的表现形态

形式美的表现形态一般包括点、线、面、形、色彩、声音、材质、空间等要素，它们是形式美产生的重要条件。在园林空间中，形式美的表现形态主要有以下几个方面。

（1）点

点是相对的元素，与线、面的概念构成对比。点的功能是表明位置、吸引视线和进行聚集，一个大小适宜的点，在画面上可以成为视线中心点，给人安定而单纯的感觉；两个点就产生相互联系，具有线的方向感和张力；三个以上的点做近距离的散置，会产生形的感觉；连续性的点可以形成线。点是一种轻松、随意的装饰美，是园林设计的重要组成部分，一般以景点的形式出现，如中心景观、视角中心、景点等。风景园林中，孤植的树、置石、亭子、雕塑、水池、花钵等都可以看成是点（图3-1）。

图3-1 连续的花钵构成路边的景观装饰

（2）线

线是具有位置、方向与长度的一种几何体，可以理解为点运动后形成的轨迹，与点强调位置与聚集不同，线更强调方向与外形。线可以分为直线与曲线，直线分为水平、垂直、斜线和折线，水平线具有广阔、宁静、平和、稳定的感觉，如地平线、广场、镜面水池等；垂直的线具有崇高、庄重、拉长、升降的感觉，如宝塔、纪念碑、倒影池等（图3-2）；斜线具有方向性、不安定、动势、危机、运动的感受，如比萨斜塔、斜拉索桥；折线具有随意、不规则、凌乱和动态的感觉；曲线具有柔软、优雅和自然的感觉（图3-3），曲线的整齐排列会使人感觉流畅，具有强烈的心理暗示作用，如圆弧线具有丰满感，抛物线具有动势，波浪线具有起伏感，拱桥的双曲线具有和谐感，螺旋线具有飞舞、欢快感，蛇形线具有自由感，放射弧线具有扩展、扩张感，回纹线具有流动感等。

（3）面

与点、线相比，面是一个平面中相对较大的元素，强调形状和面积，具有长度、位置、方向，而无厚度。不同的面给人不同的视觉联想，如正方形、菱形、等边三角形等直线型的面，具有坚固、简洁、秩序的视觉特征；圆形、椭圆形等曲线形的面则有柔软、数理、秩序井然、自由、明快的感觉；自由曲线型的面则给人以活泼、多变、朴实无华和富有感情特征。

风景园林设计中，点、线、面的关系是相对的，点的移动构成线，线的移动构成面，面的缩小可变成点，点的扩大成为面，点、线、面之间的变化极为丰富，任何一个景观，都可解构为由点、线、面构成的各种图形图案（图3-4）。因此，风景园林的规划设计，在从解构的角度来说，就是一些点、线、面的排列组合。

（4）形

形由线和面复合而成，不同的形状具有不同的性格特征、感觉和文化含义。圆形具有愉快、柔和、圆满的感觉，正三角形具有坚固、强壮、收缩的感觉，菱形具有锐利、坚固、轻巧的感觉，正方形具有质朴、沉重、坚固的感觉，长方形具有坚固、强壮的感觉等。同时，不同的形状，具有不同的文化含义，如"卐"象征佛教，圆形的阴阳鱼图案象征太极、道教，"卍"象征纳粹，星月的组合象征伊斯兰教，八角星是清真寺装饰中的常见形式（图3-5），六芒星是以色列、犹太教、犹太文化的象征等，这些具有一定文化内涵的形状或符号，在设计

图3-2　倒影池、地平线、垂直线构成纪念碑

图3-3　自然流畅的曲线构成优美的田园风光

图3-4　各种点、线、面构成的中心景观

图3-5　清真寺中八角星装饰的树池

中一定要慎重使用，以免产生理解上的歧义。

（5）色彩

色彩是物质的属性之一，是构成形式美的要素，具有强烈的表情性质和精神意蕴，如蓝色给人感觉宁静，绿色给人感觉平静、安慰，白色孕育着希望，黑色则是无希望的沉寂等。色彩分为人工色、自然色和半自然色。人工色是指通过人工技术手段产生的颜色，如瓷砖、玻璃、各种涂料的色彩等；自然色是指自然物质所表现出来的颜色，如天空、石材、水体、植物的色彩等；半自然色是指人工加工过但不改变自然物质性质的色彩，如人工加工过的各种石材、木材和金属的色彩等。

园林规划设计中，色彩设计就是把园林景观中各具色彩的物质载体进行组合，以期得到理想中的色彩配置方案。设计时要考虑色彩对人心理、生理感知的影响，场地的地理特色，气候因素，国家或民族的风俗与偏好，文化与宗教的影响，光线的变化，材料的特性等。另外，还要考虑使用中的场地性质对于色彩的要求，使用者的兴趣、爱好等。

（6）材质

材质，材料的质感，是构成园林的物体给人的直观感受，不同的材质给人的感觉不一样，如粗糙的质感让人感觉到力量、强壮，自然、光滑的质感让人联想到温柔、优雅，金属和岩石的质感让人感觉到坚硬、冰冷、距离，草地和树叶的质感让人感觉柔软、轻盈和亲切等。现代园林设计中，材质的对比、变化、多样和统一，是景观效果表现的关键（图3-6）。

（7）空间

风景园林设计是一种环境空间的设计，其目的在于提供人们一个舒适、美好、富于想象的外部休闲场所。风景园林空间的构成，须具备三个因素：一是植物、建筑、地形等空间境界物的高度，二是视点到空间境界物的水平距离，三是空间内若干视点的大致均匀度。空间可以分为开敞空间、半开敞空间、封闭空间，空间序列变化是园林设计中的一个重要内容，如苏州留园的入口处理，其空间的开合、光线的变化、景观的递进，是中国古典园林空间处理的典范。

图3-6　景观细节由各种材质组合体现出来

3.1.2　形式美法则

（1）变化与统一

变化与统一是构成园林景观形式诸多法则中最基本、也是最重要的一条法则。变化，是指相异的各种要素组合在一起时，形成了一种明显的对比和差异的感觉；统一，是诸元素之间在内部联系上的一致性。园林环境中，由于多种元素并存，形象变化丰富，必须统一于一个中心或主体，才能构成一个有机的整体。园林植物配置中，植物种类太多则杂乱，太少则单一，要在对比中找到既统一又丰富的效果（图3-7）。

图3-7　景石两边的竹子和南天竹相统一

风景园林设计中，要创造多样与统一的效果，可以通过多种途径来达到，如局部与整体的统一、形式与内容的统一、风格流派的多样统一、材料与质地的多样统一、形态与纹理的多样统一、尺度比例的变化与统一、动势动态的变化与统一等，在变化中寻求统一、在统一中寻求变化，关键在于"度"的把握、"不多不少"分寸的控制。

（2）对比与调和

对比与调和是艺术构图的一个重要手法，它是运用布局中的某一因素（如体量、色彩、材质等）中程度不同的差异，取得不同艺术效果的表现形式。园林造景中的对比因素很多，如大小、曲直、方向、黑白、明暗、色调、疏密、虚实、藏露、动静、开合等，都可以形成对比。通过对比可突出主题，强化立意，也可使相互对比的事物相得益彰，相互衬托，创造出良好的景观效果。园林设计中既要在对比中求调和，又要在调和中求对比，使景色既丰富多彩，又要突出主题，风格协调，如园林中的粉墙黛瓦、自然植物与人工景石、景墙与门洞、点线面等都形成对比与调和的关系（图3-8）。

图3-8　园林中各要素形成的对比与调和

（3）比例与尺度

比例是物与物之间度量尺度的对比关系。美学中最经典的比例分配为"黄金分割"，并被广泛地运用到艺术创作中。中国古典园林中的古建，就是根据一定的经验，按比例关系推算而出的，如营造法式中的亭子，由柱子间距，可推知柱子直径、高度，由柱子直径推算出梁、枋、椽子的直径等。

园林设计中除要考虑要素自身内部的比例尺度外，还要考虑相互之间的比例尺度，使景观安排得宜、大小合适、主次分明、相辅相成、浑然一体，如苏州网师园，其中的建筑、树木、山石、水池等，相互之间具有合适的比例尺度，又跟环境协调统一，达到自然天成的效果（图3-9）。

图3-9　网师园各要素之间适宜的比例尺度

（4）对称与均衡

对称是指图形或物体对某个中心点、中心线、对称面，在形状、大小或排列上具有一一对应关系，它具有稳定与统一的美感，如法国凡尔赛花园中对称的构图，左右两边是完全相同的图案与造型，具有强烈的整齐感、节奏和秩序感。均衡是形态的一种平衡，是指在一个交点上，双方不同量、不同形，但相互保持平衡的状态，如颐和园以佛香阁为主景的设计，周边环境自然均衡，取得良好的视觉效果。

（5）节奏与韵律

节奏与韵律，是来自于音乐的概念，节奏是指元素按照一定的条理、秩序、重复连续排列，形成一种律动形式，包括距离、大小、长短、明暗、形状、高低等的排列构成；韵律是一种和谐美的格律，"韵"是美的音色，"律"是规律，它要求这种美的音韵在严格的旋律中进行。韵律分为连续韵律、渐变韵律、交错韵律、起伏韵律等。在风景园林设计中，韵律是指动势或气韵有秩序的反复，其中包含着近似因素或对比因素的交替、重复，在和谐、统一中包含着富有变化的反复，如行道树的设计、空间的变化、道路的线型与铺装变化、假山景石的设计等，都可以用节奏与韵律法则处理（图3-10）。

（6）条理与反复

条理，是指把琐碎杂乱的元素，通过艺术处理使其整合，以产生规律化和秩序化的效果；反复，是把同一图案作有规律的重复，或有规律的连续排列，使之产生既有变化又显统一的效果，构成形式多样又有节奏感的图案形象。条理与反复在园林构图中是彼此关联、密不可分的一个整体，如苏州园林中的花街铺地，通过卵石、砖块、瓦片等要素的组合，将动物图案、花草图案、吉祥图案等中国文化符号，有条理、反复的在地面铺装上展现出来，给人自然、优美、富有文化内涵的感觉，并形成苏州园林的特色之一（图3-11）。

总之，形式美的法则在园林设计中运用广泛、无处不在，只有细心体会、掌握要领、不断创新，才能设计出优美的风景园林作品。

图3-10　景石的韵律变化形成山水意象

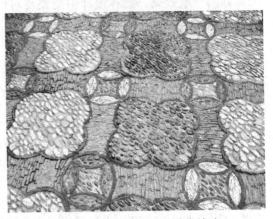

图3-11　苏州园林中的花街铺地

3.1.3 造景的艺术手法

景，也称风景，指在风景园林中，自然的或经人工创造的、能引起人美感、可供游憩欣赏的空间环境。景是园林的主体，是欣赏的对象，可分为景点、景区。景点是景物布局集中的地方，是景的基本单位；景区是由若干景点组成、供游客游览观赏的风景区域，若干个景区可组成一个完整的园林环境。园林造景的艺术手法包括：主景与配景、景的层级、借景、空间组织、点景等。

（1）主景与配景

主景是风景园林的重点、核心、构图中心，是园林中主要功能与主题的集中处，也是全园视线的控制焦点，在艺术上富有感染力；配景起衬托作用，使主景突出，主景与配景相得益彰。

突出主景的方法有：主体身高，如北海公园琼华岛上的白塔；主景位于轴线端点、视线焦点处，如凡尔赛花园中的凡尔赛宫；主景位于动势线集中点，如水面、广场、庭院内的中心景观；主景成为空间构图的重心，如规则式园林的几何中心，自然式园林的构图重心等；加强对比突出主景，通过对主景的线条、体形、体量、色彩、明暗、动势、性格、空间的开朗与封闭、布局的规则与自然等进行对比（图3-12）。

图3-12　通过周边环境突显白塔效果

（2）景的层次

景，在距离远近、空间层次上，分前景（近景）、中景（主景）、背景（远景），前景、背景以衬托中景，突出景观效果，如在植物景点配置中，大乔木为中景，花卉、灌木为前景、中、小乔木为配景，这样的植物配置层次丰富、效果突出。有时因不同造景的要求，前景、中景、背景不一定全部具备，如强调中景时，前景、背景都可虚化。在前景的处理上还可以运用框景、夹景、漏景、添景（如垂柳）等手法，使中景更为丰富和突出，如扬州市瘦西湖公园内吹台（俗称钓鱼台），透过吹台圆洞，远处的五亭桥、白塔映入眼帘，画面优美、过目不忘。

（3）借景

有意识地把园外的景物"借"到园内可透视、感受的范围中来，称为借景。借景是中国园林艺术的传统手法，通过借景可以扩大景物的深度、广度，组织游赏的内容，使空间变得无限。

借景的方法，从所借的内容上分：借形，如网师园竹外一支轩；借声，如拙政园听雨轩的雨打芭蕉；借色，如杭州西湖的三潭印月；借香，如留园的闻木樨香轩。从所借的方法上分：远借，如无锡寄畅园借景惠山；邻借，如沧浪亭借景园外的河；仰借，如南京玄武湖借景鸡鸣寺；俯借，如泰山的一览众山小；应时而借，如杭州西湖的苏堤春晓等。

（4）景题

中国园林往往根据景点的性质、用途，结合空间环境的景象和历史，进行高度概括，作出园林题咏，点出景的主题，增加诗情画意、丰富景观的内容，给人以艺术联想，如知春亭、观止、迎客松、石林等，形式可以是匾额、对联、石碑、石刻等（图3-13）。

图3-13　拙政园与谁同坐轩中的匾额对联

3.2　文化学

文化，广义的文化是指人类在社会历史发展过程中所创造的物质财富和精神财富的总和；狭义的文化是指意识形态所创造的精神财富，包括宗教、信仰、风俗习惯、道德情操、学术思想、文学艺术、科学技术、各种制度等。风景园林，是人类创造的人居环境，是一种可观可游可赏可居的物态文化，同时，风景园林融合了地域人文、价值观念、审美情趣等心态文化，是文化的重要载体，可以从园林文化、宗教、制度、民俗风情、地域特色等方面进行探讨。

3.2.1　园林文化

风景园林是一种理想的人居环境，包括地形地貌、建筑、植物、道路、园林小品等物质要素，文化是凝聚在这些物质要素上的"精神现象活动"。

（1）选址与山水审美文化

选址即"相地"，是造园的第一步，中国古代造园讲究风水，又称堪舆，"是集地质地理学、生态学、景观学、建筑学、伦理学、美学于一体的综合性、系统性很强的古代建筑规划设计理论"（王其亨），如承德避暑山庄的选址，群山环抱，近低远高，有"四方朝拱，众象所归"的政治意向，并符合风水学"觅龙"中"真龙居中"的要求，同时有"北压蒙古，又引回部，左通辽沈，南制天下"的军事意义。在中国，选址除风水学外，还涉及阴阳五行、八卦、信仰、审美等相关内容。

图3-14　承德避暑山庄的山水景观

山水审美，山水是中国古典园林的主要标志，几乎无园不山、无园不水，儒家以山水作为志士仁人的精神拟态，并产生了"仁者乐山，智者乐水"的美学命题与隐逸文化，从早期的隐逸山林，到后期的"大隐在关市"，从真山水的崇拜到山水精神存于意念之中，拳石勺水象征山林江湖，园林里的山水不仅负载着与道德相联系的情愫，还表达着自己的人生理想与抱负，如拙政园、颐和园、网师园、避暑山庄等（图3-14）。

在山水审美中，延伸出中国文人对石的崇拜和审美，宋代书画家米芾提出了品石的四个标准："瘦、皱、漏、透"，成为后世品评石头的圭臬，山石也成为园林中主要景点，如苏州的瑞云峰、上海豫园的玉玲珑、杭州花圃的绉云峰等被称为"江南三大名石"。

（2）园林建筑文化

园林建筑，在其长期的建设历史与发展过程中，形成了独具风格的建筑空间和装饰艺术，其外露的斗拱、飞檐，是力学和美学的最佳结合；其内部的空间形式、构成空间的实体艺术形象，反映了当时当地的生活方式、社会意识、各民族特点、各社会阶层的审美心理等内容。

风景园林建筑的功能，不论是中国皇家园林还是私家园林中，除少数礼佛建筑外，大多是宫苑和住宅的延伸，根据居住、读书、作画、抚琴、弈棋、品茶、宴饮、游憩等功能，设计建造厅、堂、轩、斋、馆、亭、台、楼、阁、榭、舫等建筑形式，因而处处体现了人与社会生活的关系，形成可居可游可行可赏、既满足生理需求又满足精神享受需要的丰富多彩的园林建筑（图3-15）。

风景园林建筑的形式，特别是住宅建筑，自古以来就受到等级名分和尊经法古的制约，其建筑形制也成为标示名分和表征礼制正统的

图3-15　可游可住可赏的园林建筑

物态化标志，如建筑台基的高度，天子之堂九尺，诸侯七尺，大夫五尺，士三尺（《礼记》）；官式屋顶的形制有一套严格的九级品位，由高级到低级依次为：重檐庑殿、重檐悬山、单檐歇山、单檐庑殿、单檐尖山式歇山、单檐卷棚式歇山、尖山式悬山、卷棚式悬山、尖山式硬山、卷棚式硬山等。房子的开间，《明会典》规定：公侯，前厅七间或五间，两厦九架，造中堂七间九架，厅堂七间七架；一品、二品官，厅堂五间九架；三品至五品官，厅堂五间七架；六品至九品官，厅堂三间七架。明清对瓦的使用规定：琉璃瓦一般只用于宫殿和皇家大寺、坛庙、园林建筑及亲王府第，黄色琉璃只限于帝王（包括享受帝王尊号的神像）的宫殿，其余为绿色琉璃瓦，官民房屋坛垣不许擅用琉璃瓦、城砖等。当然，观赏性的园林建筑属于杂式建筑，主要用攒尖顶，一般不受等级制约。

风景园林建筑布局，"以礼合天"、"体天象地"是园林建筑布局的原则，传统文化中，"天"是统治宇宙万物的至上神，居住在紫薇垣星群之中枢（北极），是天心的标志，"象天"就是以想象中的天宫秩序为蓝本，建造宫苑。如北京故宫，称为紫宫（后改为紫禁），乾清宫为皇帝寝宫，象征北极帝星，进入皇宫前必须走过象征北斗七星的七座宫门：正阳门、大明门（大清门）、天安门、端门、午门、太和门、乾清门，最后进入乾清宫。颐和园以万寿山为中心，从万寿山最高处的建筑智慧海顺次而下，是佛香阁、德辉殿、排云殿、排云门到云辉玉宇坊，构成一条中轴线。排云殿是万寿山正中的一座主殿宇，殿前排云门前牌楼题额"星拱瑶枢"，即众星拱卫着北极星之意（图3-16）。

图3-16　颐和园万寿山的轴线序列

风景园林建筑的小品，包括门洞、花窗、铺地、宝顶等，其形状基本为方形、圆形、三角形的变化组合，源自天体符号和自然物体符号，代表了宇宙的基本图形，诸如天、地、日、月、北斗星、飞云、冰纹、雪花、山脉、流水、灵芝、葫芦等，成为美的标准。圆者为天体象征，源于日崇拜，由圆形演变成的扇形、梅花形、双环形、菱花形、如意形、葵花形、海棠形等窗洞；由日月直接取像的月洞门、片月门、地穴门洞等，给人以饱满、充实、亲和、活泼动感和平衡感。方者为地的象征，源于地崇拜，由方形演变成的长方形，给人以单纯、大方、安定、永久之感；方圆结合乃为天地之交感，如长八方式、执圭式、莲瓣式、如意式和贝叶式等。葫芦则反映了中国哲学中关于宇宙发生论的观念，混沌世界物化为葫芦，从中央剖开而分天地、阴阳；远古洪水发生之时，葫芦成为伏羲女娲的方舟，同时葫芦还是女性（母性）、子宫、人体、多子、救生、仙境（壶中仙境）等的象征。

风景园林建筑装饰，主要指分布在裙板、绦环板、屏壁、罩心、天花、藻井等部位的雕刻彩绘图案，题材包括动物、植物、自然物、几何图案、文字等（图3-17）。装饰的品类、图案、色彩等反映了大众心态和法权观念，也反映了民族的哲学、文学、宗教信仰、艺术审美观念、风土人情等，内容包括原始宗教和图腾崇拜，如中国的四灵：麟、凤、龟、龙，都是由远古图腾崇拜演变而成的理想动物；基于谐音原理的吉祥符号："六（鹿）合（鹤）同（桐）春"、"福（蝠）禄（鹿）寿禧"、"连（莲）年有余（鱼）"等；植物吉祥图案，如牡

图3-17　园林建筑装饰具有丰富的文化内涵

丹象征富贵、菊花长寿、石榴多子、蔓草象征福禄绵绵、万年青象征青春永葆、荷花象征高洁等；植物组合成吉祥图案，如佛手、桃子和石榴组合成"三多"，即多福、多寿、多子，芙蓉、桂花、万年青组成"富贵万年"的图案，芝兰和丹桂齐芳比喻子孙发达等；植物和动物图案结合表示祥瑞，如瓜、蝴蝶，寓意瓜瓞连绵，天竹、地瓜，意谓天长地久等；书法绘画，如匾额、对联、石刻、书画等。

（3）园林植物文化

在中国传统文化中，花木是人们寄寓丰富文化信息的载体、托物言志的媒介和文化符号，园林广泛采用诗画艺术的比拟、联想等艺术手法，借花木的自然生态特性赋予人格意

义，借以表达人的思想、品格和意志，常用的有松柏、梅、竹、荷花、山茶、牡丹、月季、海棠、菊花、柳树、杜鹃、水仙、桂花、兰花等。

3.2.2 宗教

宗教是人类社会发展到一定历史阶段出现的一种文化现象，属于社会意识形态。主要特点是相信现实世界之外存在着超自然的神秘力量或实体，该神秘力量统摄万物而拥有绝对权威、主宰自然进化、决定人世命运，从而使人对该神秘力量产生敬畏及崇拜，并从而引申出信仰认知及仪式活动。作为人居环境的风景园林，其物质要素的表现形式、布局、文化意蕴等无一不跟宗教有着紧密的联系。

（1）原始崇拜与早期园林

远古传说中的理想园林，源自先民对原始生态环境长期生活经验的积累，源自对自然的恐惧、敬畏、神秘的心理，并由此产生的自然崇拜和对最佳生活环境的幻想。

瑶池，相传瑶池在昆仑山上，为西王母所居。瑶池内有蟠桃，三千年结果一次，每逢蟠桃成熟时，西王母大开寿宴，诸仙都来为她上寿，据《穆天子传》：西王母"所居宫阙，层城千里，玉楼十二。琼华之阙，光碧之堂，九层炫室，紫翠丹房。左带瑶池，右环翠水。其山之下，弱水九重……轩砌之下，植以白环之树，丹刚之林。空青万条，瑶翰千寻。无风而神籁自韵，琅然九奏八会之音也"。

悬圃，在昆仑山，相传是黄帝在下界所建的宫城。《穆天子传》中记述的"黄帝之宫"。里面除华丽宫阙外，还广植树木花卉，"春山之泽，水清出泉，温和元风，飞鸟百兽之所饮"。它的位置极其高峻，好像悬挂在半空之中。

伊甸园，基督教《旧约圣经·创世纪》中有："耶和华上帝在东方的伊甸园设了个园，把所造的人安置在那里。耶和华上帝让地上长出各种树木，既能令人悦目，果实又可充饥。园中还有'生命树'和'知善恶树'"，及"有河从伊甸园流出，滋润着伊甸园，并从那里分为四条河流……"。由此可以看出，伊甸园内流水潺潺，遍植奇花异树，景色十分旖旎。

天堂园，伊斯兰教的天国乐园是一座美丽的花园，那里果实四时不断，诸河流于其中，有水质不腐的水河、乳味不变的乳河、饮者称快的酒河和蜜质纯洁的蜜河。四条河用来代替现实中的希底结河、基训河、比逊河、伯拉河。池水用作洗沐之用，将水穿过地道或明渠伸延到房内，引至每株植物。天堂园（天园）的设想，是游牧的阿拉伯人对沙漠绿洲理想化的憧憬，其水、乳、酒、蜜四条河，呈十字交叉、以喷泉为中心的布局，成为后世伊斯兰园林的基本模式。

西天极乐世界，古印度人的理想乐园，佛教净土宗的《阿弥陀经》有具体的描述："极乐国土，七重栏楯，七重罗网，七重行树，皆是四宝周匝围绕，是故彼国名为极乐。又舍利弗，极乐国土，有七宝池，八功德水充满其中，池底纯以金沙布地，四边阶道金、银、琉璃、玻璃合成。上有楼阁，亦以金、银、琉璃、玻璃、砗磲、赤珠、玛瑙而严饰之。池中莲花大如车轮，青色青光，黄色黄光，赤色赤光，白色白光，微妙香洁。昼夜六时，雨天曼陀罗华"。

以上神话传说及主要宗教经典对早期园林的描述，是人类在其幼年期对美好居住环境的憧憬和向往，反映了先民们对理想家园的渴求，其理念与内容，对后世各国园林风格的形成具有深远的影响，故有设计师言：风景园林设计，实际上就是人类在地球上营造自己的伊甸园。

（2）宗教与中国园林

中国是一个多宗教的国家，作为中国文化重要载体的古典园林，儒、道、释思想体系水乳交融般地渗透在中国园林之中。

儒家思想，儒教或儒学，孔子创立，以尊卑等级的仁为核心的思想体系，是中国影响最大的流派，也是中国古代的主流意识。对中国园林的影响主要反映在园林的物质层面和精神层面两方面。物质层面主要指建筑布局、体量等方面，皇家园林的宫殿区和私家园林的住宅部分，严格的中轴线布局，表现出严格的等级秩序，体现了儒家中庸的审美情趣。礼，就是符合于道德的行为规范，中国园林中，建筑的空间布局、方位、尺度、装饰、色彩等都被纳入儒家"礼"的规范，如园林大门上鼓状铜丁的色彩、多寡都有不同的等级限制。儒家思想还反映在精神层面，园林中的山水、植物、建筑起名等，无不与园林主人的精神情怀、理想有着密切的联系，如上海豫园，取愉悦老亲之意，豫有安泰、平安的意思；拙政园，拙者之为政；兰雪堂，寓意清高廉洁；网师园，网者之师，渔人也……这些园林文化，强调的是修心、养志、尚古、尊先的精神状态。

道教，其前身是巫、史、方士，思想渊源是殷商的鬼神崇拜、战国的神仙信仰和方术、道家及阴阳家的思想等。伴随着对天人关系认识的提高，中华先人将神话中的"昆仑神山"、"蓬莱仙岛"等仙海神山景观，建到人间，创作出"一池三山（岛）"的宫苑造型，开拓了一个新的园林审美领域，并成为中国山水园林的一种模式；私家园林，在有限天地里将对外"壶天"世界的憧憬和对仙境灵域的向往，巧妙地组织到园林景观之中，营造"壶中天地"、小中见大的园林胜景。

佛教，与中国园林的关系，一方面，是物质的层面，即通过园林中的礼佛建筑、装饰上带有佛教色彩的构件等表现出来，如佛塔，几乎成为历代园林中置景和借景的重要对象；此外，园林与寺庙结为一体，凡是较大的寺庙都有园林，较大的园林中必有寺庙，如北海公园琼华岛上的白塔为藏式喇嘛塔（图3-12），颐和园后山有大型的喇嘛庙，扬州瘦西湖旁有莲性寺白塔等。另一方面，是精神层面，佛经由印度传入我国之后，佛教的"禅机悟道"、"隐性止欲"等理论，佛教经典中"极乐世界"的理想、佛教故事等，都影响到园林艺术的发展，特别是禅宗思想对园林环境的渗透，如苏州的狮子林，用传统造园手法与佛教思想相互融合，使其成为融禅宗之理、园林之乐于一体的寺、园、宅的综合园林。

（3）宗教与西亚园林

西亚园林，主要是指巴比伦、埃及、古波斯的园林，一般采取方直的规划、齐正的栽植和规则的水渠，园林风貌较为严整，后来这一手法为阿拉伯人所继承，成为伊斯兰园林的主要传统，西亚园林的形成，受到伊斯兰教的深远影响。

伊斯兰教，对于伊斯兰世界的社会生活起着重大的作用，伊斯兰文化是一种既有强烈的共同点而又闪耀着异彩的文化。在伊斯兰世界里，建筑、庭园的功能和艺术表现形式的方方面面都反映出伊斯兰教教义的要求，折射出伊斯兰特有的美学思想，如庭院中的水池、布局、建筑及装饰、功能等都能看出宗教的身影。

园林中的水池，阿拉伯人是沙漠民族，《古兰经》规定的第一善功便是礼拜，每天五次准时礼拜，每周五中午全体信徒要到清真寺做"聚礼"，且教民需用水进行洗礼以表示对宗教的崇敬和对天堂的向往，因此，在伊斯兰宗教建筑和非宗教建筑中均可看到水空间。同时，伊斯兰地区气候炎热，院池和喷泉中的水既可降温消暑又可作为装饰元素，水面不仅可以倒映建筑，增强装饰主题，也是强调视觉轴线的重要方法（图3-18）。

园林布局，在《古兰经》里，天园情景是：诸河流于其中，果实常时不断，有水河、酒河、乳河、蜜河等四条河，因此，庭园也大多以方形或十字形的水渠作为典型的布局方式，周边是繁茂的花草围绕，如印度泰姬陵前十字形的水渠。

园林建筑及装饰，建筑普遍采用独特轮廓形式的拱券作为结构手段，建筑表面常用马赛

图3-18　清真寺的喷泉具有装饰和文化含义

图3-19　园林装饰以阿拉伯文字和图案为主

克、琉璃、石膏等材料装饰复杂奇特的阿拉伯图案，图案多为阿拉伯文字做题材，内容多为《古兰经》的教条，伊斯兰教里禁止描绘神像和动植物形象（图3-19）。

园林功能，伊斯兰园林多为日常起居、乘凉之用，故布局较简洁，绿化为主，花木繁茂多荫。伊斯兰教律严格，穆斯林妇女大都深居简出，不抛头露面，园林功能就以实用为本，崇尚天然、朴素，因此，源于宗教，归于世俗，便成为伊斯兰园林的又一特征。

（4）宗教与欧洲园林

欧洲园林，在发展演变中较多地吸收了西亚园林风格，互相借鉴，互相渗透，最后形成"规整和有序"的园林艺术特色。宗教作为上层建筑、意识形态，在园林中的影响随处可见。

古希腊的圣林是布置在祭坛、神庙、竞技场周围的小型人工环境，包括浓荫覆被的绿地、散步道、柱廊、神像、雕像、石翁、凉亭和座椅等设施，圣林既是祭祀的场所，又是祭奠活动之余人们休憩活动的地方。

古罗马花园，罗马人寄托情感和喜好的场所，也是神祇的生活场所，是人与神交流的媒介，神殿、洞府、神像以及教堂大量出现在花园中；特别是雕塑，成为园林中的重要装饰，而且题材也与希腊一样，多是受人尊敬的神祇。雕塑技术应用普遍，从栏杆、桌椅、柱廊的雕刻，到墙面的浮雕、圆雕等，为园林增添了细腻耐看的装饰物和艺术文化氛围。

中世纪西欧的寺院庭园，其重要部分是由教堂及僧侣住房等围合的中庭，中庭四周有一圈柱廊，类似希腊、罗马的中庭式柱廊园，柱廊的墙上绘有各种壁画，内容多是圣经中的故事或圣者的生活写照；中庭内是由十字形或对角线设置的小径将寺院分成4块，正中放置喷泉、水池或水井等，是僧侣们洗涤有罪的灵魂的象征，四块园地中以草坪为主，点缀着果树和灌木、花卉等，寺院中还有专设的果园、草药园及菜园等，寺院庭园是实用性和装饰性兼有的特殊园林形式。

此后的意大利台地园、法国规整式园林、英国自然式风景园等，不论是园林宏观的形式、布局，还是细部的水景、喷泉、雕塑、柱廊、栏杆、建筑等，其主题表现都与宗教题材有一定的关系，并以此形成园林环境的文化氛围和意境。

（5）宗教与日本园林

日本是一个岛屿国家，海洋性气候明显，地处火山、地震、台风多发的地带，大自然不可抗拒的力量，常常使人感到生命的无常和自身的渺小，加上受中国传统道教、佛教及造园艺术思想的影响，日本园林在其创作中，多用自然材料表现大自然的荣枯、力量，园林的主角是山、水、石、木，而建筑不占主要地位，经常采用拟佛、拟神的抽象处理手法来表现园林艺术。特别是禅宗思想对园林的影响深远，禅宗主张远避俗世，修身于自然，以天地自然为静，以求有所悟，通过"顿悟"、"静虑"、"冥想"，得出"无我"或"空"之境，使园林表现出枯、寂、侘的意境，如枯山水庭园，利用地形地势建造庭园，园中无泉、池、溪流等水景，以石、砂、苔藓等为主要素材，以砂代水，做出海流、海滨、水畔、水流、水纹等造型，其中放上几块石组象征山岛，创造出一个寂寥的空间，使人进入静思和冥想之中。日本园林用质朴的素材、抽象的手法，表达出玄妙深邃的哲学法理，着重人内心世界的精神体现，形成了极端"写意"的艺术风格。

3.2.3 制度

制度，是人类社会中的行为准则，也指在一定历史条件下形成的法令、礼俗等规范或规格，因此制度包括约定俗成的道德观念、法律、法规等。

中国的宗法制，从商代开始实行，到西周已很完备，皇帝是天之骄子，又是天下最大的宗主和教主，集政权、族权和神权于一身，帝制在中国维持了数千年之久，在大一统思想的支配下，制度文化一般通过行政手段强行实行，作为文化传统的核心，深刻影响并建构了中国人，特别是士大夫阶层的思维方式、价值观念、伦理道德等，因此，无论是中国的城市、聚落和住居空间的组织原则，还是古建筑的形式、建筑材料、装饰或建筑的某些特征，都可以找到等级制度影响的痕迹，如建筑的规格、材料、颜色、开间等都须严格按等级制度进行。

西方规则式园林，着重表现的是君主统治下的秩序，是庄重典雅的贵族气势，是完全人工化的特点。花园本身的构图，体现出专制政体中的等级制度，在贯穿全园的中轴线上，加以重点装饰，形成全园的视觉中心；最美的花坛、雕像、泉池等都集中布置在中轴上；横轴和一些次要轴线，对称布置在中轴两侧；小径的布置，以均衡和适度为原则，整个园林处在条理清晰、秩序严谨、主从分明的几何网格之中；各个节点上布置的装饰物，强调几何形构图的节奏感，使中央集权的政体得到合乎理性的体现。

3.2.4 民俗风情

一个地区世代传袭、连续稳定的行为和观念，形成了这个地方的传统习俗、民俗风情，它反过来又影响着人们的生活、居住环境、建筑、服饰等，如藏族林卡（园林），是藏族心中理想景观的现实神物，有着独特的艺术形式，林卡依托大面积的绿色自然环境，形成以非规则式布局的自然风景式园林。其他如大理白族、丽江纳西族、西双版纳的傣族等，不同地域环境的民族，为适应地理气候环境的需要，产生了不同的民俗风情习惯，对人居环境的要求和喜好也完全不同（图3-20）。因此，在不同的地方做风景园林规划设计，必须了解该地的民俗风情，设计出符合该区域人民喜闻乐见的景观。

图3-20　大理白族照壁以大理石进行装饰

3.2.5 地域特色

地域特色，是当地自然景观与人文景观的总和，是当地自然条件和人类活动共同影响的历史产物。

自然景观，是地域特色的基础，构成人类行为空间的主要载体，主要包括：地形地貌、地质水文、土壤、植被、动物、气候条件、光热条件、风向、自然演变规律等。其中，地形地貌包括地势、天然地物、人工地物的地表形态，是体现地域特征、界限、功能等的主要载体。某一地域内的自然景观要素具有唯一性、不可复制性，园林的形式、风格、内容，在很大程度上取决于自然要素，如植物的种植、材料的运用、地形的改造等，不同的地域会形成不同风格的园林，如意大利、法国、英国、中国、日本等具有典型风格的园林，都与所处地域有密不可分的关系。

人文景观，是人类利用自然、改造自然的成果，也是自然作用于人类而表现出的各种意识形态。人文景观要素的内涵是人类利用自然的最合理方式，包括居民点、城市、绿洲、种植园等；也包括社会结构、历史文化、生活方式、传统习俗、宗教形式、民族风情、经济形态等。

自然景观与人文景观在地域性景观中是互相依存的。人们利用自然景观，运用自然的机理，在遵从自然可承受力的基础上构建人文景观。无论是自然景观还是人文景观，都是包含着物质的形态与非物质的形态，它们共同作用于地域性景观，并最终表达出地域景观的特色。在景观表现日益同质化的今天，对地域特色的关注、提炼和运用，是园林景观特色的形成及设计创新的主要途径。

3.3　人体工程与行为心理学

3.3.1　人体工程学

人体工程学，也称人类工程学、人体工学、人间工学或工效学。人体工程学是以人—机—环境的关系为研究对象，采用测量、模型工作、调查、数据处理等研究方法，通过对人体的生理特征、认知特征、行为特征以及人体适应特殊环境的能力极限等方面的研究，最终达到人们安全、健康、舒适的生活和工作效率的最优化。人体工程学在风景园林设计中的作用主要表现在以下几个方面。

① 以人为本的原则　"以人为本"是园林设计的基本原则之一，运用人体工程学可以密切环境与人的关系，通过对人体特征及活动规律的深入研究，可以加强环境的有效利用，使园林设计更加科学、合理，如园林道路的便捷通畅、栏杆的安全美观、坐凳的舒适等基本要求。

② 使用功能的量化分析　在园林设计中，通过人体工程学的相关原理，对公园、广场、居住区等人员构成比较复杂的区域，进行功能需求分析，包括人在环境中的运动状态、功能需求、使用频度、使用顺序等，在量化分析成果的基础上，有针对性的进行园林环境的设计。

③ 设计舒适的环境条件　人的感觉能力存在一定的差别和一定的限度，人体工程学就是从一般规律着手，研究其特性、共性，制定相关的原则，包括人的视觉、听觉、嗅觉、触觉系统等与环境的关系。

视觉系统，环境对人所产生的作用，绝大多数是通过人的视觉实现的，了解人的生理结构、视觉特征与视野范围，可以获得最佳视觉效果的途径，并满足人的心理需求，如最佳视距为视高的 1～3 倍，最佳视宽为60°～90°。

听觉系统，人耳作为听觉系统包括两种功能：一是获得声音功能，二是寻求平衡与确定位置的功能。园林设计中听觉设计包括晨钟暮鼓、柳浪闻莺、八音涧、听松风处、背景音乐等。

嗅觉、触觉系统，园林规划设计中在嗅觉方面的考虑，如栽植桂花、兰花、缅桂等香花植物，能大大改善和提高环境的质量；在触觉方面，通过设计材质的丰富变化，使人感受到不同的材质具有不同的特性。在园林设计中，与人体接触的部分，如桌凳、亭廊等，用具有亲切感的木材，给人舒服的感觉。

④ 为室内外家具设计提供依据　室内外家具作为一种实用的生活器具，不仅仅能坐、能躺、能存储物件，更应坐得舒服、躺得舒适、存储合理等。运用人体工程学，通过测量手段，可以使人体对空间尺度的需要得以量化，如座椅的高度、宽度、椅背的角度，写字台的高低、长宽，石桌凳的大小，床的宽度、高度等，一切与人密切相关的器具都必须以人体工程学为依据进行设计。

⑤ 为园林建筑设计提供依据　在园林建筑方面，建筑的外部、内部空间主要为人所使用，其设计与人体工程学有密切的关系，如室内外的台阶，其高宽、防滑、扶手、安全性等，栏杆设计会出现安全高度不够、缝隙过大、受力稳定性、边角转角的圆润，门、窗的高度、宽度，建筑材料的质地、色彩，建筑的层高、采光、通风、空间大小，室外水体的深度……都是设计中"以人为本"的重要环节。

⑥ 无障碍设计　无障碍设计强调在科学技术高度发展的现代社会，一切有关人类衣食住行的公共空间环境以及各类建筑设施、设备的规划设计，都必须充分考虑生理伤残、缺陷者和正常活动能力衰退者（如残疾人、老年人）的使用需求，配备能够应答、满足这些需求的服务功能与装置，营造一个充满爱与关怀、切实保障人类安全、方便、舒适的现代生活环境（图3-21）。

图3-21　台阶与旁边的无障碍坡道

园林设计主要包括无障碍设施和无障碍环境。无障碍设施主要是园林建筑物、道路的无障碍设施；无障碍环境包括交通工具无障碍、信息和交流无障碍，以及人们对无障碍的思想认识和意识等，如步行道上为盲人铺设的走道、触觉指示地图，为乘坐轮椅者专设的卫生间、公用电话、兼有视听双重操作向导的银行自助存取款机等。

总之，掌握人体工程学不仅能为园林设计提供了一些依据和方法，更重要的是应该认识到："以人为本"贯穿在与人相关的任何设计环节之中，任何设计都必须在充分考虑"人"的基础上进行。

3.3.2　行为心理学

行为心理学是心理学的流派之一，所谓行为，就是有机体用以适应环境变化的各种身体反应的组合。人在环境中的心理需求主要包括安全需求，归属与爱、尊重的需要，自我实现的需要。

（1）安全需求

人在任何时刻、任何地点都需要得到保护的空间，无论是暂时的还是长期的。在空间中，人们总是设法使自己处于视野开阔，但本身不引人注目、不影响他人的位置，即对空间的利用总是基于"接近——回避"的法则，任何活动的开展都是在保护自身安全的条件下进行的，这是人们普遍具有的一种习惯。在园林设计中，坐凳的后面设置景墙、绿篱、栽种乔木等可以给人以安全感，上座的频率会更高（图3-22）。

图3-22　公众、开阔、设施便利的空间受人欢迎

（2）归属与爱、尊重的需要

在安全需求得到满足的情况下，人们自然而然要追求归属与爱，以及尊重的需求，即想要被集体所接受并能感受到爱。在园林环境设计上，加强人群的归属感，可以加强向心性的设计，这种向心性并非仅指形态上的向心，更重要的是文化上、社会上、心理上的向心与趋同，如在环境设计中设置合理的私密性空间、半私密性空间与公共性空间，使每个人都可找到符合自身需求的空间或环境，促进人与人之间的交往，让环境充满亲切感，充满生机勃勃的景象。

（3）舒适感的需求

舒适的感觉包括物理与生理两个方面。不同的环境，大众对其舒适感的要求不同，一般而言，舒适环境的因素包括空气清新、没有污染和臭味，安静、没有噪声，景观自然而整洁，有丰富多彩的绿化，与水景亲近，具有一定的历史文化内涵，有适于人们散步、休闲的场所和空间，有游乐设施、卫生间、标识齐全等完善的服务设施。园林设计中应避免空无一物的大广场、大空间，而应多设计一些设施齐全、功能多样、安静宜人、舒适的小空间或场所。

（4）方向感的需求

心理学家认为，判断自身所在环境中的位置，即方向感，是人类最基本的需要之一。人在一个陌生的环境中时，总是习惯根据地图或周围的其它事物来判别方向，找出行动的依据。因此，在园林设计中，应设计完善的标识信息系统、具有识别特征的建筑、指示牌和位置示意图，使园林空间具有可供识别的信息，人们借以根据这些信息，判断所处的环境。因此，园林环境清晰的方向感，可以增加人的安全感、愉悦感和场所的可接近度。

（5）公共性的需求

对空间公共性的需求主要体现在人际交往上，增进彼此间信息、思想、情感的沟通。体现在园林空间环境中，是大众对交往空间的需求，因此设计应设置不同层次的交往空间，如私密、开敞或半开敞空间，以满足不同人群对空间场所的需求。

（6）私密性的需求

私密性，是人类一项基本需要，这一点已被人们看作是培养人的个性，积极维护自我形象的一个组成部分。私密性具有的4种作用：①使人具有个人感，可以按照自己的想法支配自己的环境；②在他人不在场的情况下，充分表达自己的情感；③使人得以自我评价；④具有隔绝外界干扰的作用，而同时仍能使人在需要的时候保持与他人的联系。因此，在园林环境空间的设计中，常常通过局部空间的凹入、围合、视线遮蔽等，来实现人对私密性空间的需求。

（7）领域感的需求

领域是人占有、控制的一定空间范围，是为个人或群体提供的可控制空间。占有领域有助于肯定一个人的身份，为其提供生活、学习、休息的场所，有助于提供安全感和环境刺激、肯定个人在群体中的地位，以加强归属感和邻里间的认同感。根据对个人空间进行一系列的实验与解释，人类学家霍尔将人与人之间保持的空间距离分为4类：①亲密距离（0～0.45m），在此距离中的个人空间受到干扰，有很大程度的身体接触，能感受到对方的呼吸、气味；②个人空间距离（0.45～1.03m），能够较好地欣赏对方面部细节与细微表情，多为朋友和家庭成员之间的谈话距离；③社会距离（1.30～3.57m），是朋友、熟人、邻居、同事之间日常交谈的距离，接触双方不扰乱对方的个人空间，面部细节被忽略；④公共距离（大于3.57m），交往不属于私人空间，细节看不清楚，多用于单项交流的集会演讲。霍尔认为个人空间受文化种族、年龄性别、亲近关系、社会地位、个性、环境以及个人情况的不同而有所区别。园林环境的设计时，应当考虑不同的使用者对不同空间类型、层次的需求，以多样化的形式、主题满足不同人群的复杂需求，从而达到自然、社会、生态环境的整体和谐。

（8）自我实现的需要

从心理层面分析，自我现实即自我的发展与完善个人潜力的发挥。人天生有一种渴望被他人关注的愿望，希望吸引他人的目光，得到他人的欣赏和赞同。比如广场中年轻人玩滑板、溜旱冰、进行球类运动等，中老年人跳舞、吹拉弹唱、表演等，都需要人群的共同参与，需要别人的欣赏和喝彩，这就需要在园林设计中，考虑开辟较大的供人们活动参与、且开放的地带，或是专门的表演台，具备显眼、开放条件，周围有足够的供观赏者驻足的空间。

在园林设计中，以人为本、分析大众行为心理，设计出满足大众需求的人性化环境，是设计的最终目的和意义所在。

3.4 生态学理论

生态学是研究生命系统与环境系统之间，相互作用规律及其机理的科学。现代园林规划设计的方向之一就是生态园林，即根据生态系统的原理，通过人工模拟或恢复自然生态环境，产生一定的生态效益、节约能源消耗、维护生态环境，使园林环境既有空间的艺术性，又能实现资源与环境的可持续发展。生态学理论主要包括生态平衡、生物多样性、景观生态学、化感作用、恢复生态学等相关理论。

3.4.1 生态平衡理论

生态平衡是指自然生态系统中生物与环境之间、生物与生物之间相互作用而建立起来的动态平衡联系，又称"自然平衡"，在自然界中，不论是森林、草原、湖泊……都是由动物、植物、微生物等生物成分和光、水、土壤、空气、温度等非生物成分所组成，每一个成分都并非是孤立存在的，而是相互联系、相互制约的统一综合体，它们之间通过相互作用达到一个相对稳定的平衡状态，称为生态平衡。生态平衡具有动态、相对平衡的特点。

园林规划设计的基本原则之一就是生态平衡原则，即维护生态系统的能量、物质、结构平衡，通过人工组建植物群落的构成、结构和布局，发挥植物群落的生态作用，创造良性发展的生态因子。特别是在大尺度、宏观的区域绿地规划中，一定要充分运用生态平衡理论，综合考虑其周围的植物、水系、所在地形、所属城市功能区等各种要素，同时还要考虑其中的植物配比是否因形就势、因地制宜、是否需要限制环境容量等，以维持其系统的稳定性，保障大众的健康、安全，促进人与自然和谐发展，区域内环境生态效益得到体现（图3-23）。

图3-23 云南普达措国家公园的山、水、林、草构成生态系统的稳定性

3.4.2 生物多样性理论

生物多样性，是指一定范围内多种多样活的有机体（动物、植物、微生物）有规律地结合，构成稳定的生态综合体。在园林规划中，生物多样性主要体现在物种多样性、景观类型多样性、形态结构多样性、植物功能多样性等方面。

物种多样性，指利用不同植物的合理化配置，充分利用不同的资源条件，因地制宜，相得益彰，同时避免了自然灾害或者病虫害的单一、毁灭性侵害，增强植物群落的抗逆性。不同植物绿化功能的相互协调、组合优化，更有利于增强园林景观的功能性、实用性、观赏性和有效性。园林植物配置中，应该尽量多的种植不同种类的植物，才有利于物种多样性的形成。

景观类型多样性，是指景观要素构成的复杂度和丰富度。一个景观类型内部不仅要有不同的环境要素，比如山、水、草、林的设置，还要有不同要素为主体的景观类型，如广场绿地、森林公园、水上乐园等，景观类型的多样性同样满足了人们审美、生活、娱乐的需求。

形态结构多样性，是指通过不同生态型、生活型植物的合理搭配，使植物错落有致，造型独特，通过人们视点、视线、视域的改变，产生"步移景异"的空间变化，同时合理利用不同层次的空间资源、光照资源、养分资源、水分资源，实现能源的高效利用。

植物功能的多样性，是指通过具有不同生态功能的植物组合搭配，改善局部小气候，影响城市热岛的分布格局，降低气挟菌含量，净化气态污染物，营造出适宜人类居住、游憩、观赏的风景园林植物景观。

因此，在风景园林规划设计中，首先，必须充实园林系统的生物多样性，丰富的物种有利于形成稳定的群落结构，满足多层次、多角度的审美及景观类型设计的需要；其次，要构建不同生态类型的植物群落，发挥各功能群落之间的共生互补作用，达到生态系统的平衡。

3.4.3 景观生态学理论

景观生态学，是以异质性景观为研究对象，探讨不同尺度上景观的空间格局、系统功能和动态变化及其相互作用的综合性交叉学科，同时也是一门以景观多样性保护、人与自然和谐与可持续发展为目的开展景观评价、规划与管理的应用性学科。景观的基本结构由斑块、廊道、基质组成。城市环境是一个由基质、廊道、斑块等结构要素构成的景观单元，其中各组成要素之间通过一定的流动产生联系和相互作用，在空间上构成特定的分布组合形式，共同完成城市系统所承担的生产、生活、还原、自净等功能。

斑块，是指与周围环境在外貌或性质方面不同，但又具有一定内部均质性的空间部分。城市环境中，绿地就是一种斑块。绿地斑块的大小、数目、形状、位置不同，其生态功能也不同。斑块较大，物种相对较为丰富，有利于调节城市气候，保护物种；斑块较小，增加景观异质性，满足景观规划设置多方面的需要。实际的园林规划设计中，可以大斑块为主，小斑块为辅，创造良好生境，增加景观的功能性。

廊道是指景观中相邻环境的不同线状或带状结构；廊道在生态系统中将不同大小、功能的斑块互相连接，形成连续的生态网络，方便物种的迁徙和沟通，如城市环境中的绿带、蓝带，起到了既联系又划分城市空间的作用。

基质是指景观中分布最广、连续性最大的背景结构，如城市环境的建筑和铺地，由斑块和廊道构成的绿地生态系统，能够起到掩盖建筑物基质的作用，作为背景，它控制影响着斑块之间的物质、能量交换，强化或缓冲生境斑块的"岛屿化"效应，同时控制整个景观的连接度，从而影响斑块之间物种的迁徙。

在中观、宏观的园林规划中，应充分利用景观生态学的原理，在满足艺术性和观赏性的同时，遵守"斑块—廊道—基质"的理论，在景观之间、物种之间相互连接、聚集和分散，类型之间协调、和谐、相容，功能之间互相匹配，达到生态系统的平衡、稳定和交流的目的。

3.4.4　化感作用

化感作用（相生相克、异株克生、他感），指植物通过向环境释放特定的次生物质，从而对邻近其它植物（含微生物及其自身）生长发育产生有益或有害的影响。植物通常会通过茎、叶、根向空气或土壤中挥发化学物质，一些腐烂的枝叶也不断向环境释放化学物质，这些物质对周围植物起促进或抑制的作用。

在园林绿化中，可以利用植物的化感作用来合理进行植物配置，围绕植物相生相克的特点设置不同的植物群落组合，尽可能创造满足优势种的物种配比，协调各个植株之间的生长平衡，同时还可利用对杂草的抑制作用来防除杂草，更好地发挥生态园林对环境保护的功能。

3.4.5　恢复生态学理论

恢复生态学是研究受损生态系统退化的原因和过程，修复和重建适应于当地自然环境、符合可持续发展需要、能够自我维持的生态系统的理论和技术的学科。恢复生态学涉及自然资源的持续利用，社会经济的持续发展，生态环境、生物多样性的保护等内容。

恢复生态学在现代风景园林中应用较多，包括水体净化与循环利用系统、土壤净化恢复处理系统、工业废弃材料处理系统等，如德国杜伊斯堡公园建造的"金属广场"，就合理地利用了原工厂生铁铸造区遗留下来的49块大型钢板，成功地转化为工业景观的一部分，与周边废弃的工业设施和谐融合；上海世博园区后滩公园以"双滩谐生"为结构媒介，结合黄浦江区位、水文气候特征，通过将人工调控与自然调控相融合，保护和恢复湿地、土壤及动植物群落，使之成为颇具特色的城市湿地公园生态景观（图3-24）。

图3-24　上海世博园后滩公园水景效果

现在的风景园林规划设计，正在走生态环境与人类发展和谐共生的双赢道路，因此，设计中充分渗透融合生态学的相关理论，综合、协调多学科、多角度的需要，综合考虑当地的土壤、水体、气候条件，充分利用现有资源，着力减缓和防止自然生态系统的退化萎缩，恢复重建受损的生态系统和生态环境，实现资源的充分利用和生境的可持续发展，是园林设计师未来长远而艰巨的任务。

第4章　风景园林规划设计的程序

任何工程项目的规划设计，都要经过由浅入深、从粗到细、不断完善的过程，风景园林规划设计也不例外，设计者应先进行基地调查，熟悉物质环境、社会文化环境、视觉环境等，然后对所有与规划设计有关的内容进行概括和分析，最后拿出合理的方案，完成设计。这种通过调查、分析、最后综合的设计过程可划分为6个阶段：设计任务书阶段、基地调查与分析阶段、概念规划阶段、总体规划阶段、详细设计（初步设计）阶段、施工图阶段，每个阶段都有不同的内容，需解决不同的问题，并且对图面也有不同的要求。

4.1　设计任务书阶段

设计任务书是以文字说明为主的文件，是项目业主对设计要达到的目的、设计内容、期限等相关内容进行说明的文件。

在投标项目中，设计任务书一般比较正式，有具体的设计内容、目标、图纸数量、时间期限等，任务书之外还会安排统一的答疑时间，对投标方的各种问题进行统一解答，以保证投标方了解项目的各种信息。因此，投标项目中，应充分了解任务书的各项内容，有针对性地完成设计的各项任务。

在委托设计项目中，则不一定有正式的任务书，设计人员应充分了解业主的具体要求，如整个项目的概况、建设规模、投资规模、开发周期、时间期限等内容，特别要了解业主对该项目的构想、实施内容、文化取向、偏爱、投资等，这些内容往往是整个规划设计的依据、方向或创意突破口。

4.2　设计前期工作

设计前期工作包括收集调查资料、现场勘察、资料分析与整理3个阶段。

4.2.1　收集调查资料

在业主的配合下，需要收集、调查的资料包括自然条件、社会条件、设计相关资料。

（1）自然条件

自然条件，包括气象方面，如气温、降水量、无霜期、冻土厚度、风力、风向、风向玫瑰图等；地形方面，如山的形状、坡度、坡向、位置、面积、标高等；土壤方面，如土壤的物化特性、成分、pH值、深度等；水质方面，如面积、水系、水底标高、水位、水流方向、水质等；植被调查，如种类、数量、高度、树冠、胸径、生长情况、古树名木、观赏价值等。

（2）社会条件

社会条件，包括发展条件调查，如城市规划中的土地利用、社会规划、经济发展规划、产业开发规划等；使用效率调查，如人口、服务半径、周边相似项目、服务对象等；交通条件，如位置、交通状况、交通工具、停车场、码头、桥梁等；现有设施，如给排水设施、能源、电源、电讯、建筑、娱乐设施等；工农业生产情况，如工农业发展状况、污染的方向与程度、发展目标等；历史文脉的调查，包括地域特色、历史文物、文化古迹、历史文献、民族风情、生活习惯、日常禁忌等。

（3）设计相关资料

城市规划相关资料，包括上位规划图、地形图、现状图（包括用地红线、坐标、标高、建筑、管线、相关设施、树木等）、环境影响评价报告、水土保持规划、森林资源调查，社会、历史、人文等相关资料。

4.4.2 现场勘察

规划设计前，必须到现场进行实地的勘察，将收集到的资料与现场进行核对，特别是现状的建筑、树木、地形、山石等自然条件与相关资料是否吻合，判断是否需进一步收集其他资料，并在现场进行综合分析与研究，对影响较大的因素加以控制，合理利用有利因素、克服和避让不利因素，特别是对地形的改造、给排水、现状植物等内容应详细踏勘了解，规划时才能做到心中有数、有的放矢。此外，现场考察时，一定要拍摄照片（必要时进行录像），将现状情况带回去研究，加深对基地的感性认识，对后期方案的进一步推敲、交流和确定等都将具有很好的参考价值。

4.2.3 资料的分析与整理

结合设计任务书，对收集到的资料进行分析、判断和整理，选择有价值的内容，用图面、表格或图解的方式进行表示，综合判断优劣，因地制宜地做出方案的现状分析图，为下一步的规划方案奠定基础。

4.3 概念性规划阶段

概念性规划，是指介于发展规划和建设规划之间的一种研讨性规划手段，是在理想状态上对土地利用发展具有一定前瞻性和创造性的构思，内容以结构上、整体上的概要性谋划为主，强调思路的创新性、前瞻性和指导性，确定发展的宏观方向、风格、概念和特色，为总体规划确定指导思想和原则。

概念性规划具有的特点：更具想象空间和创造性思维，更具前瞻性；讲究结构上、整体上的谋划，抓主要矛盾；运用模糊辩证，允许存在偏差；便于规划的科学分工和组织协调；快速灵活，成本低，效率高，便于及时编制、及时修订、及时更新，应用广泛。

概念性规划主要包括的内容：对规划区域的资源和市场进行分析和预测；确定规划区的定位、发展方向和发展战略；明确规划开发的方向、特色和主要内容；提出规划区发展的重点项目，强调策划的创新、个性和特色；提出相关要素发展的原则和方法等，从而在宏观层面上对规划区的发展勾勒理想蓝图。

规划成果包括：规划文本、区位分析图、市场分析图、现状分析图、概念性规划总平面图、功能分区图、项目布局示意图、道路交通系统规划图、土地利用规划图、重点项目示意图、标志性景观及风格控制示意图等。

4.4 总体规划阶段

总体规划是确定和安排风景园林建设项目的性质、规模、发展方向、主要内容、基础设施、空间综合布局、建设分期和投资估算等相关内容，是后续相关规划、设计的指导性文件。常用的图纸比例为1∶1000或1∶2000，主要包括以下内容：

① 位置关系图　原有地形图或测量图，标出项目在此区域的位置、范围、交通和周边环境的关系，可利用的园林景观等。

② 现状分析图　根据分析后的现状资料、归纳整理、形成若干空间，用圆形或抽象图形将其概括地表现出来，如将现有出入口、道路、保留植物、人流、景观视线、地形等有利或不利的因素充分表现出来，这些因素将成为总体规划的依据。

③ 功能分区图　根据总体规划的原则、目标和任务，分析大众行为活动规律及需要，结合现状环境，确定不同的功能分区，使规划的功能、形式、文化、主题等内容，既形成一个有机的整体，又充分反映各区内部设计因素的关系。

④ 道路系统图　道路系统图主要确定主要出入口、主次道路、专用道路、小路、广场位置、消防通道、停车场等的位置、宽度和铺装材料（或风格）等。在图纸上用不同粗细的线表示不同级别的道路、广场、等高线，及高程控制点、坡度。

⑤ 地形设计图　地形设计亦称竖向设计，是保证场地建设与使用的合理、经济、美观，提高土地利用率，优化功能空间，处理规划设计与实施过程中的各种矛盾与问题。内容包括地形处理、竖向规划、土方平衡、给排水方向、管道综合等。做好场地的竖向设计，对于降低工程成本、加快建设进度具有重要的意义。

⑥ 建筑布置图　根据规划原则，分别画出项目中各主要建筑的布局、位置、主入口、平面图、剖面图、效果图，以表达建筑风格与项目定位、文化概念、环境等是否和谐统一。

⑦ 植物景观规划图　确定项目区内的植物群落分布，各区的基调树种、骨干树种，确定不同功能区的植物景观效果，确定树种的规格与数量。

⑧ 景观分区图　按照景色构成的不同，确定项目各景观区域的特色、定位、季相变化，主、次景点位置，景观轴线、透视线、景观空间、景点的系列变化等相关内容。

⑨ 工程设施规划图　包括给水（绿化、景观用水、消防、生活用水等）、排水（雨水、污水）、用电（照明、动力、弱电等）、管线（广播、电讯、煤气等）、护坡、驳岸、挡土墙、围墙、水塔、水工构筑物、变电间、厕所、化粪池等相关设施的规划布置图。

⑩ 文字说明书　总体规划的意图说明，包括规划项目位置、现状、面积、工程性质、规划原则、功能分区、设计主要内容、管线、电讯规划、管理机构、技术经济指标、工程量计算、造价概算、分期建设规划等。

4.5　初步设计阶段

总体规划方案完成，经批准同意后，可以进行各种内容、各个地段的初步设计（或详细设计）阶段，初步设计的主要任务是，尽可能将各要素的三维关系（长、宽、高）、风格、结构、规格、材质、颜色、标高等内容进行表达和控制。常用的图纸比例为1∶500或1∶200，主要包括以下内容。

① 设计总平面图　将设计的所有内容尽可能详细地表现出来，包括边界线、出入口、道路广场、停车场、导游线的组织，功能分区的内容，种植类型分布，建筑分布，地形、水系、水底标高、水面、工程构筑物、铺装、山石、栏杆、景墙、公用设备等，以不同的线条或色彩表现出来。

② 设计详图　设计详图包括建筑、道路、植物、水系、园林小品等各要素的设计图，比例可根据设计内容确定，一般常用1∶200～1∶500。建筑设计详图要求标明建筑平面图、立面图、剖面图、标高、材质、色彩及与周围环境的关系；道路系统设计图要求标明各级道路的宽度、形式、标高、坡度、铺装材料，主要广场、地坪的形式、标高、材料等；植

物种植设计图应能准确反映乔木的种植点、栽植数量、树种，灌木、花坛、花镜、水生植物、草坪等类型的种植形式、数量、种类等详细内容；水系设计图包括水池面积、标高、池底标高、水流方向，驳岸形式、宽度、标高等；园林小品设计图包括平面图、立面图、剖面图、材料、颜色等。

③ 横纵剖面图　为更好地表达设计意图，在详细设计中，表现艺术布局的重要部分、地形的变化、建筑的复杂部分等，都须画出横纵剖面图，以表现内部各要素之间的关系，或外部各要素之间的构成关系。一般比例为1：200～1：500。

④ 效果表现图　效果表现图是为了将设计更直观地表达出来，检验或修改各设计要素间的关系。有整体鸟瞰图、局部效果图、中心地段的断面图、主要景点的透视图等。有时也用模型或三维动画的方式，来表现重要项目的空间关系和效果。

⑤ 工程概算　工程概算是对建设项目造价的初步估算，根据有关工程定额、项目工程量和甲方投资，估算出所需要的费用。概算与实际偏差为5%～10%，概算是确定和控制项目投资的依据，是优选设计方案、建设项目招标和总发包的依据。概算有两种：一种是根据设计的内容，按面积大小，凭经验进行估算；一种是按工程项目和工程量分项概算，最后进行汇总。

⑥ 初步设计说明书　初步设计说明书包括：项目的位置、范围、规模、现状、设计依据，项目的性质、设计原则、目的、功能分区及各分区的详细内容、面积比例（技术经济指标），绿化种植设计，综合管线的说明，分区建设计划等。

初步设计完成后，应将所有设计图纸和文本装订成册，送甲方审查。

4.6　施工图设计阶段

施工图设计阶段是根据已批准的初步设计文件进行更深入、更具体的施工设计，包括各要素的材料、规格、结构、做法、注意事项等，并做出施工组织计划和施工程序。其内容包括：施工设计图、编制预算、施工设计说明书。

① 施工设计总平面图　表明各设计因素的平面关系和之间的准确位置，现有管线、建筑物、构筑物、现状植物等，设计的地形等高线、高程数字、山石、水体、道路广场、园灯、园椅、果皮箱等所有设计内容，平面图上表明关键点的主要坐标，并设置放线坐标网格，基点、基线位置应明显，便于施工操作。

② 竖向设计图　用以表明各设计因素间的高差关系。如山峰、丘陵、盆地、缓坡、平地、河湖驳岸、池底等具体高程，各景区的排水坡向、雨水汇集、建筑、广场、道路的具体高程。除在平面上进行详细的标注外，在关键的区域，如主轴线景观、重点景观、山体、水系等处进行立面图、剖面图绘制，要标注剖面的位置、编号，以便完整地表现竖向变化的意图。

③ 道路广场设计图　道路广场设计图主要表明各种道路、广场的具体位置、宽度、高程、纵横坡、排水方向、道路平曲线、纵曲线等设计要素，以及道路广场的结构、做法、路牙的安排，道路广场的交接、交叉口组织、不同等级道路的连接、铺装大样，回车道、停车场的位置、面积、结构与做法等具体内容。图纸包括道路系统设计平面图、铺装大样图、剖面结构图、路口交接大样图等。

④ 种植设计图　种植设计图主要表现树木花卉的种植位置、种类、规格、种植方式和种植距离。图纸内容包括种植设计平面图、植物名录表（包括树种、规格、数量、备注等）、主要树种的间距和种植网格，局部种植详图、种植立面图等。

⑤ 水景设计图　水景设计图表明水体平面位置、形状、深浅及工程做法。图纸包括水景坐标网格平面图、横纵剖面图，进水口、溢水口、泄水口大样图，池底、驳岸的施工大样图，泵房、集水坑及其他附属设施的施工详图，水循环平面图、系统图，管材、潜水泵的选择、计算及简要的说明。

⑥ 园林建筑设计图　园林建筑设计图表现各建筑的位置、平面、尺寸、建材、造型、高低、色彩、做法等，图纸包括总平面图、平面图、各方向的立面图、剖面图、建筑节点大样图、结构施工图、基础详图、设备施工图等内容。

⑦ 综合管线设计图　综合管线设计，包括给水（生活、消防、绿化、市政用水）、排水（雨水、污水）、暖气、煤气、电力、电讯等各种管网的位置、规格（长度、管径）、埋深、高程及如何接头等，并注明管线及各种井的具体位置、坐标。同时，应将各种电气设备、灯具位置、变电室及电缆走向位置等在图上具体标明，并设计相关的系统图。

⑧ 编制预算和施工设计说明书　工程造价预算是根据施工图纸，结合施工组织设计（或施工方案），园林工程预算定额、取费标准等有关基础资料，计算出该项工程预算价格，要求精度较高，与实际偏差为3%～5%。造价预算是确定单位工程和单项工程造价的依据，是招标、签订合同和竣工结算的依据，也是检查工程进度、分析工程成本、银行拨付工程款等的重要依据。

预算包括直接工程费、间接费、差别利润、税金等组成。直接工程费是指施工过程中耗费的构成工程实体和有助于工程形成的各项费用，包括人工、材料和机械费；间接费由企业管理费、财务费和其他费用组成；差别利润是指按规定应计入工程造价的利润，依据工程类别实行差别利润率；税金是指国家税法规定的应计入工程造价内的营业税、城市维护建设税及教育费附加。预算具体内容可参考国家、各省最新的《建设工程工程量清单计价规范》、《建设工程定额》等规范、标准。

施工设计说明书，是对施工的进一步深化说明，应写明设计的依据、项目的地理位置、基本情况、各种工程的实施方法、注意事项及后期的养护管理等相关内容。

第2篇

风景园林要素设计

第5章 地形地貌

风景园林设计，是在某地域范围之内，设计一系列的空间，地形的高低错落、开合变化、循序渐进，给人视觉上、心理上对空间产生不同感受。地形是园林空间设计中重要的元素之一，是承载景观中所有要素和空间的基底，是所有室外活动的基础。

5.1 基本概念

地形，地球表面三维空间的起伏变化，即地表的外观，是地物形状和地貌的总称，陆地一般包括高原、盆地、平原、丘陵、山地等五种基本地形。

地貌，陆地及海底地表各种形态的总称。地貌是地表的整体特征，如大陆巨地貌、地质构造地貌、风化作用地貌、坡面重力地貌、流水地貌、喀斯特地貌、冰川地貌、雅丹地貌、黄土地貌、海岸地貌等。

等高线，地形图上高程相等的各点所连成的闭合曲线，是用一组垂直间距相等、平行于水平面的假想面，与自然地貌相交切，得到的交线在平面上的投影。等高线永不相交（图5-1）。

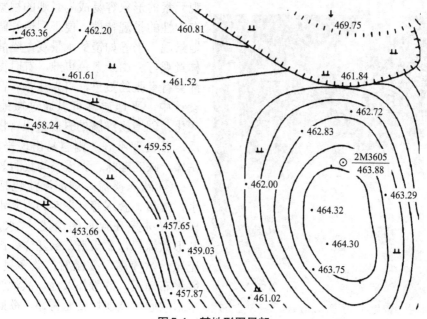

图5-1　某地形图局部

地形图，指的是地表起伏形态和地物位置、形状在水平面上的投影图。具体来讲，将地面上的地物和地貌按水平投影的方法（沿铅垂线方向投影到水平面上），并按一定的比例尺，缩绘到图纸上，这种图称为地形图（图5-1）。若图上只有地物，没有等高线，不表示地面起伏的图称为平面图。

5.2 地形的分类

自然地形在一定范围内可以分为陆地和水体。陆地包括山峰、山脊、山谷、山腰、山麓、平地等，水体包括海、湖、池、河、溪、湾等。

风景园林设计中的地形，多是小尺度下的地貌，其地貌变化通常发生在基地的范围之内，包括山体、土丘、台地、斜坡、平地、湖、池、溪等。

5.3 地形地貌的功能与作用

地形地貌是构造园林的骨架，地形的改造与设计影响园林形式、建筑布局、植物配置、道路走向、给排水等，其功能与作用包括美学功能、空间的营造、视线控制、引导路线、地形排水和影响小气候环境。

5.3.1 美学功能

① 崇山峻岭　崇山峻岭具有崇高、威严、灵秀、强调等美学特点。

② 山地与丘陵　山地具有组织空间和景观的作用（分割和联系），其特点是：充足的空间丰富了自然景观和人工景观；高大的山体为登山、眺望提供了条件；山体景观具有神秘性和开放性，在园林空间中作为主景。

③ 平地　自然界的平地，上层有着发育典型的土壤层，水分条件好，适合各种植被的生长。其特点是：平地给人开阔疏朗的感觉；背景单纯，形态上缺少三维要素，因而竖向景观元素的形象容易成为景观的视觉焦点；具有中性的景观特性，便于创造开阔单纯的草地景观，平静如镜的水景观，幽静神秘的疏林景观等；由于景色单纯，有时微小的起伏都会有夸张的效果，引人注意。在风景园林设计中，平地通常可以通过微地形的起伏变化，创造出细腻的景观效果（图5-2），相反，若处理不好，则容易出现平淡、单调、枯燥、缺乏趣味、无重心等负面效果。

④ 湖池溪流　湖池溪流包括静水、流水、瀑布、叠水等（图5-3），其审美特点如郭熙《林泉高致》的论述："水，活物也，其形欲深静，欲柔滑，欲汪洋，欲回环，欲肥腻，欲喷薄，欲激射，欲多泉，欲远流，欲瀑布插天，欲溅扑入地，欲渔钓怡怡，欲草木欣欣，欲挟烟云而秀媚，欲照溪谷而光辉，此水之活体也。"

图5-2　微地形的起伏变化形成景观效果

5.3.2　空间的界定

利用地形，可以营建或形成不同的外部空间，如封闭空间、开敞空间、半封闭空间等。在设计中，可以挖湖、堆山，改变现有平面营建新的空间类型，也可以改变原有凸形地貌或水平面来营建空间。

用地形来界定户外空间，有三个因素会影响空间的感受：空间的底面范围、封闭斜坡的坡度、斜坡的轮廓线。空间的底面范围，指空间的底面或基础部分，底面范围越大，空间越开敞，反之，空间越逼仄；坡面在外部空间中犹如一道墙体，担负着垂直立面的功能，斜坡越陡，空间的轮廓越显著；斜坡的轮廓线，是地形可视高度与天空之间相交的界线，轮廓线与观察者之间的相对位置、高度和距离，可直接影响到空间的视野、感觉和界限。而当地平面积、坡度和天际线三个可变因素的比例达到或超过45°（长与高的比为1：1）时，则视域达到完全封闭，为封闭或半封闭空间，而当三个可变因素的比例少于18°时，其封闭感便失去，为开敞或半开敞空间。

图5-3　云南腾冲叠水河瀑布景观

空间的方向感，地形界定了空间的边缘，也会产生方向感、走向，一般空间都朝向开阔视野，如地形一侧为一片高地，而另一侧为一片低矮地时，空间就可形成一种朝向较低、更开阔一方的方向感（图5-4）。

5.3.3　控制视线

设计中地形可以阻隔、引导或控制视线，形成连续景观序列，以及屏蔽不雅景物。

阻隔视线，在平坦的地形上，通常在道路旁或停车场利用土墩、小丘构筑于景观与观赏者之间，形成障景；而在有斜坡的基地上，就可以利用其地形的长处来阻挡不佳的视线。

图5-4　地形的起伏界定了空间，形成空间的方向感

引导或控制视线，地形也可被用来"强调"或展现一个特殊目标或景物，如抬高主景，或将主景放在透视线终点，即使距离比较远也能被看到，起引导或控制视线的作用。

形成景观序列，利用隐蔽的物体及变化的视野，建立一系列连续的空间，产生半遮半透的效果，提起游人的好奇心，引导游人前行。

5.3.4　地形影响道路的布局

地形在外部环境中，影响行人和车辆运行的方向、速度和节奏，影响游客的行为与心情。游线通常沿省力的线路设计，如沿着谷地、山脊及坡面上平行的等高线布置；穿越山脊时，应通过"鞍部"；线路应斜向于等高线蜿蜒而上，而非垂直于等高线。

5.3.5 地形的排水

坡地具有排水问题，来自上方的地下水或地表径流必须经拦截和改道，以减少水的冲击力。斜坡可以创造出很多水景，如瀑布、跌水、喷泉、涓流、水幕等。地形的变化，为有效排水及设计水景创造了条件。

5.3.6 改善小气候环境

地形在景观中可用于改善小气候。冬季地形向阳的一面受到太阳光的直射，使该区域接受了较多的能量，温度升高，因此，地形设计应根据当地的气候，土壤应堆积在冬季风吹来的方向，并且能较充分地接受阳光，以利于创造或改善局部小气候，营造适于植物生长、人活动的宜人空间。同样，夏季风可以被引导穿过两高地之间形成的谷地或洼地、马鞍形的空间，并由此而产生一种冷却效应，形成凉爽的环境。

5.4 地形地貌设计

在园建工作中，根据地基的地形、地势、历史条件，确定景物的标高、定位及相互关系等。

5.4.1 设计任务

创造景观、组织空间、排出积水、满足功能、满足植物、土方平衡、内外衔接。

5.4.2 设计原则

利用为主、适当改造；统筹兼顾、满足功能。

5.4.3 各种地形设计

（1）平地设计

平地设计要点：同一坡度不宜过长，裸露地面应有植物覆盖，应有效组织地面排水。

（2）山地设计

人工堆山包括：土山、石山、土石山。土山，以土为主，土壤层很厚，可种植各种植物，堆山的体积可以比较大，便于人们游玩观赏（图5-5）；石山，以石为主，引人注目，其独特的材质容易与周围环境形成对比；土石山，土石混合的山体。

山体设计要点：注意主次，互相呼应；注意山脉的延续性；植密林创造幽深的感觉；考虑山的"三远"效果（高远、深远、平远）；考虑四面观山、山形应步移景异；规范要求，保障安全需要，一般山体斜坡不超过30°，否则应采取护坡、固土或防冲刷等工程措施，土山最大坡度为33%，最小坡度为1%。

（3）水体的设计

水体设计时应考虑：水体的必要性、水源问题、水体的形态与总体布局结合、水体的综合功能（美学、实用）。水体设计要点：

①沟通水系　使水有来龙去脉。山贵有脉，水贵有源。水系要有"疏水之去由，察水之来历。"水体要有主次、大小之分。

图5-5　吉隆坡某公园土山堆叠效果

②　水岸设计　水岸设计的线条应曲折有致，水面应大小对比、有收有放，驳岸形式应丰富多彩，并用多种手段创造湖、河、涧、溪、潭、滩、洲、岛等景观（图5-6）。

③　驳岸的形式　驳岸的形式包括规则式和自然式。规则式驳岸，用粗糙的石材，体现一种狂野、粗犷；光洁的石材，体现精美、细致。自然式驳岸，卵石驳岸，具有亲切感；树桩驳岸，可以结合汀步一起考虑；草坪驳岸，体现自然；此外还有假山驳岸、乱石驳岸、粗沙驳岸等。

图5-6　墨尔本皇家植物园水净化池景观效果

④　虚实对比　利用岛、堤、桥、建筑等划分空间，丰富层次，形成虚实对比。

⑤　山水的整体设计　山因水活，水随山转，水系和山体组成有机整体，山的走势、水的脉络互相融合渗透。

⑥　营造山水景观　山水景观包括瀑布、跌水、溪流、湖泊等（图5-7）。

⑦　水体的深度　为保证安全，水体深度一般控制在1.5～1.8m之间；硬底人工水体的近岸2.0m范围内的水深不得大于0.7m，超过者应设护栏；无护栏的园桥、汀步附近2.0m范围以内，水深不得大于0.5m。

图5-7　某教堂前的跌水景观

5.5　地形地貌设计趋势

5.5.1　风水理论的运用

风水术是中国古代人居环境选择的学问，又称堪舆学、相地术、地理、相宅术、青乌、青囊术、形法等，实际上是集地质地理学、生态学、景观学、建筑学、伦理学、美学等多学科为一体的综合性、系统性的古代规划设计理论，并在长期的经验积累中形成一套模式化的风水理论体系。水向、水形、四灵、山形是风水的基本模式，水向，是指河流的走向，风水中认为水自西北向东南流是最佳的水流走向；水形，是指水体与地形地势的结合情况，宅前池塘或河流呈半月或环保状，其作用可使基址之地生气凝聚不散泄；四灵，则是一种更为理想的基址模式，"四灵"即天上的"四象"具体为山（玄武）、河（青龙）、路（白虎）、池（朱雀）等环境要素，在具体的应用中，其相对位置为：左青龙、右白虎、前朱雀、后玄武，也就是园林中的左山右水；山形（山脉），风水中称之为"龙"，注重地形的高低起伏变化，主次分明，山环水抱的理想格局（图5-8）。

以上的几种模式影响了中国古典园林在水形、地形、聚散等方面的处理，对园林选址和

图5-8　明十三陵中定陵与山形的呼应关系

地形改造起到了模式化、标准化的作用。当然，风水术中也掺杂着一些不科学、迷信、神秘主义、附会、感应的内容，应客观、辩证地运用其中科学合理的部分。

5.5.2　地形地貌及其生态特质的运用

图5-9　山环水绕的小环境气候舒适宜人

大地的起伏是形成自然气候的重要因素之一，地形的变化，是形成小气候的条件。气候，是指在太阳辐射、底面性质、大气环境和人类活动长时期相互作用下所产生的天气综合。而不同的气候又可造成不同的生境，对于生物物种的发育、生长乃至人的生存具有举足轻重的作用（图5-9）。根据地形地貌的生态特性，有意识地设计符合生态发展变化的环境，是今后风景园林规划设计的方向之一。

5.5.3　现代信息技术的运用

在进行规划设计之前，应对规划场地多方面的影响因素进行深入了解，如场地整体景观形态、地表特征、植被现状、气候特征等，然后才能进行规划构思。运用现代技术，如3S技术（GIS、GPS、RS）、计算机三维软件、动画技术等，对地域面积大、场地条件复杂的场地进行地表信息的精确获取，在对现场全面了解的基础上，合理进行土地利用规划、服务性建筑的布局、游线的设置等各项规划；同时，运用三维软件和动画技术可以进行空间的模拟，对规划起到辅助分析和决策的作用。

5.5.4　大地艺术的表现

大地艺术，又称"地景艺术"、"土方工程"，它是指艺术家以大自然的地形地貌作为创造媒体，把艺术与大自然有机的结合，创造出的一种富有艺术整体性情景的视觉化艺术形式，创作材料多直接取自自然环境，例如泥土、岩石、有机材料（原木、树枝、树叶等）、沙滩、冰川、火山、水等，如罗伯特·史密森的作品《螺旋形的防波堤》，是利用垃圾和各色石头用推土机倒在盐湖红色的水中，形成了一个螺旋形状的堤坝。其他如荷兰平原上各色郁金香花圃、云南东川的红土地、元阳梯田（图5-10）等，都是人类大地艺术的精彩展现。

图5-10　元阳梯田是人类大地艺术的精彩展现

第6章　风景园林植物

园林植物，指主要用于园林绿化建设的植物材料，具有一定的观赏价值、环境改造、生产等功能，是风景园林设计不可或缺的造景要素。

风景园林设计师的智慧，应闪烁在通晓植物的综合观赏性，熟知植物健康生长所需的生态条件，以及对植物生长环境效应的了解方面，设计出符合生物学特性，充分发挥生态效益，又具有美学价值的植物景观。

6.1　园林植物的分类

按照园林植物的生长习性、高度、外观形态等，可以分为乔木、灌木、藤本植物、竹类、园林花卉、地被植物、草坪等7种类型。

6.1.1　乔木类

乔木类，树体高大，具有明显主干，树木高6m以上，是园林中的骨干植物，树冠高大，在开阔空间中多以大乔木作为主体景观，构成空间的骨架（图6-1）。按其高度，乔木可分为伟乔（＞30m）、大乔（20～30m）、中乔（10～20m）及小乔（6～10m）等。此外，依据树木的生长速度，可分为速生树、中速树、慢生树等；按照树叶的特征和形态，还可分为落叶乔木、常绿乔木、针叶乔木、阔叶乔木等。

图6-1　公园中的大树构成空间的骨架

6.1.2　灌木类

灌木类，通常有2种类型：一类是树体矮小（＜6m）、主干低矮者；另一类是树体矮小，无明显主干，茎干自地面生出多数，而呈丛生状，又称丛木类，如绣线菊、溲疏、千头柏等，灌木成为植物景观设计的前景和配景（图6-2）。

6.1.3　藤本植物

藤本植物，地上部分不能直立生长，须攀附于其他支持物向上生长，具有蔓生性、攀援性及耐阴性强的特点。藤本依茎质地的不同，又可分为木质藤本，如葡萄、紫藤等；草质藤本，如牵牛花、长豇豆等。按其攀援方式，可分为缠绕类，如葛藤、紫藤等；钩刺类，如木香、藤本月季等；卷须及叶攀类，如葡萄、铁线莲等；吸附类，吸附器官不一样，如凌霄是借助吸附根攀缘，爬山虎借助吸盘攀缘。藤本植物是立体绿化中的主角（图6-3）。

图6-2　灌木成为植物配置的中前景和配景

图6-3　爬藤植物成为立体绿化的主角

图6-4　竹子景观

图6-5　花卉成为植物配置的中前景和配景

图6-6　卫生间前百子莲随意种植的景观

6.1.4　竹类

　　竹类为禾本科的常绿乔木或灌木。竹类形体优美，叶片潇洒，其观赏价值包括自然美、色彩美、意境美、造型美等，此外，竹还有较高的经济价值。园林中常用的竹有刚竹、金竹、紫竹、黄金间碧玉、佛肚竹、箬竹等。植物配置中，竹可成片、成丛或独立成景，也可与景石相配成为景观（图6-4）。

6.1.5　园林花卉

　　① 一年生花卉　一年生花卉，是指从播种到开花、结实，之后枯死，完成其生命周期的期健在12个月以内的草本花卉，如百日草、孔雀草等。

　　② 二年生花卉　二年生花卉，是指播种到开花结实的期间，需12个月以上，但在24个月之内结束其生命而枯死的草本花卉。有些花卉的幼年期很长，需生长相当大小，然后遇到低温才能反应抽苔开花，如毛地黄、美国石竹、风铃草等。花卉的种植，可以形成色彩艳丽、季相变化丰富的景观（图6-5）。

　　③ 宿根花卉　宿根花卉，在开花之后，植株仍留存，有些地上部分枯死，但地下部继续长期存活，每年定期生长开花的草本花卉，如香石竹、菊花、非洲菊、宿根满天星等。

　　④ 球根花卉　球根花卉，是指根部呈球状，或者具有膨大地下茎的多年生草本花卉。球根花卉偶尔也包含少数地上茎或叶发生变态膨大者。球根花卉广泛分布于世界各地，供栽培观赏的有数百种，大多属单子叶植物，如水仙花、郁金香、朱顶红、风信子、文殊兰、百子莲等，球根花卉的运用可以到达生态、美观的效果（图6-6）。

6.1.6　地被植物

　　① 一、二年生草本　花色鲜艳，在地被植物中占绝对优势，可大片群植，如二月兰、三色堇、矮牵牛等。

　　② 多年生草本　生长低矮，宿根性，管理粗放，开花见效快，在地被植物中占很重要的地位，如葱兰、麦冬、鸢尾类、茅草、狼尾草等（图6-7）。

③ 蕨类植物　蕨类植物，是泥盆纪时期的低地生长木生植物的总称，靠孢子繁衍后代，有着顽强而旺盛的生命力，遍布于全世界温带和热带。蕨类植物耐阴、喜湿润环境，如铁线蕨、肾蕨、凤尾蕨等。

④ 低矮木本植物　植株低矮、分枝多且枝叶平展，叶形、叶色丰富，易修剪造型，如金叶女贞、紫叶小檗、沙地柏、矮生荀子、铺地柏等（图6-8）。

图6-7　上海世博园多年生草本植物景观

6.1.7　草坪

草坪草按照对温度的生态适应性，可分为暖季型草和冷季型草。

① 冷季型草坪植物　冷季型草，适宜的生长温度在15～25℃之间，气温高于30℃，生长缓慢，耐寒性较强，春、秋两季生长旺盛，在炎热的夏季，则进入了生长不适阶段，此时若管理不善则易发生问题。主要草种包括紫羊茅、剪股颖、草地早熟禾、黑麦草等。

② 暖季型草坪植物　暖季型草，最适生长的温度为20～30℃，在–5～42℃范围内能安

图6-8　北京首都机场低矮灌木种植效果

全存活，在夏季或温暖地区生长旺盛，主要分布于长江以南以及以北部地区，如河南、重庆、四川等地，草种包括日本结缕草、中华结缕草、马尼拉草、天鹅绒草、狗牙根、天堂草、假俭草等。

6.2　园林植物的功能作用

一般植物在室外环境中能发挥4种功能：建造功能、生态功能、观赏功能、精神文化功能。

6.2.1　建造功能

园林植物就其本身而言，是空间中的一个三维实体，具有构成空间、分隔空间、引起空间变化等作用。

（1）构成空间

空间，是指由地平面、垂直面以及顶平面单独或共同组合成的，具有实在的或暗示性的范围围合。植物可构成空间中的任一平面，设计时应明确设计的目的和空间性质，选取和组织植物的种类、高度。空间包括开敞空间、半开敞空间、覆盖空间、封闭空间、垂直空间等。

开敞空间，仅用低矮灌木（＜1.5m）及地被植物作为空间的限制因素，这种空间四周开敞，无私密性，视野开阔。

半开敞空间，空间一面或多面受较高植物（≥1.5m）的封闭，限制了视线的穿越。这种空间适于一面需要隐秘性，而另一侧又需要景观的环境中（图6-9）。

覆盖空间，利用浓密树冠的遮阴树，构成上顶覆盖、而四周开敞的空间。这类空间较凉爽，视线通透，夏季浓荫匝地，冬季明亮开敞，作为休息空间使用。此外，道路两旁行道树

图6-9　公园中的受人欢迎的半开敞空间

图6-10　公园中高大的植物构成垂直空间

交冠遮阴，也可形成道路上的覆盖空间，这种空间能增强道路直线前进的运动感。

完全封闭空间，四周均被中小植物封闭。这种空间常见于森林中，光线幽暗，无方向感，具有隐蔽性和隔离感，适合私密性的小型集会活动。

垂直空间，运用高而细的植物能构成一个方向直立、朝天开敞的室外空间。垂直感的强弱，取决于四周开敞的程度。这种空间令人翘首仰望将视线导向空中（图6-10）。

总而言之，园林设计师可以借助植物材料，作为空间的限制因素，建造不同的空间（缩小或扩大空间），形成欲扬先抑的空间变化，创造出丰富多彩的空间序列。

（2）障景

植物材料如直立的屏障，能控制人们的视线，将美景收入眼中，或将俗物屏隔。障景的效果依植物而定，若使用不通透植物，则成障景；若使用通透的植物，则有漏景的效果；若植物围成一个稍大的图形，则形成框景的效果。为了达到不同的效果，设计师必须分析观察者的位置，被障物的高度以及距离等，有目的地使用不同的植物。

6.2.2　观赏功能

植物的观赏功能，主要涉及其美学特性，包括植物的大小、形态、色彩、质地以及与总体布局和周围环境的关系等，都能影响设计的美学特性。

（1）植物的大小

植物最重要的观赏特性之一，就是它的大小。因植物的大小直接影响着空间范围、结构关系以及设计的构思、布局。植物的大小可以分为3类。

① 乔木　从大小以及景观中的结构和空间来看，最重要的植物便是大中型乔木，构成了主体景观，成为环境的基本骨架（图6-11）。另外，当大、中乔木居于较小植物之中时，也具有突出的地位，可以成为视线的焦点。植物配置时，首先确定大、中乔木的位置，大乔木形成空间的结构、特性，增加植物层次，形成主景；其次确定大、中乔木的树种，大乔木用常绿树，中小乔木可适当用落叶树，反之，大乔木用落叶树，则中小乔木用常绿树，在景观上尽量形成互补；最后，确定中小乔木的位置、树种。由于大乔木随着时间的增长，常超越设计范围和抑制周围低矮植物的生长，在小庭院设计中应慎重使用。

② 灌木　灌木无明显主干，枝叶密集，当灌木的高度高于视线，就可以构成视觉屏障。在植物配置中，灌木作为前景或背景，起烘托、

图6-11　公园中大中型乔木构成主体景观

陪衬的作用。高大的灌木常密植或修剪成树墙、绿篱，进行空间的围合或作为主体雕塑的背景（图6-12）。当然，若灌木的花色、叶色、姿态突出，也可作为主景，成为焦点景观，如红枫、叶子花、鸡蛋花等植物。

③ 地被植物　高度在30cm以下的植物都属于地被植物，由于接近地面，对视线没有阻隔，所以地被植物在立面上的影响有限，但是在地平面上，地被植物具有装饰的效果，作为前景，或暗示空间的变化，具有很高的观赏价值和引导空间的作用。

图6-12　修剪成型的灌木成为雕塑的背景

（2）植物的形态

植物的形态，指单株植物的外部轮廓，其观赏特性不如植物的大小特征明显，但在植物构图和布局上，影响着变化、统一、多样性的效果。常见的植物形态包括：纺锤形、水平展开形、圆球形、圆锥形、垂枝形、特殊形等。

① 纺锤形　纺锤形植物其形态细窄长，顶部尖细，引导视线向上，突出了空中的垂直面，可以为一个植物群和空间提供一种垂直感和高度感，如塔柏、杨树、池杉、水杉等（图6-13）。

图6-13　滇池边的水杉效果

② 圆锥形　植物的外观呈圆锥体，整个形体从底部逐渐向上收缩，最后在顶部形成尖头，总体轮廓分明。该类植物可以作为视觉景观的重点，特别是与低矮的圆球形植物配置在一起，其对比非常醒目，如雪松、云杉、冷杉等。

③ 圆球形　植物具有明显的圆环或球形，在引导视线方面无方向性，也无倾向性，在整构图中使用圆球形植物，可协调外形强烈的形体，形成统一景观（图6-14），如榕树、鸡爪槭、丁香、五角枫等。

图6-14　趋向于圆形的植物形成统一景观

④ 垂枝形　垂枝形植物具有明显的悬垂或下弯的枝条，将视线引向地面。垂枝植物宜种植在水池边、溪流边、种植池的边沿或地面的高处，以展示植株枝条下垂的优美造型。常见的植物有：垂柳、龙爪槐、垂枝樱花、垂枝海棠等。

⑤ 水平展开形　该类植物具有朝水平方向生长的习性，宽和高几乎相等，会引导视线沿水平方向移动，使设计构图产生一种宽阔感和外延感。常见的植物如铺地柏、平枝荀子。

⑥ 特殊形　特殊形植物是有奇特的造型，其形状千姿百态，具有不规则形态、多瘤节、歪扭式或螺旋式的植物。由于其特殊外貌，最好作为孤植树，放在突出的位置上，形成独特的景观效果（图6-15）。

图6-15 具有特殊造型的日本黑松形成景观

（3）植物的色彩

在植物的观赏特性中，最引人注目的是植物的色彩。植物的色彩直接影响着一个室外空间的气氛和情感，如鲜艳的色彩给人以轻快、欢乐的气氛，同时给人一种远离的感觉，而深暗的色彩给人一种沉稳的气氛，有趋向观赏者的感觉。植物的色彩通过树叶、花朵、果实、大小枝条以及树皮表现出来。植物大多是绿色的，但绿色在自然界中也有着深浅明暗、千变万化的各种绿色，即使是同一种绿色植物，其颜色也会随着生长、季节、光线的改变而变化，如垂柳初发叶时为黄绿，后变为淡绿、夏季为浓绿；春季银杏和乌桕的叶子为绿色，到了秋季银杏变为黄色，而乌桕变为红色；鸡爪槭的叶子在春天先红后绿，到秋季又变为红色。

在植物景观设计中，应以中间的绿色为主基调，春天的花色、秋色则可以成为强调色，使园林景观在一年四季都有变化，并在某一个季节形成具有强烈吸引观赏者的特色景观。

（4）树叶的类型

树叶类型，其特性包括树叶的形状和时间上的持续性。树叶的基本类型有3种：落叶型、针叶常绿型、阔叶常绿型。

① 落叶型　落叶型植物在秋天落叶，春天再生新叶，季相变化非常明显。落叶型植物的叶子在落叶前一般会有色彩的变化，新叶生长期叶色也会有一定的变化，所以该类植物景观季相变化丰富，易成为主调植物，作为主景。同时，落叶植物的枝条，在冬季凋零光秃时，呈现独特的冬态特征，具有沧桑之感。

② 针叶常绿型　树叶类型是针叶，常年不落，其色彩比所有种类的植物深，显得端庄厚重，在布局中常用以表现厚重、沉实的视觉特征。植物配置时尽量群植，不宜太过分散，以免布局混乱。同时，由于针叶常绿植物的叶密度大，可以屏障视线、阻止空气流动，因此常用作隔离带、背景林。

③ 阔叶常绿型　该类植物的叶形与落叶植物相似，但叶片终年不落，布局在向阳处显得轻快而通透，植于阴影处，则具有阴暗、凝重的效果。阔叶常绿植物既不能抵抗炽热的阳光，也不能抵御极度的寒冷，因此，切忌将其种植在冬季阳光照射过多的地方，或种植在易遭冬季寒风吹打之处。

（5）植物的质地

植物的质地，是指单株植物或群体植物直观的粗糙感和光滑感。质地受植物叶片的大小、枝条的长短、树皮的外形、植物的综合生长习性以及观赏植物的距离等因素的影响。植物的质地分为：粗壮型、中粗型及细质型。

① 粗壮型　通常由大叶片、浓密而粗壮的枝干、松散的树形构成。粗壮型植物观赏价值高、给人以强壮、坚固、刚健之感，在设计中作为焦点，以吸收观赏者的注意力。同时，由于粗壮型植物趋向赏景者，缩小空间，在小范围的空间设计时，尽量少用。常见的粗壮型植物有火炬树、广玉兰、大叶榕、臭椿、刺桐等。

② 中粗型　是指那些具有中等大小叶片、枝干以及具有适度密度的植物，通常大多数植物属于此类型。在植物景观设计时，中粗型植物与细小型植物的搭配，是设计的基本结构，也是粗壮型、细小型植物之间的过渡部分。

③ 细质型 细质型植物长有许多小叶片和微小脆弱的小枝，具有齐整、密集的特性，柔软纤细，在风景中不显眼，有一种"远离"观赏者、扩大空间的感觉。细质型植物的轮廓清晰，外观文雅密实，宜作背景材料，以展示整齐、清晰、规则的特殊氛围。常见的细质型植物有鸡爪槭、珍珠梅、文竹、石竹、金鸡菊等。

6.2.3 生态功能

植物具有改善和保护环境的作用，它能影响空气的质量、防治水土流失、涵养水源、调节气候等生态功能。同时，植物还能对环境的变化起监测和指示作用。

① 影响空气质量 植物能够净化空气，它是固碳、降低空气中的二氧化碳浓度、补充氧气的消耗、维持碳氧平衡的主要途径；还能吸收有害气体，减少空气的污染；树木本身不但可以阻隔放射性物质和辐射的传播，还可以起到过滤和吸收的作用；植物具有很强的吸滞尘埃的能力，并能分泌可杀灭细菌、病毒、真菌的挥发性物质，起杀菌的作用。因此，植物可以提高、改善空气质量，美化环境。

② 涵养水源与水土保持 植物可增加降水和提高湿度，通过叶面水分蒸发作用增加空气湿度，大量群植或片植的树木可以增加局部环境降水；蓄水功能，单株植物的蓄水功能不明显，一旦形成森林，其蓄水功能显著增强；水土保持，雨水降落于林区后，被树冠遮挡并部分截留，减少了对林地的冲击；净化污水，许多植物可以吸收水体中污染物，杀灭细菌、净化水体，如水生或湿生植物对水体的净化。

③ 调节小气候 植物可以调节地区的小气候。在炎热的夏季，植物可以遮阴，避免阳光直射，达到降温的效果；可以通过蒸腾作用增加空气的湿度；可以影响风速，一些防风林可以达到降低风速的效果，改变气流，防止沙尘暴；另外，植物还可以增加空气中负氧离子的浓度，达到净化空气的效果。

④ 环境监测与指示 植物对环境中的一个因素或几个因素的变化会产生反应，并通过一定的形式表现出来，这些会变化的植物称为指示植物，包括环境污染指示植物、土壤指示植物、气候指示植物、矿物指示植物等，如雪松遇到二氧化硫或氟化氢，针叶发黄、变枯的现象，悬铃木、秋海棠对二氧化碳敏感，月季、苹果、油松、杜仲对二氧化硫敏感等，掌握了不同植物发出的各种信号，可以有效对空气、土壤、水等进行辅助监测、预警环境污染。

6.2.4 精神文化功能

园林植物不仅可以构造空间、具有观赏和生态功能，也被人为地赋予了很多精神上、文化上的含义，具有象征的意义。

① 寓意 根据植物的叶、花、果、生命周期等内容，赋予一定的文化寓意。如牡丹喻"富贵"，石榴喻"多子"，柳树喻"留恋"，樟树寓意青春等，其他具寓意的植物包括松、竹、梅、兰、菊、荷花、玉兰、海棠、迎春、桂花、梧桐、山茶、芍药、栀子、合欢、腊梅、琵琶、银杏等。

② 比德明志 运用植物的一些文化含义、同义、同音、谐音等，对人的行为思想进行暗示，达到比德明志的目的，如"前榉后朴"、远香堂（荷花）、兰雪堂（玉兰）、松鹤斋（松）、岁寒三友（松、竹、梅）、玉堂富贵（玉兰、海棠、牡丹、桂花）等。

③ 意境 中国古典园林中，植物景观的设计多以诗情画意为蓝本，将植物的形态、生态、神态的特征充分发挥，使人感到更高、更深的意境美，如雨打芭蕉、兰雪堂（"春风洒兰雪"）、听松风处、留听阁（"留得残荷听雨声"）、竹外一支轩（"竹外一支斜更好"）等。诗情画意，是中国古典园林的特色之一。

6.3　园林植物景观设计的原则

园林植物景观设计的原则包括：科学性原则、艺术性原则、经济性原则。

6.3.1　科学性原则

① 符合绿地的性质和功能要求　园林植物景观设计，首先要从园林绿地的性质和主要功能出发，不同的园林绿地具备不同的功能，如小游园植物主要功能是蔽荫、吸尘、隔音、美化等，医院环境植物则应注意周围环境的卫生防护和噪声隔离，工厂植物的主要功能是防护、减少污染、吸收有害气体等。

② 遵循生态学法则　遵循生态学法则，包括因地制宜、适地适树，使植物的生态习性和栽植地点的生态条件基本符合；增加物种多样性，设计合理的种植密度、物种搭配，注重常绿与落叶树种的比例应均衡，如北方一般为4∶6～5∶5，南方一般为7∶3～8∶2；将喜光与耐阴、速生与慢生、深根性与浅根性等不同类型的植物合理地搭配，加强植物群落稳定性；提高绿地比例和绿化覆盖率，重视整个生态系统的完善，设计出优美、稳定、生态的植物景观。

6.3.2　艺术性原则

① 总体与局部景观协调　根据局部环境在总体布置中的要求，应采用不同的种植形式，如规则式园林植物设计采用对植、列植的方式，自然式园林植物中采用不对称的自然式种植，充分表现植物材料的自然姿态。

② 考虑四季景色的变化　植物是生命体，一年四季都有不同的变化，设计时应综合考虑时间、环境、植物种类及其生态条件的不同，使植物景色随季节而变化、丰富，达到四季有景可赏、有花可看的效果。

③ 突出植物的特色景观　植物提供了全方位的观赏对象，但并非每一种植物都具备全部的优点，如花色艳丽的植物没有香味，色叶植物多是落叶植物，香花植物的花很小等，因此，要发挥每种植物不同时间段最佳的欣赏点，有针对性地进行植物的搭配和组合。同时，植物的色彩、芳香、大小、叶、花、果，形态变化样，设计中要主次分明，从功能出发，突出某一个特色、某一时段的景观即可，不一定要面面俱到。

④ 注意平立面的变化　园林植物景观设计要从总体着眼，在平面上，要注意种植的疏密变化——密不透风、疏可走马；在竖向立面上，要注意植物的高低错落，林冠线的变化；在空间上，要注意开辟透景线，强调重点景观；在距离上，要重视景观层次，远近观赏效果，如远观整体、成片的效果，近观植株的形态、花、果、叶等（图6-16）。

图6-16　公园植物景观层次效果

6.3.3　经济性原则

① 合理选择树种　充分运用乡土树种、合理使用名贵树种，合理选用苗木规格，适地适树，合理利用速生树种，避免选用环境问题强的树种、外来树种。

② 妥善结合生产　可以适当种植一些观花、观果、观叶的经济林树种，如柿树、银杏、枇杷、杨梅、薄壳山核桃、杜仲等，使观赏性与经济效益有机地结合起来。

③ 合理利用原有植物　尽量保留和利用原

有植物，降低经济造价，也可快速成景和保留地域特色。

6.4 园林植物景观设计

园林植物景观设计，包括孤植、对植、丛植、群植、片植、树林、林带、绿篱等。

6.4.1 孤植

孤植树，主要欣赏单株植物姿态美，植物要挺拔、繁茂、雄伟壮观，以充分反映自然界个体植株充分生长、发育的景观。孤植树可以是单株栽植，或几株紧密栽植成一个单元的形式，几株栽植时必须是同一株树种（图6-17）。

图6-17 孤植树景观效果

① 孤植树的布置 种植地点宜开阔，要保证树种有足够生长空间，有合适的观赏距离和观赏点，最佳观赏距离是树高的2～3倍；种植地点的背景宜单纯，如天空、水面、草地等色彩单纯的景物作背景，以衬托出孤植树的树形美、姿态美。孤植树常布置在草地一端、河边、湖畔，或布置在可透视辽阔远景的高地、山冈上；孤植树布置在园路或河道转折处、主要道路入口旁、园林局部入口处等，可引导游人进入另一景区；孤植树还可以配置在建筑组成的院落中或小型广场上，成为主体景观。

② 孤植树的选择 植物形体优美高大、枝叶密、树冠开阔、树干挺拔；生长健壮、寿命长，能经受大自然灾害，多选择乡土树种；不含毒素、不带污染、花果不易脱落及病虫害少的树种；或具有特殊观赏价值树种。

常用的孤植树有：香樟、榕树、悬铃木、朴树、雪松、银杏、七叶树、广玉兰、金钱松、油松、薄壳山核桃、麻栎、云杉、桧柏、白皮松、枫香、白桦、枫杨、乌桕等。

6.4.2 对植

两株树按一定的轴线关系，相互对称或均衡的种植方式，分为对称对植和非对称对植。对植可以是一种树，也可以是不同的树种，但两种树树形宜相似。对植一般不做主景，主要布置在道路出入口、桥头、建筑出入口等地段，可以起强调的作用。

6.4.3 行列式种植

乔、灌木按一定株行距，成行成排种植或在行内株距有变化的栽植形式。行列式的景观比较整齐单纯、气势大，规则式园林中应用较多。行列式栽植树种选择，宜选用树冠体形整齐、枝干挺拔直立的树种；行列式种植的株行距，乔木3～8m，灌木在1～5 m，主要取决于树种特性、环境功能和造景要求等因素。

6.4.4 丛植

丛植，是指由多株（两株至十几株不等）树木做不规则近距离组合种植，具有整体效果的园林树木群体景观。它可以有一个群种，也可由多种树组成。树丛的构图法则：统一中求变化，差异中求调和，一般10～15株，树种不宜超过5种（图6-18）。

两株丛植，一般是同一树种，或树形相似的树种，设计时尽量一俯一仰、一大一小、形成呼应、变化和动势，树干自然、栽植紧密，株距小于树冠的直径，创造活泼的景致。

三株丛植，最好选同种或外观近似的树种，不等边三角形种植，大小树靠近，中树远离，平面呈不对称均衡，但整体协调。

四株丛植，可采用一种或两种树木。布局整体呈不等边三角形或四边形，可用"3+1"的方式，单独一株为第二大的树，其他三株布置与三株丛植相同，如为两种树种，则树量比为3∶1，其中一株的树种，不单独种植，体量不宜为最小或最大。

图6-18　丛植树群体景观效果

五株丛植，可以是同种树，也可以是两种树，最好是"2＋3"的形式，不宜种植在同一直线上。

6.4.5　群植

组成树群的单株树木数量在20～30株以上，主要表现群体美，是构图上的主景之一，应布置在具有足够观赏距离的开阔场地上，如在近林缘的大草坪上，广阔的林中空地，水中的小岛上，小山坡上等；树群前方有树群高度的4倍或宽度的2倍半距离的空地，以便游人欣赏。树群可分为单纯树群和混交树群两种。

单纯树群，只有一种树，其树木种群景观的特征显著，可以大片的花、色叶、果构成规模较大的景观，具有强烈的视觉冲击力，如成片樱花，盛开时给人留下深刻印象（彩图6-19）。

混交树群，由多种树种混合组成的树木群落景观，具有层次丰富，景观多姿多彩、持久稳定的效果，是园林树群设计的主要形式。一个完整的混交树群分5个部分：乔木层、亚乔木层、大灌木层、灌木层、地被层（多年生草本）等。乔木层选用的树种，姿态要丰富，使整个树群的天际线富于变化，亚乔木层最好开花繁茂或具有美丽的叶色，灌木层以花灌木为主，下层用草坪或多年生花卉植物。在组合方式上，乔木层分布在中央，亚乔木层在外缘，大灌木、小灌木在最外缘，在树群的外缘可以配置一两个树丛及几株孤植树，使景观起伏有致。同时，树群的组合要结合生态条件进行考虑，注意四季的季相变化和美观（图6-20）。

图6-20　混交树群形成的多层次植物景观

6.4.6　树林

树林是指成片、成块种植的大面积树木景观。如综合性公园安静休息区的休憩林、风景游览区的风景区、城市保护绿地中的卫生防护林、防风林、引风林、水土保持林、水源涵养林等。根据结构和树种的不同分为密林、疏林、单纯林和混交林等。根据形态不同分为片状树林和带状树林（又称林带）。

密林，郁闭度较高的树林景观，一般郁闭度为70%～100%。有单纯密林和混交密林，单纯密林层次单一，缺乏季相变化，但简洁、壮观；混交密林有多层结构（3～4层）。布局，大面积的混交密林中不同树种多采用片状或块状、带状混交布置，面积较小时采用小片状或点状混交设计，以及常绿树与落叶树相混交。单纯密林只需对单株树木定植。

疏林，郁闭度为40%～60%，多为单纯乔木林，也配植一些花灌木，具有舒适明朗，适合游憩活动的特点，公共庭园绿地中多有应用，类型有疏林草地、疏林花地、疏林广场等（图6-21）。

图6-21　疏林草地形成的宜人景观

6.4.7　林带

林带就是带状的树群，以乔木、亚乔木、大灌木、小灌木、多年生花卉组成。在园林中的用途可屏障视线、分隔空间，可做背景，可庇荫，可防风，防尘，防噪声等。自然式林带内，树木栽植不宜成行成排，栽植距离也要各不相等，天际线和林缘线有变化。

常用的树种：水杉、杨树、栾树、桧柏、山核桃、刺槐、火炬松、白桦、银杏、柳杉、落羽杉、女贞等。

6.4.8　绿篱或绿墙

凡是灌木或小乔木近距离的株距密植，栽成单行或双行、紧密规则的种植形式，称为绿篱和绿墙，其作用是境界、空间分隔、屏障，或作为花坛、花境、喷泉、雕塑的背景，美化挡土墙等（图6-22）。绿篱和绿墙的类型可根据高度和功能进行划分。

① 根据高度不同划分　绿墙，高度160cm以上，阻挡人的视线；高绿篱，高度120～160cm，人的视线可以通过，但一般人不能越过；绿篱，高度50～120cm，一般公园中最常见的形式；矮绿篱，高度50cm以下，用在养护较好、游人较少的地方。

图6-22　整齐的绿篱具有美化装饰的效果

② 根据功能与观赏要求不同划分　常绿篱，用常绿植物种植，主要为观叶植物；花绿篱，用观花植物种植，是园林中精美的绿篱设计；观果篱，用观果植物种植，一般不修剪，不能用与规则式园林中；刺篱，需要维护空间，不许人通过，起防护作用；蔓篱：用藤蔓植物种植，快速绿化的作用。

6.4.9　地表种植

通常指贴近地面的地被植物的种植，草地是应用最广泛的地表植物。草地在园林中除供观赏外，主要用来满足游人的休息、运动和文化娱乐等活动，同时在防沙固土、环境保护、美化市容等方面都有很大的作用，是城市园林绿化建设中不容忽视的内容之一（图6-23）。

（1）草坪分类

按草地的形式，分自然式和规则式。自然式草坪，充分利用自然地形，或模拟自然地形的起伏，形成开阔或封闭的原野风光，一般允许有3%～5%的自然坡度来埋设暗管以利排

图6-23　新加坡城市绿化中的草地景观

水；规则式草坪，在外形上有整齐的几何轮廓，如规则式园林、运动场。规则式草坪对地形、排水、养护管理等方面要求较高。

按草地的用途：游憩草坪、观赏草坪、体育草坪、牧草坪、飞机场草坪、林中草坪、护坡、护岸草坪等。

按草地植物组合：单纯草地，由一种草地植物组成的草地；混合草地，由几种禾本科多年生草本植物混合播种而成，或禾本科植物中混有其它的草本植物的草地，称为混合草地；缀花草地，在以禾本科植物为主体的草地上，混有少量开花的多年生草本植物。

（2）草种选择

游憩活动草坪和体育草坪应选择耐践踏、耐修剪、适应性强的草坪草，如狗牙根、结缕草、马尼拉、早熟禾；干旱少雨地区则要选具有抗旱、耐旱、抗病性强的草坪草，如假俭草、狗牙根、野牛草等；观赏草坪要求草坪植株低矮，叶片细小美观，叶色翠绿且绿叶期长的草种，如天鹅绒、马尼拉、早熟禾、紫羊茅等；护坡草坪要求选择适应性强、耐旱、耐瘠薄、根系发达的草种，如结缕草、假俭草、白三叶、百喜草等；湖畔河边或地势低凹处应选择耐湿草种，如剪股颖、细叶苔草、假俭草、两耳草等；树下及建筑阴影环境应选耐阴草坪草，如两耳草、细叶苔草、羊胡子草等。

（3）草地的坡度设计

任何类型的草地，其地面坡度不能超过土壤的自然安息角（≤30°）；体育草坪坡度，应越平越好，一般排水坡度为0.2%～1%；游憩草坪坡度，规则式游憩草坪为0.2%～5%，自然式游憩草坪坡度可大一些，一般5%～10%，不超过15%；观赏草坪坡度，平地观赏草坪坡度不小于0.2%，坡度观赏草坪坡度不超过50%。

6.4.10　攀援种植

攀援种植，是利用攀援植物绿化墙面、花架、廊柱、门拱等形成的垂直绿化。藤本植物一般都能自动攀援，不能自动攀援的需要用木格子、钢丝等加以牵引。攀援种植的作用，以垂直绿化形成优美的景观，经济利用土地和空间，在短时间内达到绿化效果；降低墙面温度，减少噪音（图6-24）。

图6-24　挡土墙攀援绿化效果

攀援植物的设计，在住宅和公共建筑物外侧，可以直接贴附墙面，借助支架攀援，用绳牵引茎比较柔弱的植物；用立柱独立布置攀援植物；结合土坡假山进行种植。

常用的攀援植物：紫藤、常春藤、叶子花、爬山虎、野蔷薇、凌霄、油麻藤等。

6.4.11　水体绿化

利用水生植物可以绿化水面，增加水面景色，有的水生植物还可以起护岸的作用、净化水质，水面绿化要根据水深、水流和水位的状况选用不同的植物（图6-25）。

（1）水体绿化种类

挺水植物，根浸在泥中，植物直立挺出水面，大部分生长在岸边沼泽地带，水深不超过1m的浅水区中，如美人蕉、梭鱼草、千屈菜、再力花、水生鸢尾、红蓼、狼尾草、蒲草、泽泻等。

浮水植物，根生在水底泥中，但茎不挺出水面，叶漂浮在水面上，不论水的深浅都能生长，如睡莲、王莲、芡实、菱等。

图6-25 昆明洛龙湖公园水体绿化效果

漂浮植物，全植株漂浮在水面上或水中，这类植物大多生长迅速，培养容易，繁殖快，能在深水中生长，平静水面可点缀装饰，大水面可增加曲折变化，如凤眼莲、浮萍、水浮莲等。

水体岸边植物，美化河岸，丰富水体空间景观，如柳树、木芙蓉、池杉、素馨、迎春、水杉、水松等。

（2）设计要点

水生植物一般可以占三分之一左右的水面，留出一定水面空间，产生倒影效果。植物搭配要考虑生态要求，在美化效果上要考虑主次、高矮、叶形、叶色、开花季节等特点。

6.4.12 花境

花境是以多年生花卉为主组成的带状地段，布置采取自然式块状混交，表现花卉群体的自然景观，平面构图以自然式种植为主，立面形成高低错落的群落景观（彩图6-26）。

花境分单面、双面观赏两种，单面观赏的花镜多布置在道路两侧、草坪四周，应把矮的花卉种植在前面，高的种植在后面；双面观赏的花镜多布置在道路中央，高的在中间、矮小的在两边。

花境所选用的植物材料，以能越冬的观花灌木和多年生花卉为主，要求四季美观又有季相变化，一般栽植后3～5年不更换，常用的有美人蕉、萱草、芍药、沿阶草、麦冬、鸢尾、珍珠梅、榆叶梅、金丝桃、杜鹃、腊梅、棕竹、十大功劳、铺地柏、茶花、矮生紫薇、贴梗海棠等。

6.4.13 花卉景观设计

花卉景观设计包括花坛、花台、花池、花丛等。

① 花坛　花坛是在具有一定几何形式轮廓的种植床，内植各种观赏植物，构成一幅具有华丽纹样或鲜艳色彩图案的种植形式。花坛分：独立花坛、花丛花坛、模纹花坛、混合花坛、连续花坛群、带状花坛、沉床花坛、浮水花坛等。

花坛的设计要点：花坛的布置形式和环境要统一；花坛植物应选择不同色彩或花叶兼美的草本植物、常绿小灌木等；设计以色彩构图为主，花期集中一致，高矮整齐，色彩明快。

② 花台　花台，是在较高的（40～100cm）空心台座式种植床，内填土或人工基质，种植草花所形成的景观，也有配以山石、水面和树木盆景形式的花台（图6-27）。一般面积较小，适合近距离观赏，展示花卉的色彩、芳香、形态以及花台造型等综合美。常用的植物有多年生花卉、小型花灌木、盆景造型植物等，栽培上要求排水良好的种类，如芍药、牡丹、杜鹃等。

图6-27 叠落花台效果

③ 花池 花池是整个种植床与地面高程度差不多（20～30cm或与地面平齐），边缘用砖石维护，池中常灵活种植花木或配置山石。花池是中国式庭院中一种传统的花卉种植形式。

④ 花丛 自然式花卉布置中，一般以花丛为最小单位，每个花丛由3～5株或10多株组成，选用多年生生长健壮的宿根花卉为主，也可选用野生花卉和自然繁衍能力强的1～2年生花卉。花丛在经营管理上很粗放，宜布置在树林边缘或自然式道路两侧。

6.5 植物景观设计趋势

现代植物景观设计，不仅要重视植物景观的视觉效果，更要注重体现当地自然景观风貌、地域特色和实现植物生态群落的稳定，因此，设计应在充分认识、了解和尊重地域性自然景观的基础上，依据植物景观的形成过程和演变规律，进行植物景观的配置。植物景观设计的趋势主要包括恢复地带性植被景观设计、自然式植物景观设计、立体绿化设计和节约型植物景观设计等。

6.5.1 恢复地带性植被景观设计

在风景园林植物景观设计中，开发以地带性植物为核心的多样化植物种类，探索乡土树种、野花、野草在植物配置中的合理应用，更好地建设低成本、低养护、多样性和生态稳定的植物群落景观。

6.5.2 自然式植物景观设计

植物景观的设计，应参照自然界生态群落植物生长状态，建造具有长期稳定共存、复层混交立体的植物群落，展现自然韵味，追求天然之美（图6-28）。

图6-28 某公园自然式植物景观

6.5.3 立体绿化设计

立体绿化，是指除平面绿化以外的所有绿化，包括攀援植物垂直绿化、墙面绿化、阳台绿化、门庭绿化、花架棚架绿化、栅栏绿化、坡面绿化、假山与枯树绿化、屋顶绿化、高架桥绿化等。随着城市建筑物、硬化路面或硬质铺装的不断增多，发展立体绿化，能丰富城区园林绿化的空间结构层次和城市立体景观艺术效果，有助于进一步增加城市绿量，减少热岛效应，吸尘、减少噪音和有害气体，营造和改善城区生态环境（图6-29）。

图6-29　某酒店立体绿化效果

6.5.4　节约型植物景观设计

节约型植物景观，是指按照资源合理配置与循环利用的原则，在规划、设计、施工、养护等各个环节中，最大限度地节约各种资源，提高资源的利用率，减少能源消耗。节约型植物景观设计主要措施包括：

节地，缓解人地矛盾，使用立体绿化、植物复层配置、合理增加植物密度等措施，提高土地资源利用率，改善小气候环境，使有限的土地资源最大程度地发挥园林植物的生态功能和环境效益。

节水，主要体现在使用集水技术，采用地面透气透水性铺装，注重雨水的回收利用，提倡使用再生水灌溉，以及采用微喷、滴灌等节水设施，较少植物养护管理的用水量。

节能，提倡因地制宜，充分利用当地取之不尽、用之不竭的自然能源，如风能、太阳能、水能等，使用节能灯、太阳能灯，较少资源消耗，实现低耗节能的园林建设和养护管理。

节力，以方便养护管理作为衡量的标准，尽量使用易养护管理、抗性强、耐污染的植物，以减少养护管理中人力、物力、财力的投入。

第7章 风景园林建筑

风景园林建筑，是指在园林环境中，有一定造景功能，又兼游览、观赏、休息等作用的各类建筑物和构筑物的统称。风景园林建筑，不论是单体还是群体，都是继地形地貌、园林植物之后，最为重要的景观设计要素，常见的有亭、榭、廊、阁、轩、楼、台、舫、厅堂等。

7.1 园林建筑的功能作用

在风景园林中，建筑的主要功能包括使用功能和造景功能。

7.1.1 园林建筑的使用功能

园林建筑的使用功能，是根据人们在室外活动的生理规律，以满足人们某种需求为目的而建的园林建筑，如服务性建筑中的厕所，在任何环境中都不可或缺；专用建筑中的展览馆，为提供科普信息使用；休息建筑中的亭子、长廊、花架等，为游人提供休息、纳凉、避雨、远眺等活动的休息场所。

7.1.2 园林建筑的造景功能

风景园林建筑的主要功能是其造景的功能，如点景、观景、组织园林空间、组织游览路线等。

① 点景　点景，即点缀风景。在园林景观构图中，建筑常具有"画龙点睛"的作用，以优美的建筑形象，为园林景观增色生辉（图7-1），有的建筑与自然环境融合，成为园林景致的构图中心；有的则隐蔽在花丛、树木之中，成为近观的局部小景；有的则耸立在高山之巅，成为全园主景，如颐和园的佛香阁（图3-16）。

② 观景　观景，通常是以建筑作为观赏园内或园外景物的场所，单体建筑，往往是静观园景画面的欣赏点；而一组建筑常与游廊连接，成为观赏园内风景全貌的观赏线。因此，建筑的选址、朝向、高矮、大小、开窗位置、与景物的远近等，都要考虑到赏景的要求，以达到最佳效果。

③ 组织园林空间　风景园林设计中，空间的组合、变化和布局是其重要内容，通过一系列空间的起、承、转、合、开、结的巧妙安排，给人以艺术享受。通过园林建筑，可以构成各种形状的庭院空间，并用游廊、花墙、园洞、门、窗等要素进行分隔和联系空间，形成步移景异的效果，如留园入口的空间处理，成为古

图7-1　扬州何园近月亭优美造型景观

典园林中组织园林空间的典范。

④ 组织游览线　园林游览路线虽与园路的布局分不开，但园林建筑通常具有引导空间起、承、转、合的关键作用，当人们视线触及某处优美的建筑形象时，游览路线就自然地顺视线而伸延，建筑常成为视线引导的主要目标，如南京瞻园中的廊（图7-2）。

图7-2　南京瞻园的廊

7.2　园林建筑的分类

按照园林建筑在环境中的功能，可以分为：风景游憩建筑、服务性建筑、文化娱乐性建筑与设施、公共设施类建筑、管理类建筑、园林构筑物等。

7.2.1　风景游憩建筑

风景游憩建筑是供游人休息、游赏用的建筑，既有简单的使用功能，又有优美的建筑造型，如亭、廊、厅、堂、馆、榭、阁、舫、花架等常见的园林建筑。

7.2.2　服务性建筑

服务性建筑，是为游人在游览途中提供各种服务的建筑，包括饮食业类建筑（如餐厅、食堂、酒吧、茶室、小吃部、冷饮吧等）、商业性建筑（如商店、小卖部、购物中心、商品展销室、摄影室等）、住宿类建筑或设施（招待所、宾馆、客栈、露营区域等）、管理服务类建筑或设施（如大门、办公管理室、售票处、栽培温室等）。服务性建筑或设施，除具备一定的功能外，还必须具有一定的观赏功能，以提高景区的观赏价值（图7-3）。

图7-3　某公园管理处

7.2.3　文化娱乐性建筑与设施

文化娱乐性建筑，主要在园林中进行科普、展览、展示等文化活动的建筑，如各类科普馆、展览馆、阅览室、各类体育馆、游艺室、俱乐部、演出厅等。文化娱乐性设施，是园林中开展各种娱乐活动的设施，如游船码头、露天剧场、体育场、游泳场、旱冰场、科教场地等。

7.2.4　公共设施类建筑

公共设施类建筑，包括停车场（库）、存车处、饮水站、厕所、供电及照明设施、供水及排水设施、供气取暖设施等（图7-4）。

图7-4　某公园厕所

7.2.5 园林构筑物

园林构筑物，主要包括台阶、坡道、墙体、栏杆、园桥、公共休息设施等，起到景观观赏、制约空间、屏障视线、分隔空间、保障安全等作用（图7-5）。

7.3 园林建筑设计

7.3.1 设计的方法和技巧

园林建筑设计应考虑立意、选址、布局、尺度与比例、色彩与质感、形态等内容。

图7-5 上海世博园后滩公园的步道栏杆

① 立意 意在笔先。园林建筑是一种占有时间、空间、有形有色，甚至是有声有味的立体空间塑造，重在意境的创造，应寓情于景、触景生情、情景交融，突出景观效果，因此，园林建筑设计首先在于立意，突出艺术意境的创造，并强调景观效果，如云南石林的望峰亭。

② 选址 "宜亭斯亭"、"宜榭斯榭"。园林建筑设计的选址应从景观、功能、意境上进行综合考虑，根据基址条件、周围景观、视线远近，确定建筑的选址，达到事倍功半的效果，如昆明西山的龙门。

③ 布局 园林建筑有了好的立意、得当的选址后，还必须有好的建筑布局，否则构图无法，零乱无章，不可能形成良好的建筑景观。园林建筑的空间组合形式通常有以下几种：单体建筑与环境结合，形成开放性空间，如北海琼华岛上的白塔（图3-12）；建筑群自由组合的开放性空间，如苏州的网师园；由建筑物围合而成的庭院空间，满足各种功能需求，如网师园的万卷堂与撷秀楼之间的庭院；天井式的空间组合，如留园中的华步小筑、古木交柯等；混合式的空间组合，如颐和园。

④ 尺度与比例 尺度在园林建筑中是指建筑空间各个组成部分之间、建筑与自然物体之间的比较，是设计时推敲的主要内容。功能、审美和环境特点是决定建筑尺度的依据，恰当的尺度既要满足建筑的使用功能，又具有一定的美感，并与周围环境的比例协调。

⑤ 色彩与质感 建筑物的色彩与质感处理得当，园林空间才能有强有力的艺术感染力。园林建筑风格更多的要靠形态、色彩、材料来表现，如我国南方的园林建筑风格体态轻盈、色彩淡雅，北方则造型浑厚、色泽华丽。随着现代建筑新材料、新技术的运用，建筑风格更趋于多姿多彩，简洁明丽，富于表现力，须要从园林的总体风格上进行把握、定位和统一（图7-6）。

图7-6 某公园的休闲亭

⑥ 形态 不同的园林建筑形态，表现出不同地域的性格、特征及其所蕴涵的人文精神。在园林整体风格确定以后，应根据其风格或文化选择不同的园林建筑形态，如江南私家园林的亭、欧洲古典园林中的亭、东南亚的亭等（图7-7）。

7.3.2 园林建筑单体设计

(1) 亭

"亭者，停也。所以停憩游行也。"亭的作用，是供游人休息，能遮阴避雨，要有好的观赏条件；亭本身也是园林风景的组成部分，因此，设计要能与周围环境协调、锦上添花。

亭的形式，从平面上可分为三角亭、方亭、圆亭、扇亭、多边形亭等；屋顶的形式，可分为庑殿顶、歇山顶、悬山顶、硬山顶、卷棚顶、攒尖顶、盔顶、十字脊顶、盝顶等；檐的形式包括单檐、重檐、三重檐等；从脊的形式上分：正脊、卷棚；从组合形式上，可分为单亭、双亭、多亭组合等。

图7-7 东南亚休闲风格的亭

亭的选址，"安亭游式，立地无凭"，只要与环境相协调，随处可设亭，如山地设亭、水边设亭、平地建亭等。

亭子的设计要点：单亭的直径不小于3m，最大不大于5m，高不低于2.3m，室内净高不应小于2.0m；亭子体量应适宜，体量大的亭可以组合亭的形式出现，否则感觉粗笨；亭子造型宜简洁、别致、有特点。

(2) 廊

廊是有盖的通道，长条形的赏景休息建筑，包括回廊、游廊，基本功能为遮阳、防雨，可游可赏，可划分空间、使空间互相渗透、增加景深、引导最佳观赏路线等。廊可与亭、台、楼、阁组成的建筑的一部分。

廊的选址，山地建廊，可依山就势，曲折婉转；水廊，水边设廊；平地建廊，多为划分空间，丰富层次，处理死角、边界、同景色互相渗透等（图7-8）。

图7-8 某公园的廊

(3) 花架

花架在园林中多以植物覆盖，可供人歇脚赏景、划分、联系空间。花架把植物与建筑巧妙组合，是园林中最接近自然的建筑物（图7-9）。

花架的设计要点：花架宜轻巧，花纹宜简单，花架宽2～3m，高度2.5～2.8m，开间是3～4m。花架四周应开畅、通透，局部可设景墙、亭廊，丰富花架景观。

(4) 桥

桥是一种特殊的路的形式，园林中除了联系交通外，还具有划分水面，增加水面层次，造景等作用。桥的形式，按建筑形式分为平、拱、曲、点式桥，亭桥，廊桥或汀步。

图7-9 花架与桥廊结合，造型灵动优美

图7-10 木质平桥景观

图7-11 上海世博园某公厕

桥的选址，要满足功能上、景观上的需要（图7-10）。在小水面上设桥时，小水宜聚，水面有渊源不尽之意，有层次感，桥可用平桥，紧贴水面。大水面一侧设桥时，桥宜设于水面较窄处，节约造价，可将桥面抬高便于游船通过，还可增加桥的立面效果，避免水面单调、平直。

（5）园厕

园厕，在园林中是一种特殊的风景建筑，既要满足使用功能，又要有一定的观赏性，并有明显的外观特性，易于识别。

园厕的选址，应避开主要风景线、轴线、对景等位置；应靠近主要游览路线，但离主游线应保持一定的距离；设置路标及小路相引，即藏即露，便于找到；利用周围自然景物、山石等加以遮掩和装点；外观处理要与景区整体风格相协调，既不要过分讲究，也不要过分简陋（图7-11）。

园厕设计要点：一般公园的厕所建筑面积为 $0.4 \sim 0.5 \text{m}^2/$ 亩，游人多的可提高到 $1.2 \sim 1.5 \text{ m}^2/$ 亩，每个厕所最小 40m^2 左右，厕所中男女蹲位的比例为 $2:3$；入口处应设置男女厕所的明显标志，入口外设1.8m的景墙作屏风遮挡视线；面积大于 10hm^2 的公园，应按游人容量的2%设置厕所蹲位（包括小便斗位数），小于 10hm^2 的公园，按游人容量的1.5%设置；男女蹲位比例为（ $1 \sim 1.5$ ）：1；厕所的服务半径不宜超过250m；厕所内的蹲位数应与公园内的游人分布密度相适应；在儿童游戏场附近，应设置方便儿童使用的厕所；公园宜设方便残疾人使用的厕所。

（6）墙体

墙体一般是用石头、砖或混凝土建成，起到界定、围合、分隔空间、保障安全的作用，分为独立墙和挡土墙。独立墙，单独存在，与其他要素没有关系；挡土墙，则是在斜坡或土方的底部，抵挡泥土的崩塌及保障工程设施的安全（图7-12）。

图7-12 挡土墙景观

墙体可以在垂直面上制约和封闭空间，制约和封闭的程度取决于墙体材料的通透和高度。当墙与观赏者之间高度、视距比为1：1时，墙体便能形成完全封闭；如果墙体超过1.83m时，空间封闭感达到最强；而低矮墙体只是暗示空间，起界定空间的作用。

（7）栏杆

栏杆具有拦阻的功能，主要起到隔离、美化和保障安全的作用，在景观中构成空间的垂直面。设计时应结合使用场所、设计标高的变化及安全要求，统一考虑栏杆的强度、高度、稳定性、耐久性、材料及美观效果（图7-13）。栏杆包括：矮栏杆、高栏杆、防护栏杆。矮栏杆，30～40cm高，起围护、装饰、隔离的作用，用于花坛、小水池、草坪、绿地边缘；高栏杆，80～100cm高，起较强的分隔与阻拦作用，用于高差较大，划分场地空间领域；防护栏杆，100～120cm高，有防护、围挡、安全保障的作用，设置于高台的边缘。

图7-13　北京奥林匹克森林公园桥栏杆

园林环境中，凡游人正常活动范围边缘临空高差大于1m处，均应设护栏设施，其高度应大于1.05m；高差较大处可适当提高，但不宜大于1.2m；护栏设施必须坚固耐久且采用不易攀登的构造。

第8章 风景园林道路

风景园林道路，即园林中的道路，包括园林绿地中的道路、广场及各种铺装。园路联系着不同的分区、建筑、活动设施、景点等，是园林的骨架、脉络，起组织交通、引导游览、识别方向、休息散步等作用，是园林不可或缺的组成部分与构景要素。

图8-1　某公园主园路

8.1　园林道路的分类

按园林道路的使用功能，园路又可以分为主园路、次园路、休闲小径、游步道、异型路、专用道路、园林广场等。

① 主园路　应能够联系全园，是各功能分区之间的联系通道，引导游人到达园林中的各主要组成部分，同时，主园路还须考虑通行、生产、救护、消防、游览车辆通行等功能，宽度一般为4～6m。主路应尽可能布置成环状，避免走回头路（图8-1）。

图8-2　新西兰某公园次园路

② 次园路　对主园路起辅助作用，起到沟通各景点、建筑、活动设施之间的联络作用，园林道路宽度依游人总量、人流量、功能需求等因素而定，其通行能力还受周围的状况所左右，如在游人易驻足观景、休憩的场地，路面宜适当加宽，而在人流少、交通畅通的地方则可适当缩小。次园路的宽度一般为2～4m（图8-2）。

③ 休闲小径、游步道　是深入到山间、水际、林中、花丛中的小路，供人们漫步游赏，双人行走为1.2～1.5m，单人行走为0.6～1.2m。休闲小径、游步道宜曲折，营造景观为主，使人流连忘返（图8-3）。

图8-3　某公园次园路

④ 异型路　异型路，是指结合园林中其他造景元素而设置的通道，如步石、汀步、礓嚓、台阶、磴道等，宽度可根据实际情况而定，但应考虑其安全性、舒适性和美观度（图8-4）。

⑤ 专用道路　以生产、生活、养护管理、后勤服务和消防等为主要功能的道路，为专用

图8-4　某公园步石

道路，宽度一般为3～6m，单向通行最低3m，双向通行最低4m。

⑥园林广场　园林广场，是道路在某一地段内加宽、扩大形成一定面积的场地，道路之间的连接点，具有交流集散、游憩活动、生产管理等作用，是园林道路系统的重要组成部分，也是园林景观序列变化中营造主题、重要转折或过渡的部分（图8-5）。

图8-5　某公园入口广场

8.2　园林道路的设计

8.2.1　道路的布局

①整体风格　园林道路的布局、形式，表达出不同园林风格的变化和主题特征，即道路的布局与形式，决定了园林的形式，如凡尔赛宫花园的直线型、对称的道路布局，中国自然式山水园曲折的道路，日本园林的步石等，在一定程度上直接反映出了园林的风格特征，因此，在满足交通便捷的同时，应根据园林的整体风格，确定园路的走向、类型和道路的网络，以达到园林内各部分与整体协调统一的效果（图8-6）。

图8-6　某日式公园入口道路的风格特征

②组织交通　园林中的道路布局应根据不同功能分区、景点、活动设施、游人量等内容，运用不同的道路等级，功能区之间以主园路相连，景点之间以次园路联系，园区内以小径或步道覆盖，达到主次分明、交通便捷、相互配合、不走回头路的目的。道路的疏密还应考虑各功能区（或景区）的规模、地形高差、地貌特点等因素，因地制宜进行设计布置。

③观景组景　观景，园林道路把分散的景观进行合理串联，因路得景。组景，园路的线型、图案、材料等不同的组合方式，也是一道亮丽的景观，可以感受到其特有的设计风格和乐趣。同时，园林道路应随地形和景物而曲折起伏，若隐若现，造成"山重水复疑无路，柳暗花明又一村"的情趣，以丰富景观，延长游览路线，增加层次景深，活跃空间气氛，使游客乐而忘返（图8-7）。

④多样性　园林中的道路形式应多种多样，包括道路线形、铺装材料、色彩、宽窄等的变化，如在人流集聚的地方，路可以扩宽为场地；在林间或草坪中，路可以转化为步石或休息岛；遇到建筑，路可以转化为"廊"；遇山地，路可以转化为盘山道、磴道、石级；遇水面，路可以转化为桥、堤、汀步等，但要因地制宜、风格统一，切忌为变化而变化、杂乱无章。

图8-7　大理苍山木栈道依地形景观而设

8.2.2 道路的线形设计

在道路布局确定的基础上，可进行道路线形的设计。道路线形分为平曲线设计和竖曲线设计。平曲线设计包括道路的宽度、平曲线半径和曲线加宽等；竖曲线设计包括道路的纵横坡度、弯道、标高等。

道路的规划设计中，线形设计是园林风格的重要体现，规划中的园路，有自由、曲线的方式，也有规则、直线的方式，形成两种不同的园林风格，或两种混合，不管采取什么方式，园路忌讳断头路、回头路，除非路的端头有一个明显的终点景观或建筑。园路的线形设计应充分考虑造景的需要，应蜿蜒起伏、曲折有致、因地制宜，在自然条件好的地方，可以保留原有迂回曲折的园路；在园林用地平缓的地方，需要人为地创造一些条件来配合园路的转折和起伏，如升降地势，在转折处布置一些山石、树木等，以增加道路景观和游览趣味，提高绿地的利用率（图8-8）。

总之，园路线形设计应与地形、植物、建筑、铺装场地及其他设施结合，形成完整的风景构图，创造连续展示园林景观的空间，或欣赏前方景物的透视线。

图8-8　某公园道路材质、线形的变化

8.2.3 道路设计要点

（1）弯道的处理

园路遇到建筑、山、水、树、陡坡等障碍，必然会产生弯道，道路的弯道、转折应衔接通顺，并有组织景观的作用，可在弯道处设置视觉景观、山石或小品，形成步移景异的效果；弯道设置应符合游人的行为规律，弯曲弧度要大，外侧高、内侧低，外侧应设栏杆，以防发生事故（图8-9）。

（2）道路交叉口处理

道路交叉口的是园路建设中不可避免的部分，自然式园路以三岔路口为主，规则式园路以十字路口较多，但从加强导游性考虑，路口设置应少用十字路口，多用三岔路口。园路的路口设计要遵循以下几点：

① 避免多路交叉　多路交叉易导致路况复杂，导向不明，使游人迷失方向。交叉口应设指示牌。

图8-9　道路转弯处园林小品的设置

② 尽量接近正交　道路斜交时，若角度过小，车辆不易转弯，人行难免踩踏绿地，因此，道路交叉的角度不宜小于60°，并尽量接近正交。

③ 做到主次分明　交叉路口的道路在宽度、铺装、走向上应主次分明，有明显区别，便于形成景观和识别。

④ 有景色和特点　在交叉路口，特别是三岔路口，应设计花坛、景石、小品、雕塑等装饰性景物，形成对景，给人留有印象、便于识别并记忆犹新。

⑤ 丁字交叉口　丁字交叉口，是视线的交点，可在交点设置景观，形成视觉焦点。

⑥ 多条道路相交　多条道路相交时，应在端口处适当地扩大做成小广场，这样有利于交通，可以减少游人过于拥挤。

（3）坡度与防滑处理

主园路的纵坡宜小于8%，横坡宜小于3%，粒料路面横坡小于4%，纵、横坡不得同时无坡度。山地公园的园路纵坡应小于12%，超过12%应做防滑处理。主园路不宜设梯道，必须设梯道时，纵坡宜小于36%。支路和小路，纵坡宜小于18%，超过15%，路面应做防滑处理，超过18%，宜按台阶、梯道设计，台阶踏步不得少于2级；坡度大于58%的梯道应做防滑处理，并设置护栏设施。自行车专用道路最大纵坡控制在5%以内，轮椅坡道一般为6%，最大不超过8.5%，并采用防滑路面。人行道纵坡不宜大于2.5%。

（4）台阶

当人行坡度≥10%时，要考虑设计台阶，台阶能帮助人们在斜坡上保持稳定性。台阶的踏步高度（h）和宽度（b）是决定台阶舒适度的主要参数，两者的关系应该以$2h+b=60cm$为宜。一般室外踏步高度设计为120～160mm，踏步宽度300～350mm，低于10cm的高度差不宜设置台阶，可以考虑做成坡道。游人通行量较多的台阶宽度不宜小于1.5m。

台阶长度超过3m需改变攀登的方向，并在中间设置休息平台，平台宽度应大于1.2m。台阶的坡度一般要控制在1/7～1/4范围内，踏面应做防滑处理，并保持1%的排水坡度。为了方便晚间人们行走，台阶附近应设照明装置，人员集中的场所可在台阶踏步的侧面安装地灯。

8.3　园林道路的铺装

8.3.1　铺装的功能

① 承载功能　道路铺装应具有足够的强度和适宜的刚度，良好的稳定性，较小的温度收缩变形，在结构、使用性能上能满足要求，如平整的大面积铺装区域是人群较为集中、活动形式较为丰富的场地，铺装场地应该坚实、平整、稳定、耐久，有良好的抗滑能力且易于维护，不宜使用表面过于凹凸不平的材料；而供人休憩的小型场地在铺装选材上则不宜过于艳丽花哨，尺度不宜过大，应注重营造自然、亲切的气氛；主干道路要考虑到游览电瓶车、消防车、服务用车等车辆的通行，铺装应选择具有一定厚度和抗压强度的材料（图8-10）。

图8-10　道路铺装的承载与景观功能

② 引导功能　不同的铺装设计，会对人的心理和行为方式产生不同的影响，可以用引导和强化的艺术手段来组织游人活动，可以表达不同的主题立意与情感。道路铺装时应分析各区域环境的特性，合理设计出各类铺装场地，一般可以通过铺设方向、铺设材料以及拼花形式，获得方向感和引导性，或利用铺砌图案、质感变化、色彩变化给人以指向性；在需要人们停留的地段，则可以采用无方向性或稳定性的铺装形式，突出空间的静态感，从而达到使游人停留的目的。

③ 展示功能　铺装是构成园林空间个性、格局和形态的重要内容，通过铺装可以展示园林的功能、性质、环境氛围、意境等主题，如环境协调的铺装场地能营造出温馨适宜的交

图8-11 腾冲热海用火山石作道路铺装

往空间，促进人们休闲活动、舒缓压力、增进交流等。同时，铺装还应尽量使用本土材料，与环境融合，具有地域特色和文化（图8-11）。

8.3.2 铺装设计

（1）铺装图案的选择

在营建园林风格和空间主题时，常常通过道路铺装图案来烘托环境氛围、增加园林特色。图案，通过平面构成要素中的点、线和形的组合得以表现。图案中的点，可以吸引人的视线，成为视觉焦点；线能营造一定的序列感，直线带来安定感，曲线具有流动感，折线和波浪线则具有起伏的动感；形，本身就是一个图案，方形、圆形、六边形等规则对称的图形产生静态感，宜以营造一些宁静氛围的休闲场所，按规律排列波浪形可产生强烈的节奏感和韵律感，给人一种有条理的感觉，用砖或卵石铺装的同心圆和放射线图案，具有强烈的向心性，如苏州园林铺地中的图案，能折射出深厚的文化底蕴。作为园林底界面的铺装图案，或精致、或粗犷、或安宁、或热烈、或自然、或人工，其艺术效果对景观都将产生强烈的影响（图8-12）。

图8-12 黑色卵石流线的铺装形成特色

（2）铺装材料

铺装材料选择的基本原则是防滑、耐磨、具有一定强度、易于使用和维护，还应考虑不同艺术风格、功能的要求，并与周围环境协调，形成连续和统一的视觉、心理感受。此外，还要了解各种铺装材料的特性以及适用的环境。

常用的铺装材料包括砂、砾石、卵石、各类石材（花岗石、青石、大理石、石灰岩等）、人造石、砖（青砖、红砖）、瓦、混凝土（本色、彩色）、水洗石、水磨石、沥青、广场砖（瓷砖）、陶砖、不锈钢、铜、铁、钢、铝、塑料、玻璃、木材、竹材等。不同的材料，其质感、纹理、形态各异，只要应用得当，都可取得很好的铺装效果。

（3）铺装色彩

每种铺装材料都有自身颜色，这些颜色也是园林环境中主要的造景表现元素之一。色彩具有鲜明的个性，暖色调给人以热烈、兴奋的感觉，使人轻松愉快；冷色调给人以优雅、沉稳的感觉；灰暗的色调使环境更为宁静。人对深浅程度不一的色彩，也会产生不同的重量感和尺度感，浅色会显得轻盈、舒展，深则显得沉重、收缩。因此，在铺地设计中要有意识地利用色彩变化，以丰富和加强空间的气氛。

（4）铺装质感

质感，是材料自身给人直观的感受和感觉，不同的材料其质感完全不同，如自然面石板表现出石材的自然质感，使人感到自然、生态；粗糙的表面可以吸收光线，给人感觉质朴和厚重，凹凸的肌理强化行人踩踏的触觉；光面瓷砖透射出人工的华丽和精致感；木质的栈道给人亲切自然感，金属铺装地面给人冰冷、坚硬感等。根据不同材质的特性，可以设计出对比反差较大或自然协调的铺装效果（图8-13）。

图8-13　材料的变化展现出景观的精致

8.3.3　铺装的排水

园路，是排除雨水的渠道，为了防止路面积水，园路的设计必须保持一定的坡度，横坡为15%～20%，纵坡为10%左右。铺装设计，要注意透水透气的设计，以免产生积水和排水不畅的问题。

第9章　风景园林小品

风景园林小品，是园林中进行装饰、展示、提供信息、照明、园务管理及方便游人使用的小型设施，既能美化环境，丰富园趣，为游人提供文化休息和公共活动的方便，又能使游人从中获得美的感受和良好的教益。

园林小品一般没有内部空间，体量小巧，造型别致，集观赏性与使用功能为一体，形成其独特的性质与特点，是园林景观的重要组成部分，一般可成为空间的焦点，使园林景观更富有表现力、活力、个性与美感。

9.1　园林小品的功能与作用

园林小品在设计中是一种小型的实用性艺术装饰品，在园林设计中所占的比例虽然小，但影响深、作用大，能够很好地突出主题和美化环境。园林小品类型多种多样，主要功能包括景观装饰、渲染氛围、组织景观、休憩使用等。

① 景观装饰　园林小品，作为艺术品，本身具有审美价值，由于其色彩、质感、肌理、尺度、造型等，具有很强的观赏性和装饰性，加上合适的方位、角度，可以成为园林环境中的一景，如一座主题雕塑可以使人深思，一道曲折的围墙使人顿生曲径通幽之感，一个造型别致的山石会成为一个焦点景观等。同时，园林小品还与植物、山石、水景、建筑等要素构成园林的整体景观，提高园林的艺术价值，满足人们的审美需求，给人以艺术享受和美感（图9-1）。

图9-1　昆明世界园艺博览园中心雕塑

② 渲染氛围　构思独特的园林小品与环境结合，会产生不同的艺术效果，具有很强的艺术感染力，给人留下深刻的印象，增添园林意境，如园林中的匾额、对联、题刻等，可点明题意、获得美感。拙政园中与谁同坐轩的匾额："与谁同坐"，取意宋苏轼《点绛唇·闲倚胡床》词："闲倚胡床，庾公楼外峰千朵，与谁同坐？明月清风我……"，题额者把答案藏匿起来，耐人寻味（图3-13）。

③ 组织景观　园林小品在园林空间中，把园林内外景色联系、组织起来，形成无形的纽带，引导人们由一个空间进入另一个空间，起着导向、组织空间的作用，如门窗形成的漏景、框景、借景等（图9-2）。

④ 使用功能　风景园林设计中，为达到统一的景观效果，具有使用功能的园林设施往往要进行艺术化处理，如园凳、灯具、展示牌、导引图、垃圾桶等，既是艺术品，又能满足功能需求。

图9-2　景门起交通、隔离和框景的作用

随着现代风景园林的发展，园林小品的设计将更加完善、美观、多样，使用功能与景观效果的完美结合，将是园林设计的主要趋势之一。

9.2　园林小品的分类

园林小品根据其功能、性质的不同可分为：园林雕塑、园林建筑装饰、装饰小品、山石小品、休息与服务设施小品等。

9.2.1　园林雕塑

① 传统雕塑　传统雕塑包括陶雕、木雕、骨雕、象牙雕、玉雕、石雕等，题材以表现中国传统文化、宗教信仰、历史文化等内容为主。风景园林设计中，适当布置传统雕塑进行装饰点缀，以展示该区域的历史文化、民俗风情、地域特色等，可以起到锦上添花、画龙点睛的作用，如在园林中放置麒麟、石龟、石狮、铜狮、铜鹤等（图9-3）。

② 陵墓雕塑　陵墓前或周围设置石人、石兽、石柱等纪念性的石刻、石雕，起到守护、仪仗、辟邪、显示地位及表现墓主人思想的作用。陵墓雕塑是中国古代厚葬流行的产物，其雕刻艺术以寓意象征的手法表达特定的主题，技巧独特，造型稳定而强劲，形成了中国古代雕刻艺术独特的民族风格，集中体现了特定历史时代的社会理想、审美形式和高超的艺术水平（图9-4）。

③ 宗教雕塑　宗教雕塑是以宗教教义、故事、人物、传说为题材的雕塑。我国由于佛教传入较早，影响广泛，所以在宗教雕塑中以佛教造像为多，佛教雕塑艺术成就最高。中式传统雕塑始终保持着以塑为主，以雕为辅的表现

图9-3　北京故宫内的铜狮

图9-4　北京明十三陵前的石像生

图9-5　园林中的小型佛塔

图9-6　现代雕塑景观

图9-7　苏州博物馆景窗

传统，始终没有改变写实主义思维，如古典园林中的放置的佛像、佛塔、石经幢等（图9-5）。西方雕塑多以希腊神话、宗教、历史为题材，服务宗教和宣扬美德，点缀在园林中，能产生强烈的艺术美感，如凡尔赛宫花园国王林荫大道旁的雕塑。

④ 现代雕塑　现代雕塑，是现代派艺术家远离理性、接近感性，不再模仿自然、重感性和主观内在的精神表现，用感觉代替观察，运用综合、抽象和半抽象代替具象，不再表现客观存在的形，而努力追求发掘自我心灵的形，否定艺术的功利性，认为艺术是有意味的形式和景观（图9-6）。

雕塑，有其明显的时代、地域的风格特征，表达不同的审美和文化差异，透过雕塑艺术可以感受到中西方不同的文化底蕴和精髓，因此，在风景园林设计中，应根据园林的整体风格和主题氛围，谨慎选择和运用雕塑，以免造成风格的混乱和文化上的冲突。

9.2.2　园林建筑装饰

园林建筑中的景窗、景门、装饰隔断、挂落、楹联匾额、彩绘等，都属建筑装饰的范围。

（1）景窗

景窗，俗称花墙头、漏墙、花墙洞、漏花窗、花窗、漏窗，是一种满格的装饰性透空窗，外观为不封闭的空窗，窗洞内装饰着各种漏空图案，透过景窗可隐约看到窗外景物。景窗高度多与人眼视线相平，下框距地面约1.3m。景窗窗框的形式有方、横长、直长、圆、六角、扇形及其他各种不规则形状（图9-7）。景窗花样繁多，最简易的漏窗是按民居原型，用瓦片叠置成鱼鳞、叠锭、连钱或用条砖叠置等，图案内容多为花卉、鸟兽、山水或几何图形，也有以传奇小说、戏曲、佛教、道教故事的某些场面为题材。

景窗是中国园林中独特的建筑装饰形式，是构成园林景观的一种建筑艺术处理工艺，通常作为园墙上的装饰小品，多在走廊上成排出现，使墙垣造型生动优美，具有十分浓厚的文化色彩。

（2）景门

景门是联系建筑物内、外空间场所的出入

口，有效组织游览路线，使游人在游览过程中不断获得生动的画面，形成园内有园，景中有景的效果。景门包括园林大门、垂花门、洞门、隔扇门等，门的样式有瓶形门、海棠门、月洞门、长方形门等，其作用不仅仅用来通行，更重要的是形成对景、框景、借景等构景效果，如通过景门把景色框成一幅画卷，使园林空间通透且流动多姿（图9-8）。

（3）装饰隔断

隔断是指专门分隔室内空间、不到顶的半截立面，比如屏风、博古架、书柜等，这些隔断既能打破固有格局、区分不同性质的空间，又能使空间富于变化，为园林提供了更大的艺术与品位相融合的空间。

（4）挂落

园林建筑中额枋下的一种构件，常用镂空的木格或雕花板做成，也可由细小的木条搭接而成，用作装饰或划分室内空间。挂落在建筑中常为装饰的重点，常做透雕或彩绘。在建筑外廊中，挂落与栏杆从外立面上看位于同一层面，并且纹样相近，有着上下呼应的装饰作用；自建筑向外观望，则在屋檐、地面和廊柱组成景物的图框，挂落如装饰花边，在构图上部产生变化，出现层次，具有很强的装饰效果（图9-9）。

图9-8　苏州博物馆景门

（5）楹联匾额

楹联，刻在竹子、木头、柱子上的对偶语句，言简意深，对仗工整，平仄协调，是一字一音的中文语言独特的艺术形式，悬挂或镶嵌在柱子、大门两边，起意境营造、情感表达、提高观赏价值的作用。匾额是悬挂于门上方、屋檐下，反映建筑物的名称和性质，表达人们

图9-9　园林廊上的挂落

义理、情感。匾额，横着的叫匾，竖着的叫额。楹联匾额是园林古建中的重要组成部分，其将建筑、民俗、文学、艺术、书法相结合，深入到社会生活的各个方面，写景状物，言表抒情，寓意深邃，具有极大的文学艺术感染力，是中国古典园林中独具特色的部分之一（图3-7、图3-13）。

（6）彩绘

彩绘，俗称丹青，是中国传统建筑上绘制的装饰画，主要绘于梁、枋、柱头、窗棂、门扇、雀替、斗拱、墙壁、天花、瓜筒、角梁、椽子、栏杆等建筑木构件上，以梁枋部位为主，"雕梁画栋"由此而来。彩绘起装饰、美观、防虫、防水，增加建筑物寿命的作用。中国古建彩绘一般分为：和玺彩绘、旋子彩绘、苏式彩绘和地方彩绘。

和玺彩绘，是彩绘等级中的最高级，主要特点是：梁枋上的各个部位是用特别的线条

"Σ"分开；主要线条全部沥粉贴金，金线一侧衬白粉和加晕，用青、绿、红三种底色衬托金；图案多以龙纹为主，枋心多是二龙戏珠，藻头上绘制升龙或降龙，箍头上绘制坐龙，看起来非常华贵，明快亮丽、富丽堂皇，多用于宫殿、坛庙等大建筑物的主殿（彩图9-10）。

旋子彩绘，来自旋花变形图案，旋子彩绘在等级上次于和玺彩绘，在构图上也有明显区别，可根据不同要求表现华贵或素雅，主要用于除宫殿以外的所有建筑，如官衙、庙宇、牌楼和园林建筑中。旋子彩绘的主要特点：固定找头旋花，简称"旋子"或"旋花"，旋子中有几个特定部位，如旋眼（中心花纹）、栀花（1/4花瓣形）、菱角地（花瓣间的三角地）、宝剑头（旋花最外边形成三角地）；三停线为"《"形分界线；死箍头，箍头不画图案，设色为青地和绿地相间（彩图9-11）。

苏式彩绘，江南苏浙一带所喜爱的风景人物为题材的民间彩绘，以轻松活泼、取材自由、色调清雅、体贴生活而独具一格，主要特点：没有固定的三停线；箍头中的盒子可有可无，没有硬性规定；图案形式灵活自由，人物山水、花卉草木、鸟兽虫鱼、亭台楼阁等，均可作为彩绘内容。苏式彩绘用以除宫殿、坛庙、官衙主殿以外的皇家游览建筑、民间建筑、园林建筑等（彩图9-12）。

地方彩绘，在和玺、旋子、苏式彩绘的基础上，结合地方审美、习俗，自创的彩绘技术。地方彩绘的规矩性模糊，有很强的地方特色，如大理白族的建筑彩绘，融合了苏式彩绘、中国诗书画艺术、大理石图案等，形成清丽淡雅、文化浓郁、特色鲜明的地方彩绘风格（彩图9-13）。

9.2.3 装饰小品

装饰小品包括树池、花钵、饰瓶、日晷、香炉、水缸、洗手钵、石灯笼、水井、经幢、景观柱等，在园林中起点缀、装饰、文化氛围营造的作用。

① 树池、花钵、花坛　树池、花钵、花坛是园林设计中常用的设施，可由石材、木材、钢材等围合而成。设计中可融入历史和文化的元素，以获得较好的景观与使用效果。

② 洗手钵、石灯笼　在日式园林中常用洗手钵、石灯笼来展现日式风格的宁静、深远。洗手钵和蹲踞洗手钵是茶庭中的必备用品，高的称洗手钵，矮的称蹲踞，是供客人净手、漱口之用（图9-14）。石灯笼则是夜间的照明用具，同时也可作为园内的景观小品。

图9-14　日式洗手钵具有景观和实用功能

③ 香炉　香炉不但是佛寺中的佛门法物，也是很多家庭中必备的供具。在中华民族文化中，焚香可以驱除居室污秽，在祭祀中表达对古人的追思。在园林中，香炉主要是一种装

饰，具有实用功能，也表达出一定的文化和风格（图9-15）。

④ 水井　水井，是地域特色和文化的符号之一。随着岁月的积淀，水井具有丰富而深刻的象征意义，其文化意义远远超越了功能意义，成为一种因情景不同而文化意义不同的符号。在景观设计中常用水井作为装饰性景观小品，使人沉思（图9-16）。

⑤ 经幢　经幢，源于古代的旌幡，一般由幢顶、幢身和基座三部分组成，主体是幢身，刻有佛教的咒文、经文、佛像等，多呈六角或八角形。在园林中运用，多为点缀、装饰之用。

⑥ 景观柱　景观柱，具有一定的装饰、照明、文化营造的作用，也可表达出地域文化氛围。

图9-15　峨眉山清音阁前的铜香炉

9.2.4　山石小品

石，在园林景观中是一个重要的造景素材，可作为园林的点缀、陪衬的小品，也可以作为主题，构成庭园的景观中心。

① 置石　置石，是指以山石为材料，作独立性和附属性的造景布置，主要表现山石

图9-16　某古镇的水井井台

的个体美或局部的组合，而不具备完整的山形。置石分为特置、散置和群置三类，可根据不同的地点、场景、观赏方向等的需求进行设置（图9-17）。

图9-17　苏州狮子林的置石

② 假山　假山，是指以造景游览为主要目的，结合地形营造、植物配置、水景等内容，以土、石为主要材料，以自然山水为蓝本，加以艺术的提炼和夸张，人工再造的山水景物（图9-18）。

图9-18 小型假山瀑布景观

③ 摩崖石刻 摩崖石刻，是指人们在天然的石壁上摩刻的所有内容，包括各类文字、印章、造像、符号等，摩崖石刻将雕刻、篆刻、金石、书法、文学、诗词等艺术融为一体，具有较高的艺术审美价值。

9.2.5 信息与服务设施

① 信息导示设施 信息导示设施可分为名称标志、环境标志、指示标志、警示标志，及各种布告板、导游图板、指路标牌、内容说明牌、阅报栏、图片画廊等。信息导示设施，是园林中指引游人游览的必不可少的设施，尤其在道路系统较为复杂、景点较为丰富的大型园林中，必要的信息导示系统可以避免游客的盲从和乱转（图9-19）。

② 园桌凳 园桌凳，是游人在行走或活动一段时间后，可以坐着休息的景观设施。在园桌园凳的设计上，首先要考虑园桌凳的尺度，符合人体工程学，满足游人休憩的舒适度；同时为避免形式的雷同，可将该区域的文化特色融入到桌凳中，形成具有意义的景观小品（图9-20）。

公共休息凳椅的尺寸：座面高38～40cm，座面宽40～45cm；标准长度，单人椅60cm左右，双人座椅120cm左右，三人椅180cm左右；靠背座椅的靠背倾角为100°～110°。

③ 园林照明设施 照明设施，是园林环境中的一个重要的组成部分，确保夜晚游览活动的照明需要，同时有点缀、装饰园林夜景的功能。园林照明，按用途分：安全照明、导向照明、装饰照明等；按功能分：路灯、路牌广告灯、照明装饰灯等。绚丽明亮的灯光，可使园林环境更为热烈、生动、欣欣向荣、富有生机，使宁静的夜晚舒适，亲切迷人，富有诗意（图9-21）。

④ 卫生设施 园林环境中的公共卫生设施是不可缺少的必备设施，有卫生箱、垃圾回收站、垃圾桶、烟灰缸等，其功能是收集垃圾污物，保持环境卫生。设计卫生设施要充分考虑到周围环境景观的要求，便于清洁环境。卫生箱、垃圾桶应有顶盖，标注回收和不可回收标识以解决垃圾分类回收。一般可采用不锈钢、石材、木材、混凝土等材料制作。

图9-19 某公园指示牌

图9-20　北京明十三陵的石桌凳

图9-21　某公园庭院灯

⑤ 园林服务设施　服务设施，主要是指为人们提供多种便利和公益服务的电话亭、销售厅、自动饮水机、自动售货机、候车厅等，其特点是占地少、体量小、分布广、数量多、可移动等。服务设施的造型应便于识别、个性鲜明、丰富精致、实用美观等，能反映所处环境的地域特征；布置上应考虑服务半径、空间特性、游客量等因素，既便捷、又能美化环境；材料上要考虑防晒、防雨雪、抗污染等功能。

⑥ 饮水台　饮水台，是公共场合供游客直接饮水的设备。饮水台的设计，应满足不同人群的使用，如大人、儿童、特殊人群等，成排的直饮水龙头可设计成高低不同的组合；在材质上可选择钢材、石材等。

⑦ 音响设施　在公园、小区等户外空间中，可设置小型音响设施，并适时的播放轻柔的背景音乐，以增强园林空间的特定氛围。音响外形设计一般与该区域的文化氛围相匹配，并放置在较为隐蔽的地方。

⑧ 娱乐设施　园林中的娱乐设施，是为了给人们提供一个休闲、娱乐、游戏的场所，体现了人们在园林环境中休闲娱乐的生活质量，以及空间的多样化。娱乐设施的种类包括沙坑、滑梯、秋千、跷跷板、健身器材等（图9-22）。设计时应根据游人的年龄、心理、生理以及行为方面的不同特点来确定不同项目的设置与布局；设施上应考虑尺度、体量、材料等方面，要便于操作和识别，并确保绝对的安全可靠；还要注重娱乐性和趣味性的体现，使人们在活动的过程中能够起到调节神经与放松心情的作用。

图9-22　某公园的儿童娱乐设施

⑨ 园林阻拦设施　园林中的阻拦设施通常指护栏、路墩、栏杆、绿化带分隔栏、沟渠

护栏、标识牌等，起到对人、车辆及景观和景点的安全保护作用，设计中应考虑安全规范和美观的要求（图9-23）。

图9-23　某市绿地与道路的隔离墩

9.3　园林小品的设计

9.3.1　主题

　　根据园林小品在环境中的功能用途，所要表达的文化氛围和艺术风格，确定其主题、性质、内容和基调，不同主题、性质的环境要配置不同性质的园林小品，如古典园林中可以配置具有传统文化氛围的雕塑、经幢、石刻等，而现代园林则可布置现代、抽象的雕塑，烈士陵园中应设计具有庄严、崇高、纪念性的园林小品等。

9.3.2　方案设计

　　园林小品的方案设计应与特定的空间环境协调统一，包括园林小品的位置、朝向、角度、尺度、体量、色彩、体积大小、材料、质感等。

　　① 位置与朝向　根据园林规划环境的布局构图，来确定小品的位置和朝向，中轴对称式格局的建筑、园林小品也应放在中轴线上或在轴线两侧对称位置。

　　② 尺度与体量　根据设计需要、空间规模、周围环境等因素，来确定园林小品的尺度和体量。一个开敞宽广的空间中，园林小品自然应有较大的尺度和体量；反之，处在封闭狭小的空间中，小品就应小一些。

　　③ 材料与色彩　根据小品所处环境，来确定园林小品材料、色泽和质感。为保证园林小品在小环境中突出醒目，应使它与背景构成材料的质感或色彩形成对比，如在一片深绿的树林背景前，用汉白玉石材做雕塑，深色与浅色产生了对比，雕塑即显得醒目、主题集中。

9.3.3　施工工艺与技术

　　园林小品设计中，应根据现有施工工艺和技术条件，推敲小品的造型、工艺、材料和做法，并结合各工种要求，分别绘制出能具体、准确地指导施工的各种图纸，图面要求表达清楚各项设计内容的尺寸、位置、形状、材料、种类、数量、色彩、构造以及做法等，以达到最终完成园林小品施工的目的。

第3篇

风景园林景观设计

第10章　小游园景观设计

　　小游园属于城市公园绿地，泛指面积小（1～10hm²）、服务半径短（0.3～1km），功能简单、形式多样、相对独立的小型绿地，包括街头小游园、小区游园、街旁绿地、小型带状公园等，其功能以植物种植为主，可供居民短时休息、散步、娱乐之用，步行5～10min即可到达。小游园是居民重要的室外活动空间，是城市园林绿化系统中分布最广、使用率最高的组成部分，是城市环境中不可替代的自然因素。

10.1　小游园的功能

　　小游园是城市绿地系统的重要组成部分，其功能包括社会功能、生态功能和经济功能。

　　（1）社会功能

　　社会功能包括提供休闲游憩的场所、增强城市景观美感、保护历史文化资源、防灾与减灾功能、文化科普教育5个主要功能。

　　① 休闲游憩的场所　小游园常呈斑块状散落或隐藏在城市结构中，直接为附近居民服务，步行几分钟即可到达，因此，小游园往往成为社区的小型活动空间、健身空间、儿童游乐空间、会见朋友的交谈空间、午餐休息空间等，扮演着邻里公园的角色，为繁忙都市提供了一个庇护所，为人们休憩、放松提供了机会（图10-1）。

图10-1　小游园中供人休息的坐凳及散步道

　　② 增强城市景观美感　小游园以植物造景为主，植物丰富的色彩和季相变化，可以美化城市空间，增添自然景致，提高城市景观的艺术效果，提高居民的归属感和社区的凝聚力，提升城市形象和品位。

③ 保护历史文化资源　小游园的规划和建设往往结合具有悠久文化历史的城墙、城河、雕塑、名人故居、历史传说、历史街区等资源进行，使之免受人为活动、城市开发的干扰，这对传承城市的历史文脉起到重要的保护作用。

④ 防灾与减灾功能　小游园的绿地不仅是居民休闲游憩的活动场所，也在城市防火、防灾、避难等方面起着重要的作用，如地震发生时作为避难地、火灾发生时作为隔火带。

⑤ 文化科普教育　城市小游园给人们提供了认识自然、体验自然的良好机会，使人们对于人与自然的共生关系产生深刻的理解。

（2）生态功能

小游园的建设与整个城市绿地布局关系密切，它能完善城市的绿地系统、扩大绿地面积，更好地发挥园林绿地的生态功能和改善生态环境的目的。当然，由于小游园面积一般较小，其生态功能具有一定的局限性，但作为小型绿色斑块，分散在城市的各个角落，数量众多，仍然能够为城市提供可渗透的地表界面，为小动物（尤其是鸟类）提供栖息的空间及廊道，为物种多样性的提高创造条件，为野生动物繁衍提供良好的生态环境，并可促进养分的储存与物质的循环。此外，城市小游园还具有控制水土流失、涵养水分、净化空气、降低噪声、调节城市小气候、改善环境等生态功能（图10-2）。

图10-2　城市中心小游园能改善生态环境

（3）经济功能

城市小游园的绿色环境能提升周边土地价值，改善城市投资环境，提升城市的吸引力，从而给城市带来间接的经济价值。同时，历史文化型的小游园往往成为城市的重要旅游资源，促进城市的旅游业发展。

10.2　小游园景观设计

10.2.1　性质与类型

① 性质定位　小游园景观设计之初，应先了解上位规划，如《城市总体规划》、《区域详细规划》、《城市绿地系统》或其他专项规划，对该绿地的定性，并结合其具体位置、面积、现状条件、周围环境、服务半径等内容，确定小游园性质，如街旁绿地（G_{15}）、带状公园（G_{14}）、小区游园（G_{122}）、附属绿地（G_4）等，性质不同，决定了设计定位、服务对象、标准、内容的差异。

② 类型　按照小游园的构成条件和功能侧重点不同，可以将小游园分为：生态保护型、景观展示型、休闲游憩型、历史文化型等。当然，以上类型的划分不是绝对的，现实中，可

能是多种类型的交叉混合、多种功能的综合，设计时应根据具体情况而定。

10.2.2 主题与文化氛围营造

小游园的设计应充分体现地域精神、文脉特征、城市风貌，让参与其中的群众喜闻乐见，切忌照抄照搬，让人不知所云。小游园的起名、整体布局、道路形态、园林建筑、中心雕塑等，尽可能具有一定的文化内涵；植物选择、景观营造、季相变化，能集中体现当地乡土植物景观特色。

10.2.3 内容的确定

① 服务对象　小游园的内容设置应考虑满足各阶层、各类型、不同人士的需求。服务对象的了解可以根据小游园的位置、类型、周围居住人口状况，并结合实地调查、问卷、社区走访等途径，调查相关数据，如总人口、人口构成（流动、固定）、人口比例（老年、儿童的比例）、职业状况等。

小游园设计的关键是针对不同服务对象，设计不同的内容，若流动人口（旅游、路过）多，则应注重交通组织、休息桌凳的数量及景观展示；若周边居住人口多，特别是老年、儿童较多时，则应注重老人活动、儿童游戏场所的设置（图10-3）。

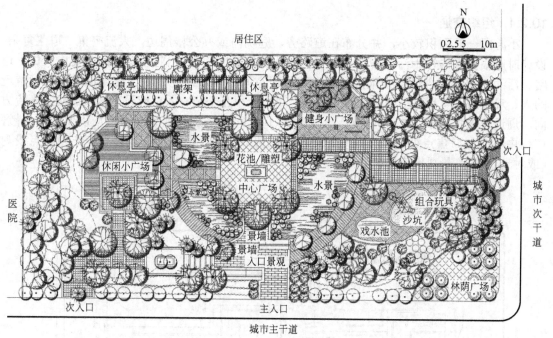

图10-3　某小游园平面图

② 功能区设置　小游园属于公共绿地，应根据不同人群、不同功能定位、不同类型进行合理的功能区划分，一般功能区可以包括：入口景观区、儿童游戏区、青少年运动场所、老人活动区、体育健身区、中心景观区、生态景观区等。由于小游园面积有限，功能区的设置应根据周边环境、人口状况，因地制宜进行。条件允许时，应争取公众参与，即方案设计完成后，设计师应与地方政府、社区组织、群众进行充分交流、沟通，力求使方案能满足群众需求、景观优美、经济节约（图10-4）。

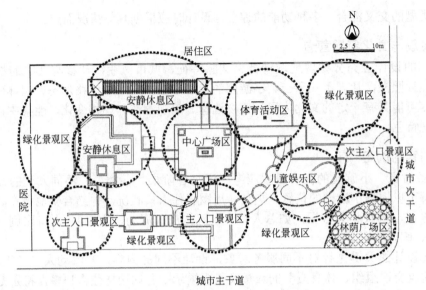

图10-4 某小游园功能分区图

10.2.4 组织交通

小游园一般面积较小，并分布在道路旁、庭院内或办公楼周边，人流密集、道路复杂，设计时应根据人的行为活动规律（如行人喜欢走捷径的心理），对小游园的主要出入口、道路、活动空间等内容进行推敲，利用道路组织空间序列，保证小游园内路过的行人、游玩的人、观景的人等具有不同活动目的人之间不会相互干扰。入口应设在城市道路主人流方向，周边可根据需要设2～4个次入口。主入口处可适当加宽或设小型广场以便人流集散，广场中心或入口焦点处，可设花坛、假山、雕塑、水景、造型植物、景石等作为焦点景观（或对景），提高景观价值（图10-5）。

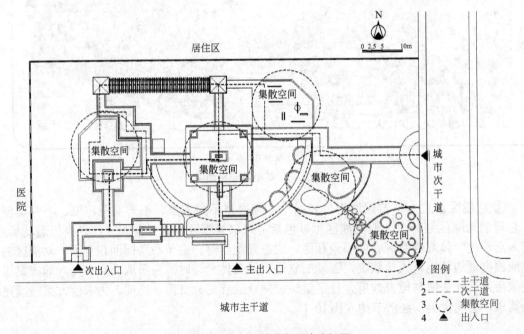

图10-5 某小游园道路系统分析图

10.2.5 空间分析

为满足不同人群活动的要求，设计小游园时要考虑到动静分区，并要注意活动区的公共性和秘密性，如直线型的通道边可设花架或凹入式座位，使之在不影响人流通行的前提下，获得相对私密的空间，使人有所庇护而又能舒适地观看环境，避免了空间的单调。在空间处理上注意动观、静观，群游与独处兼顾，人们一般不愿站在众目睽睽的中心位置，而喜欢背靠墙体、大树、绿篱等掩护物，人有依靠便感到舒适、轻松。不同空间类型都各有所需，喜欢私处静享的人能找到需要的空间，休闲游憩的人能有地方锻炼、娱乐和休闲。

10.2.6 景观分析

根据小游园的位置及面积，若位于市中心、人流集中、面积较大，可在园区内设置入口景观区、中心景观区，并通过地形营造、植物配置，点缀雕塑、小品、水景等要素，形成景点主次分明、空间层次丰富、动线明显、步移景异的特色小游园。园区中的雕塑小品要注重力度感和动感的创造，选取富有生机、活力和希望的主题形象，造型宜简洁生动，让人有亲切感。

10.2.7 植物配置

小游园是公共绿地，在满足具有一定游憩功能的前提下，应尽可能地运用本地乡土植物进行配置，充分利用植物大小、种类、姿态、体形、叶色、高度、花期及四季的景观变化等因素，考虑常绿与落叶搭配、乔木与灌木搭配、花卉与地被地被相结合，提高公共绿地的园林艺术效果，创造优美的环境，达到"春到花便开、秋来黄叶落"的自然景致（图10-6、表10-1）。

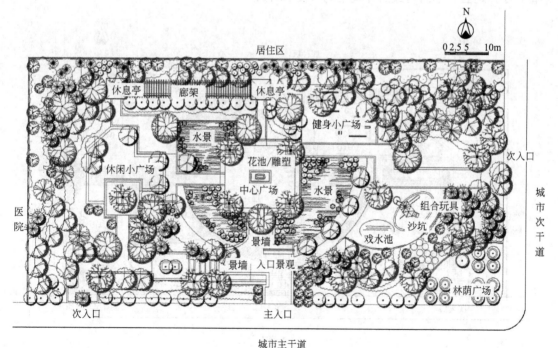

图10-6　某小游园植物配置图

表 10-1　某小游园主要植物列表

序号	图例	名称	规格				单位	数量
			高度/m	胸径/cm	冠幅/m	土球/m		
1		滇朴	7.5-7.8	18-20	4.3-4.5	2.0	株	15
2		桂花	6.2-6.3	16-18	3.5-3.6	2.0	株	10
3		香樟	6.8-7.0	10-12	2.8-3.0	2.0	株	30
4		广玉兰	5.5-5.7	12-13	3.0-3.3	1.5	株	14
5		水杉	5.5-5.7	10-12	2.8-3.0	2.0	株	22
6		乐昌含笑	6-6.2	13-15	2.5-2.7	1.8	株	25
7		杜英	6-6.2	10-12	2.8-3.0	1.5	株	16
8		黑松	3.5-3.8	10-12	2.5-2.7	1.5	株	20
9		五角枫	3.5-3.8	8-10	2.5-2.7	0.8	株	39
10		含笑	3.5-3.8	8-10	2.5-2.7	0.8	株	41

10.2.8　竖向设计

竖向设计，是在水平面垂直方向的设计。小游园面积较小，在设计中应注意空间的组织、竖向的变化，避免一览无余、平铺直叙。

竖向设计的作用：可以提高小游园的土地利用率，优化功能空间，形成空间的开合变化，达到步移景异、小中见大的效果；提高空间的艺术质量，地形的变化能增加景观的层次感，充分表现植物的自然美、地形的艺术美、光影的变化美；提高空间环境质量，有效调节光、温、热、气流的变化，形成舒适的小气候环境；有利于排水等。因此，在小游园设计中，一定要充分利用地形、大树、雕塑、园林建筑物等景观要素的竖向高差变化，营造小而丰富、小而适宜、小而精致的环境空间（图10-7）。

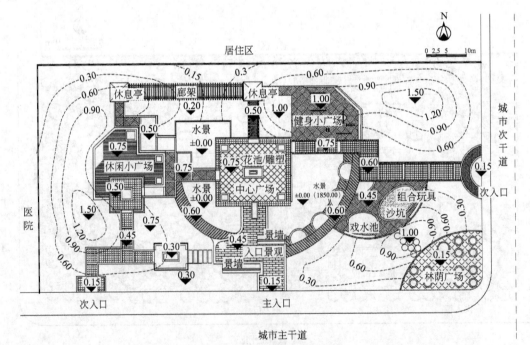

图 10-7　某小游园竖向设计图

第11章　道路绿地景观设计

道路，是指供各种车辆（无轨）和行人通行的工程设施。随着社会的进步和人们生活水平的提高，车辆日益增多，路幅逐渐加宽，在保障道路通行安全性的同时，道路绿地的景观越来越受到重视。建设一个既满足交通功能要求，又生态美观的道路，不仅能起到更好的庇荫、滤尘、减弱噪音的生态作用，同时也改善了道路沿线的环境，美化了城市。

11.1　道路的类型

道路的种类众多，性质、功能等各有不同，按照道路使用特点，一般可分为城市道路、公路、厂矿道路、林区道路和乡村道路。除公路和城市道路有准确的等级划分标准外，林区道路、厂矿道路和乡村道路一般不再划分等级。城市道路与公路以城市规划区的边线分界。

11.1.1　城市道路

（1）城市道路的分类

城市道路是指在城市范围内具有一定技术条件和设施的道路。根据《城市道路设计规范》（CJJ—1990），及城市道路在城市道路系统中的地位和功能，主要分为4个等级。

快速路，主要为城市大量长距离、快速交通服务，只准汽车行驶，控制出入，四车道以上、有中央分隔带，全部或部分采用立体交叉，与次干道可采用平面交叉、与支路不能直接相交。快速路也称汽车专用道。

主干道，是城市道路网的骨架，联系城市的主要工业区、住宅区、港口、机场和车站等客货运中心，承担着城市主要交通任务的交通干道。主干路沿线两侧不宜修建过多的行人和车辆入口，否则会降低车速。

次干道，为市区普通的交通干，配合主干路组成城市干道网，起联系各部分和集散作用，分担主干路的交通负荷。次干路兼有服务功能，允许两侧布置吸引人流的公共建筑，并应设停车场。

支路，是次干路与街坊路的连接线，为解决局部地区的交通而设置，以服务功能为主。部分主要支路可设公共交通线路或自行车专用道，支路上不宜有过境交通。

（2）城市道路的绿化断面类型

城市道路横断面一般由车行道（包括机动车道和非机动车道）、人行道、分隔带（绿化带）等组成。目前，城市道路横断面主要有一板二带式、两板三带式、三板四带、四板五带式等4种形式（图11-1）。

11.1.2　公路

公路是连接各城市、城市和乡村、乡村和厂矿地区的道路。公路的划分根据不同的属性，有不同的类型，根据《公路工程技术标准》（JTJ 001—1997），公路主要分为以下5个等级：高速公路、一级公路、二级公路、三级公路、四级公路；根据在政治、经济、国防上的重要意义和使用性质划分为5个行政等级：国家公路（国道）、省公路（省道）、县公路（县道）、乡公路（乡道）、专用公路等；其他还可根据路面等级、道路使用年限等的不同进行划分。

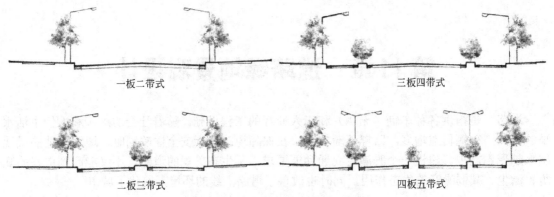

一板二带式　　　　　　　　　　　三板四带式

二板三带式　　　　　　　　　　　四板五带式

图11-1　城市道路绿化横断面类型

高速公路，为专供汽车分向分车道行驶并全部控制出入的公路。具有4条或4条以上车道，设有中央隔离带，全部立体交叉具有完善的交通安全设施和管理设施、服务设施。四车道交通量25000～55000辆/天（小客车）、六车道适应交通量45000～80000辆/天、八车道适应交通量为60000～10000辆/天。

一级公路，是连接高速公路或是某些大城市的城乡结合部、开发区经济带及人烟稀少地区的干线公路。一级公路必须分向、分车道行驶，一般应设置中央分隔带，设施和高速公路基本相同，部分控制出入，交通量小客车15000～30000辆/天。

二级公路，为中等以上城市的干线公路或者是通往大工矿区、港口的公路。交通量4500～7000辆/天（中型载重汽车）。

三级公路，沟通县、城镇之间的集散公路，适应交通量1000～4000辆/天。

四级道路，沟通乡、村的地方道路，适应交通量，双车道1500辆/天以下，单车道200辆/天。

11.2　道路绿地的功能

道路绿地的功能，主要包括：卫生防护和改善生态环境、组织交通和保证安全、增强道路景观效果及其他功能。

11.2.1　卫生防护和改善生态环境

① 净化空气　净化空气，植物吸收二氧化碳、二氧化硫、一氧化碳等有毒有害气体，放出氧气；滞尘作用，粉尘污染源主要是降尘、飘尘、汽车尾气的铅尘等，植物将道路上的烟尘滞留在绿化带附近不再扩散，减少城市空气中的烟尘含量（图11-2）。

② 降低环境噪音　日常环境中，70%～80%的噪声来自地面交通运输，给人们的工作、休息带来很大影响。因此，道路两边设置一定宽度的道路绿地，并合理配置植物，可以大大减低噪声，如距沿街建筑5～7m处种植行道树，可降低噪声15%～25%（图11-2）。

③ 保护路面与降低辐射热　夏季，在未绿化的沥青路面上，太阳的辐射热大部分被地面吸收，地表温度很高，裸露地表温度往往比气温高出10℃以上，路面因常受日光的强烈照射而受损。而绿化可以改变地面温度，植物能有效遮挡阳光的直射，避免温度的上升，对于保护沥青路面因温度过高而造成融化、泛油等损害具有积极的意义，从而使道路的使用寿命延长。此外，道路绿化在改善道路小气候方面产生良好的作用，如调节温度、湿度、风速等（图11-2）。

④ 监测环境污染的作用　利用植物指示环境污染，特别是指示大气污染的作用，早已被人们发现，不少植物对环境污染程度的反应比人和动物要敏感得多，如雪松对二氧化硫、氟化氢很敏感，抗性弱，少量的气体即可导致雪松针叶出现发黄、枯焦现象，有很强的监测能力。

11.2.2　组织交通和保证安全

道路绿化以创造良好环境，保证提高车速和行车安全。道路中间的绿化分隔带，可以减少车流之间的互相干扰，使车流单向行驶，保证行车安全；机动车与非机动车之间设绿化分隔带，则有利于缓和快、慢车混行的矛盾，使不同车速的车辆在不同的车道上行驶；在交叉路口上布置交通岛、立体交叉、广场、停车场、安全岛等，可以起到组织交通、保证行车速度和交通安全的作用。

11.2.3　增强道路景观效果

道路绿化可以点缀城市，美化街景，利用植物的观赏特性，道路本身成为一道亮丽的风景线，如银杏大道、樱花大道、梅花大道等。不同城市可以通过不同地域的树种来体现各自的特色，如北京市的毛白杨、油松、槐树等，南京市的悬铃木、雪松、香樟等，广州市大叶榕、椰子、蓝花楹等，给人留下深刻的印象。道路景观效果的好坏，代表了一条道路、一个片区、一座城市的精神面貌，因此，道路绿化，是整个城市景观中的关键环节（图11-3）。

图11-2　道路绿地卫生防护和改善环境

图11-3　道路绿化的景观效果

11.2.4　其他功能

① 经济效益　在满足道路绿化美化的前提下，可以适当利用城市较多的道路绿地面积，选择适应当地生长、有地方特色和经济价值的果木、花草进行种植，如广西南宁道路上种植

四季常青的木波锣、人面果，兰州的滨河路种植梨树，昆明市部分城乡公路两边50m范围内开辟为苗圃等，既绿化美化了道路，展示了地域风格，又在绿化中取得了一定的经济效益。

② 防灾减灾的功能　道路绿化可以减低风速、防止火灾的蔓延。道路林带结构（密度、高低、树种）的合理配置可以防雪、防风、防火灾。地震时，道路绿地还可以作为临时避震的场所。

③ 战略防御　分布全城的道路绿地，战时可起到伪装掩护的作用，行道树的枝叶覆盖路面，有利于防空和掩护，枝叶还可用来掩蔽和伪装军事设备，在必要时还可以砍伐树木做工事狙击敌人，道路线长、面广，易于就地取材。

11.3　道路绿地设计的原则

① 安全性　安全性是道路景观设计考虑的第一要素，在国家相关道路设计法规、规范、标准等的指导下，保证道路行车安全，满足行车视线、行车净空的要求。绿地中的植物不应遮挡司机视线，不应遮挡交通标志，但能遮挡汽车眩光。道路绿化设计时，应充分考虑地下管线、地下构筑物及地下沟道的布局等，并留出足够的避让空间和距离。

② 生态性　道路绿地景观设计中，应充分考虑道路绿地的土壤、水文、气候等，利用绿化的生态属性，选择优良适宜的园林植物，以乔木为主，乔灌草结合，形成优美、稳定的景观，并尽量选择乡土植物，以利树木的正常生长发育，抵御自然灾害。

③ 景观性　注意绿化的整体性和连续性，营造美观的绿化效果，同一条道路的绿化应有统一的景观风格，不同路段的绿化形式应有所变化。植物配置上应协调空间层次、树种变化、树形组合、色彩搭配和季相变化的关系。

④ 远近期结合　道路绿地从建设到形成较好的绿化效果需要十多年的时间，在道路绿地景观设计时要有发展的观点和长远的眼光，对所用植物材料在生长过程中的形态特征、大小、颜色等可能的变化有充分的了解，预留出发展空间。

11.4　城市道路绿地景观设计

11.4.1　人行道绿地景观设计

人行道绿地指从车行道边缘至建筑红线之间的绿地，包括人行道与车行道之间的隔离绿地（行道树绿带）以及人行道与建筑之间的缓冲绿地（路侧绿带）。

（1）行道树绿带

人行道与车道之间的隔离绿地有时简化为只有行道树，行道树是城市道路基本的绿化形式，一般可以分为树池式、树带式。当人行道的宽度在2.5～3.5m之间时，首先要考虑行人的步行要求，原则上不设连续的长条状绿带，以树池式为主；当人行道的宽度在3.5～5m时，可设置带状的绿带，起到分隔护栏的作用，但每隔15m左右，应设供行人出入人行道的通道口以及公交车的停靠站台，并铺设硬质地面铺装。行道树株行距可根据苗木规格、树木的生长速度及树木对环境的要求确定株行距，如4m、5m、6m、8m等。另外，要防止两侧行道树在道路上方的树冠相连，不利于汽车尾气的排放。树干中心与地下地上管线的距离应符合相关规范的要求。

绿带宽度，为了保证树木能有一定的营养面积，满足树木最低生长要求，在道路设计时应留出宽1.5m以上的种植带，若用地紧张可留出宽1.0～1.2m的绿化带，种植单行乔木或灌木；而宽2.5m以上的绿化带一般可种植一行乔木及一行灌木；宽度在6m以上的，可以设计两行大乔木或大中小乔木、灌木结合，在空间高度上形成具有落差的复层种植；宽度在10m以上的绿带，可以设计出丰富的植物群落配置，考虑植物景观的季相变化及其生态功能的充分发挥（图11-4）。

图11-4 行道树绿带景观

行道树的选择，一般应以有观赏价值的乡土树种为主；抗性强，病虫害少、寿命长；耐土壤瘠薄、耐旱耐寒、耐修剪；树冠冠幅大、枝叶密、深根性、分枝点高，枝干无刺、枝叶无毒、花果无异味，无飞絮飞毛、无落果；种植苗胸径以12～15cm为宜，速生树种胸径不小于5cm，慢生树种胸径不小于8cm；种植苗分枝高度，行人通行的路段分枝高度不宜小于2m，一般车辆通行不宜小于2.5m，公交车通行和停靠站附近的种植苗分支高度不宜小于3.5m。

（2）路侧绿带

路侧绿带是人行道边缘至道路红线之间的绿带，分3种情形：①建筑线与道路红线重合，路侧绿地毗邻建筑布设；②建筑退后红线，留出人行道，路侧绿带位于两条人行道之间；③建筑退后红线，在道路红线外侧留出绿地，路侧绿带与道路红线外侧绿地结合布置。

路侧绿带的主要起隔离和美化的作用，在进行绿地设计时应根据相邻用地性质、防护和景观要求进行设计。设计时，绿地种植不能影响建筑物的采光和排风，如果路侧绿带过窄，则最好以地被植物为主；植物的色彩、质感应相互协调，并与建筑立面设计形式结合起来，在视觉上有所对比，又相互映衬的作用；地下管线较多或路侧绿带过窄时，可采用攀援植物来进行墙面绿化；应注意绿带坡度的设计，以利于排水（图11-5）。

路侧绿地宽时（不小于8m），可设计成开放式绿地，方便行人的进出、游憩，提高绿地的功能。开放式绿地中，绿地面积不应小于该段总面积的70%。濒临江、河、湖、海等水体的路侧绿地，应结合水面与岸线设计成滨水绿地，适当增加水生植物、景观小品及休闲空间，形成滨水景观带（图11-5）。

图11-5 路侧绿带景观

11.4.2　分车带绿地景观设计

分车带又称隔离带绿地，是用来分隔干道上的上、下行车道和快慢车道的，起着疏导交通、保障行车安全、分隔上下行车辆的作用；位于上、下机动车道之间的为中央分车绿带，位于机动车道与非机动车道之间或同方向机动车道之间的为两侧分车绿带。分车带一般宽度为1.5～6.0m，有景观要求的可适当加宽（如高速路、城市干道的中央分车带有的宽达20m以上）；长75～100m进行分段，以利于行人过街及车辆转向、停靠等。

中央分车带设计，道路中间的中央分车带除分隔上、下行车道的空间分隔功能外，还应有防止夜间对开车辆之间眩光影响的功能，

图11-6　中央分车带种植乔木形成景观

在设计时，距路面0.6～1.5m的竖向空间内应种植小乔木或灌木，以连续的绿篱、不连续的球形种植或低矮的常绿树种植，形成有效的遮蔽眩光的绿带。分车带宽时可以种植乔木，其树干中心至机动车道路缘石外侧距离不宜小于0.75m，在植物的应用上应以抗性较强的地方树种为主，可单一树种连续种植或几种树种分段间植，在形式上力求简洁有序、整齐一致，形成动态的景观系列及良好的行车视野环境（图11-6）。

两侧分车带绿化设计，以种植草坪与灌木为主，尤其是高速干道上不宜种植乔木，以免影响交通安全，在一般干道的分车带可以种植70cm以下的绿篱、灌木和花卉。在道路出入口和人行道铺设地段，分车带被断开，其端部的植物绿化应采用通透式栽植，即在距机动车路面0.9～3.0m的范围内，树冠不能遮住司机视线。

此外，分车带的营建要与环境相结合，在不同的地区，如商业街、行政区、居住区附近都应有所不同，不仅要有环境的美化功能，还应有利于营建和烘托空间的整体气氛。

11.4.3　交通岛绿地景观设计

交通岛是为了回车、控制车流行驶路线、约束车道、限制车速和装饰街道而设置在道路交叉口范围内的岛屿状构造物，一般包括中心岛（又称转盘）、导向岛、安全岛等，其形状多呈圆形、圆角方形、菱形、椭圆形等，直径为45～60m。交通岛绿地原则上只有观赏、装饰作用，不允许居民进入。

中心岛绿地设计，通常以嵌花草皮花坛为主或以低矮的常绿灌木组成，不宜密植乔木或大灌木，以保持行车视线通透，图案应简洁、曲线优美、色彩明快。主干道处的中心绿岛根据情况可结合雕塑、市标、立体花坛、组合灯柱、喷泉水景等营建成为城市景观，但高度上要控制。居住区内的道路，人、车流量较小的地段，可采用小游园的形式布置中心岛，增加居民的活动场所。面积较大的中心岛绿地，在不影响交通安全的前提下，绿地中心可种植高大的乔木或配置层次丰富的植物群落，形成生态绿岛景观（图11-7）。

导向岛、安全岛绿地的设计，植物配置的色彩、图案、造型不宜过于繁复，以低矮植物为主，以保证行车视距的通透及不能阻挡交通标志。

11.4.4　交叉路口绿地景观设计

交叉路口是指道路的交汇处，在城市道路系统中一般以2种形式出现，即平面交叉路口及立体交叉路口。

（1）平面交叉路口绿地设计

平面交叉路口，是由两条以上在同一标高平面内的道路汇集时所形成的交通路口，包括

T形路口、Y形路口、十字路口，以及在以上路口基础上设计的各种变体。其造景要点，在于保证交叉口视距三角范围通透的基础上，运用各种绿化手法来进行美化，营造出开阔及富有生机的路口景观。

T形路口绿地设计，两条道路中有一条道路前方视线被封闭，设计的关键是路对面焦点景观的营造，可以通过乔灌木、花卉、草坪、置石、雕塑、水景等要素来营造景观。

Y形路口的绿地设计，其变化及美学特点和T形路口相似，但它的交通条件可能比T形要好，可在一个或两个以上的方向上形成视线封闭，因此，在焦点景观设计的同时，要保持三角形视距的通透。

十字形与X形交叉的绿地设计，道路直线相交，前方不能形成视线封闭，绿地设计以整体绿化美化为主，不宜形成焦点景观，风格与街心交通岛或路口中心花园形成整体的景观。

图11-7 中心岛以灌木花卉为主的绿化景观

（2）立体交叉路口绿地设计

立体交叉路口出现于城市两条高等级道路相交处，或高等级跨越低等级道路处，也可能是高速公路入口处，有分离式和互通式两种形式。分离式立体交叉路口是指两条道路以隧道或跨路桥的形式形成不同层面的相交，道路间互不相通，中间没有匝道相连，不形成专门的绿化地段，其绿化与街道绿化相同；互通式立体交叉由主、次干道和匝道组成，匝道供车辆左、右转弯，把车流导向主、次干道上，各车道之间形成多块空地，这些空地可通过植物造景来形成绿地景观，所以又称为绿岛。互通式立体交叉的形式包括苜蓿叶式、半环道式、环道式等多种形式。

立体交叉路口的绿地设计，首先应满足交通功能的需要，使司机有足够的安全视距；绿岛布置应简洁明快，以大色块、大图案来营造出大气势，满足移动视觉的欣赏；立交桥下绿地应利用低矮、耐阴、抗性强的植物来进行造景，以利后期的管养和维护；植物造景形式、树种的选择都应突出立交桥的宏大气势，树种应以抗性良好的乡土树种为主，以适应较为粗放的管理；景观整体风格应与临近城市道路的绿化风格、各种建筑、硬质景观、灯光设施相协调，但又各有特色，形成不同的景观特质，以产生一定的识别性和地区性标志。

11.5 公路绿地景观设计

随着社会的进步、生活节奏的加快，高速交通在日常生活中变得越来越重要，交通工具不断增加和改良，道路网络越来越密集、路面日益加宽，公路绿地在公路中的比重越来越大，功能也从原来基本的道路绿化、路面养护、降低污染、保障通行等，逐渐过渡到防灾减灾、生态系统维护、水土保持、景观美化等复杂功能，以达到为行车者提供一个优美、舒适、环保、安全的交通环境。公路绿地包括一般公路绿地和高速公路绿地。

11.5.1 一般公路绿地景观设计

一般公路穿过农田、山林，没有城市中复杂的管线设施，人为和机械损伤较少，道路绿带的宽度限制也较少，在公路绿化中结合生产的途径也更广阔，还可以与护田林带、工厂和居住区之间的防护林带结合，以免过多占用土地。公路绿化设计中应注意以下问题：

（1）绿化带

公路绿化应根据公路的等级、路面的宽窄度来决定绿化带的宽度及树种的种植位置，省级公路两侧绿地宽度各 20 ～ 40m，共计实有宽度 40 ～ 80m，绿地率不低于 50%，绿化覆盖率 90% 以上；其他公路两侧留有一定宽度的绿化带，至少有两行乔木一行灌木的位置，绿地率不得低于 25%，绿化覆盖率 90% 以上。

当路面宽度在 9m 及 9m 以下时，绿化种植不宜种在路肩上，要种在边沟以外，距外缘 0.5m 处为宜；当路面宽度在 9m 以上时，可种在路肩上，距边沟内缘不小于 0.5m 处为宜，以免树木生长地下部分破坏路基，或在大风吹折树枝时阻碍交通。

（2）安全视距

在道路交叉口处必须留足安全视距，弯道内侧只能种植低矮灌木及地被植物。在桥梁、涵洞等构筑物附近 5m 内不能种树。

（3）树种选择

绿化树种的选择应尽量考虑乡土树种；并应具有较强的抗污染和净化空气的功能；苗期生长快、根系发达、能迅速稳定边坡的能力；易繁殖、移植和管理，抗病虫害能力强；能与附近植被和景观协调；具有一定的季相景观效果。树种搭配时，应注意乔、灌结合，常绿与落叶树种结合，速生树种与慢生树种相结合（图 11-8）。

同时，由于公路较长，一般 20 ～ 30km 的距离更换一种树种，也可一县或一乡一个树种，增加公路上的景色变化，有利于减缓司机视觉疲劳和增加好奇心理，保证行车安全，也可防止病虫害蔓延。但一条路的主要树种也不宜过多，以免频繁的植物种类变化，引起司机视觉混乱和加速疲劳（图 11-8）。

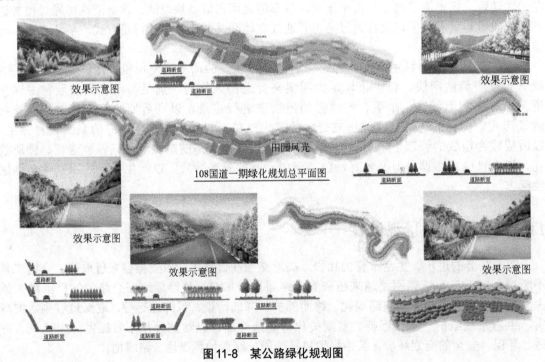

图 11-8　某公路绿化规划图

（4）其他功能的结合

公路绿化应尽可能与农田防护林、护渠护堤林、卫生防护林、水土保持林、生态防护林等相结合，做到一林多用，少占耕地。在条件适宜的地段还可结合经济果木（如果树、油料、香料等）、生产绿地（如苗圃）、经济林等相结合，绿化美化道路的同时，增加一定的经济效益。

11.5.2 高速公路绿地景观设计

随着高速公路的发展以及人们对高速公路建设质量的高要求，除工程质量及行车安全上的要求，对景观方面的要求也越来越高。高速公路绿地景观包括中央分隔带、边坡、绿化带、互通立交、隧道洞口、服务区等的景观设计。

（1）中央分隔带设计

中央分隔带位于高速公路中央，起着分隔交通、遮光防眩、引导视线、美化环境、降低噪音、降低硬性防护成本等作用，给广大司乘人员一种安全、舒适、自然的美感。中央分隔带一般宽1～5m，条件允许可设计较宽（5m以上）的中央分隔带，以利隔离和景观营造。中央分隔带还应在一定距离设开口，解决高速公路维修时的交通需要，一般情况下每2km设一处开口。

中央分隔带植物设计，以低矮灌木丛为主，方式为自然式密植、规则式（图案式、整齐式）修剪、树篱式种植等，分隔带宽1～3m时，宜采用规则式种植，宽3m以上时宜采用自然式种植，树种或种植方式可每10km变化一次，以避免司机和乘客感到疲劳和单调，丰富主线的植物景观；在途经城镇重要地段，每隔10～15m，适当点缀花灌木、色叶小乔木，地表可种植草坪或地被，形成丰富、连续、生机盎然的景观效果。

中央分隔带树种的选择，应选抗逆性强、耐修剪、生长慢、易保持造型的植物；树高低于1.5m，树冠40～80cm；抗病虫害能力强、管理粗放、易移植、易成活、见效快、自身污染小，且不影响交通安全的植物。

（2）边坡设计

边坡，是高速公路中对路面起支持作用的、有一定坡度的区域，除应达到景观美化的效果外，还应与土工防护结构、基础工程设施相结合，防止落石影响行车安全、减小水土流失，恢复植被，保护并改善沿线视觉环境和保护自然生态环境，使高速公路与沿线景观协调统一。由于高速路途经地区的地质地貌复杂，边坡按土层性质可分为岩石型边坡、砂石型边坡、沙土型边坡等几种类型，各类边坡景观设计的重点不同。

① 岩石型边坡 岩石型边坡，一般是开挖原有的自然岩石，或者为了固土护坡垒砌岩石挡墙。挖方边坡第一级，可采用垂直绿化形式，即通过种植爬山虎、辟荔、地锦等爬藤植物，使之爬满边坡，以三维网植草边坡达到视觉上软化边坡的目的；或在石面上预设一些草绳及铁丝网，然后在边坡下种植一些攀援植物如爬山虎、山葡萄、地锦等，植物长大后，沿坡向上爬，绿化整个坡面并起固土护坡作用。第二级以上岩石边坡，可采用生物防护新技术，即喷混植生、三维网植草骨架梁护坡植草、或安装钢性骨架回填土植草等方法来达到绿化的目的［图11-9（a）］。

② 砂石型边坡 砂石型边坡，挖方边坡为砂、石，可用拱形或"人"字形浆砌片石骨架或小块碎石在坡上砌出一个个方格区，在区内清除石块后换土，并种植草坪及点缀花卉，也可采用三维网植草［图11-9（b）］。

③ 沙土型边坡 沙土型边坡景观绿化设计，挖方边坡为沙土及黏土时，边坡景观绿化设计的主要目的是固土护坡、防止泥石流。在平整、清理场地后，边坡稳定的前提下可用液

压喷草防护，一些特殊景观用途的边坡可用草坪为底色，用花灌木或硬质材料造景，形成景观面［图11-9（c）］。

④ 多级碎落台边坡　一些较高大、陡峭的坡面，往往将坡面分成2级或多级，在级与级之间以平台分割。平台上一般设有排水沟及绿化带，以利缓和坡面上的雨水流速，减少水土流失，防止石块滑落到高速公路路面上，也方便施工和检修坡面。对于坡面平台的绿化美化，主要以垂枝型、攀缘型的花灌木为主，一方面涵养水源、保护坡面，另一方面美化坡面、改善路域局部小环境［图11-9（d）］。

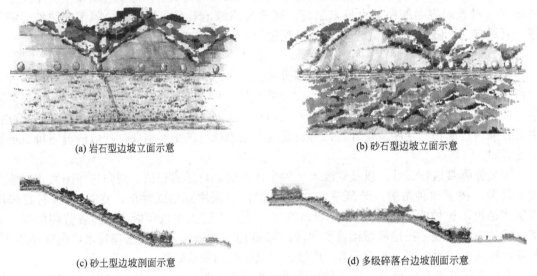

(a) 岩石型边坡立面示意　　　　　　　　　(b) 砂石型边坡立面示意

(c) 砂土型边坡剖面示意　　　　　　　　　(d) 多级碎落台边坡剖面示意

图11-9　各类边坡示意

边坡植物的选择，以适应性强、耐旱、耐贫瘠、耐粗放管理、根系发达、覆盖度好、易于成活的乡土植物材料为主，适当引进外来优良植物为辅；以草本植物为主，藤本、灌木为辅；树种材料丰富多样，因地制宜、适地适树，利用草本植物的生长优势在较短的时期内形成良好的护坡及景观效果，并逐步自然演变到稳定的灌草结合群落类型。

（3）绿化带设计

高速公路两侧绿化带，指道路两侧边沟以外的绿化带。沿路两侧绿化带宽度变化不一，一般两侧绿地宽度各30～50m，共计实有绿地宽度60～100m，绿地率不低于60%，绿地覆盖率90%以上。其主要作用是防风固沙、涵养水源，吸收灰尘、废气、减少污染、改善小环境气候，以及增加绿化覆盖率等。

绿化带设计，常采用种植花灌木的形式，但在绿化带较宽，或树木光影不影响行车的情况下，可采用乔灌木结合形式，形成垂直方向上郁闭的植物景观。若道路两侧有自然的山林景观、田园景观、湿地景观、水体景观等，可在适当的路段种植低矮的灌木，留出视线走廊，使司乘人员能领略沿线的地域风光，将人工景观和自然景观有机结合起来。

绿化带树种选择，以乡土树种为主，适应性强、耐旱、耐贫瘠，景观具有多样性，生长年限长，管理粗放等特点。

（4）互通立交景观设计

互通立交，是高速公路整体结构中的重要节点，也是与其它道路交叉行驶时的出入口。从景观构成的角度看，它是高速公路景观设计中场地最大、立地条件最好、景观设置可塑性最强的部位，其景观往往与入口管理区统一考虑、整体布局。立交区的景观设计以满足交通功能为前提，突出诱导性栽植、标志性栽植和明暗过渡栽植等，同时兼顾绿化、美化和环境保护的功能。

互通立交景观设计植物种植形式可以分为规则式、自然式和混合式。

① 规则式设计　运用规则的布局形式如对称式、均衡式布局进行设计，主要以图案为主，选用低矮的植物，利用不同的植物色彩、季相变化进行搭配，组成具有一定意义、内涵的图案。这些图案的意义明确、规律性强，大面积的色彩对比、变化具有一定的震撼美感，是互通立交景观设计中常用的形式之一。但规则式设计，植物在立面、季相上缺乏丰富的变化，构图上显得呆板，而且对后期的养护管理要求严格，具有一定的局限性（图11-10）。

图11-10　互通立交规则式种植

② 自然式设计　应用乔木、灌木以及地被植物，进行合理的搭配、组景，形成高低错落、点线面交互穿插、不同的色彩和季相变化相结合的生态绿岛。这一形式适用于大型立交地段，高大的植物对交通安全视距没有影响。目前，自然式设计，正得到越来越多的应用（图11-11）。

③ 混合式设计　在一些特殊地区的立交区景观设计时，有时要用规则、自然相结合的方式进行设计，这样的设计只要掌握好主次关系，仍可形成优美的景观效果。

图11-11　互通立交自然式种植

（5）隧道洞口景观设计

高速公路隧道，可以使车辆快速通过山体，缩短行驶里程，提高行驶速度，改善行使环境。隧道属于隐蔽工程，仅洞口露于外部，作为隧道的标志。因此，隧道洞口的材质、形式及环境质量将直接影响高速公路景观的总体效果。隧道洞口的形式，根据地形、地貌及工程地质情况，分为削竹式、喇叭口式、翼墙式、柱式、端墙式等洞门形式。隧道洞口的景观设计包括洞门景观设计和洞口绿化设计。

① 隧道洞门景观设计　洞门造型要充分体现当地乡土人情，使生硬的构造物具有历史文化气息、地域特色；洞口墙面装饰材料尽量利用隧道废弃物和当地廉价原材料，不仅经济实惠，而且易与周围环境协调；洞门挡墙尽量简化或利用植物进行遮挡，以减轻隧道入口挡墙的压抑感，若挡墙面积较大，可采用壁画、浮雕、石刻等形式对其进行简单处理，展示地方特色和文化；隧道名称可置于洞门上方、侧面或洞口之前的绿地上，洞名以当地地名、地方文化或有历史纪念意义的名称来命名，洞名的字体应清晰、醒目，标志性强，如云南思小高速野象谷隧道洞口，通过简洁的设计把洞口设计成傣族公主的冠冕造型（图11-12）。

② 隧道洞口绿化设计　洞口前开阔绿地尽量设计成层次分明，群落特征明显的自然式绿地，给司乘人员一个幽雅的行车环境，提高公路的整体形象；洞口周边用植物掩饰混凝土和

图11-12　云南思小高速野象谷隧道洞口

边坡工程框架，保持水土、稳定边坡，使洞门周围景观和谐、自然；出入口两侧可密植乔木，以起到防眩避光，防止进出洞门的光线强烈反差，有利于行车安全；隧道周边尽量恢复原有植被栽植，突出生态、自然，使隧道与周围环境融为一体。

图11-13　新西兰某高速路服务区景观

（6）服务区景观设计

服务区是高速公路管理人员办公、生活的场所，是维持高速公路正常运行的指挥和调度中心。服务区景观设计包括停车场绿化、庭院绿化及收费站绿化。景观设计应根据各个部位的功能要求因地制宜地进行，并充分结合当地自然景观及人文景观，使其具有亲切感，且表现地方特色（图11-13）。

停车场绿化，适当栽植高大乔木，形成一定的绿荫，使车辆免受曝晒；加油站前的停车场种植常绿和不易着火的防火树种，加强防护和遮蔽效果。

庭院绿化，服务区庭院为工作人员办公、休闲、生活的场所，景观设计应考虑建筑布局、场所功能、行为特征等内容，植物多选择香花、观花、色叶的树种进行搭配，使整体环境舒适宜人、轻松活泼，起到缓解工作压力、排遣寂寞与休息的目的。

收费站的绿化，收费站前的隔离带以植物高低、色彩、图案渐变的形式，提示车辆减速；周边绿化应考虑美化、防噪和防尘的需要，并灵活运用林地、花坛、草坪等进行造景。

11.6　铁路绿地景观设计

铁路绿化是指在保证火车安全行驶的前提下，在铁路用地范围内进行合理的绿化，即铁路绿色通道工程。铁路绿化能够改善铁路沿线的生态环境，完成国土绿化的战略要求，还可加强路基防护，控制水土流失，减轻生态灾害，对保障运输安全也具有重要作用。绿色通道工程包括两侧的绿化美化和路基边坡的绿色（植物）防护工程。

11.6.1　设计原则与相关规定

①用地原则　铁路绿色通道设计应贯彻"十分珍惜、合理利用土地和切实保护耕地"的基本国策，坚持依法用地、合理规划、科学设计的用地原则。

②设计原则　铁路绿色通道设计应以防风固土（沙）、美化环境为主要功能，并与工程防护措施相结合，遵循因地制宜、经济合理的设计原则。

③安全原则　铁路绿色通道所采用植物，其成年后的高度、冠幅、攀缘性、根系等不得影响行车和铁路设备安全；站区绿化不得影响旅客乘降和货物装卸，不得影响可视信号瞭望和各类架空线路；有地下管线时，其防护间距和要求应符合有关标准的规定。

④用地范围　铁路绿色通道设计范围，宜在区间线路铁路用地界内，路堤为排水沟、护道或坡脚挡墙外不大于3m，路堑为天沟外不小于2m或堑顶外缘不小于5m。有条件时可加宽到路堤排水沟、护道或坡脚挡墙外缘5m。

⑤区域划分　铁路绿色通道设计，可按气候条件划分为下列区域：一般地区，年平均降雨量600mm及以上，最冷月月平均气温高于或等于-5℃的温暖、湿润的地区；干旱地区，年平均降雨量小于600mm的地区；寒冷地区，最冷月月平均气温低于-5℃的地区。不同的

区域应根据不同的气候特征和条件，选择不同的绿化方式和工程措施。

⑥绿化方式　铁路绿色通道设计，应结合所在地区的气候条件和土壤特征，乔木宜行交混交，灌木宜带状混交，草宜混播混种，做到宜林则林、宜灌则灌、宜草则草。一般地区宜选择树形较好的速生落叶和常绿乔木、灌木；寒冷地区宜选择耐寒、耐阴湿的落叶和常绿乔木、灌木；干旱地区宜选择耐旱、耐土地贫瘠的灌木，有条件的地区可种植落叶和常绿乔木；风沙地区应选择耐干旱、耐沙埋、耐日灼、抗风蚀的沙生草、灌植物。植物建植方式，可选择播种造林、扦插造林、个别地段客土造林、穴植容器苗等。

⑦植物选择　铁路绿化的植物应选择抗逆性强，可抵抗公害、病虫害，易养护管理；不产生其他环境污染，不应成为对附近作物传播病害的中间媒介；易成活、生长快、萌根性强、茎矮叶茂、覆盖度大、根系发达的多年生草本植物或灌木、藤本植物；植物生长应适合当地自然环境，优先选择乡土植物；有条件时可选择具有经济效益和景观效果的植物，但地界内的绿化带不应种植油料作物。

11.6.2　铁路两侧绿化设计

①防护林　在铁路两侧种植乔木，要离铁路轨道至少10m，种植灌木要离开铁路轨道6m以上；通过市区或居住区的铁路，应留出较宽（50m以上）的绿地，种植乔灌木作为防护林，防护林宜为内灌外乔的形式，以减少噪声对居民的干扰；乔、灌木与接触网、建筑物和各种管线之间的距离应符合国家现行标准的有关规定。

②安全视距　公路与铁路平交时，距铁路以外的50m，距公路中心向外的400m之内不可种植遮挡视线的乔灌木；以平交点为中心构成100m×800m的安全视域，使汽车司机能及早发现过往的火车；铁路转弯处直径150m以内不得种乔木，可适当种植矮小的灌木和草坪，便于司机观察情况；在机车信号灯处1200m之内不得种植乔木，只能种植小灌木、草本花卉和草坪。

11.6.3　路基边坡绿色防护

路基边坡绿色防护应具有保护路基稳定、水土保持、改善生态环境等作用。设计内容应包括绿色防护工程类型、植物建植方法、植物种类的选择与植物配置、边坡坡面处理（土质改良、换土、增加坡面粗糙度等）、干旱地区的浇灌方式、施工和养护要求。

设计应考虑边坡高度、边坡坡率、边坡浸水条件，边坡的土质、岩性，坡面土壤的厚度、酸碱度、盐渍化程度、含水率、肥力等，物候期、降水量、蒸发量、气温、霜期、冻结与解冻期、风向风力等，以及极端气温、暴雨、干旱、大风等灾害性气象情况，乡土植物的生态习性和主要功能，当地的绿化技术经验，干旱少雨地区可供施工和养护浇灌的地表水、地下水条件。

绿色防护工程按植物生长的气候条件可分为一般地区、干旱地区、寒冷地区。

（1）一般地区路基边坡绿色防护

植物建植方式，可选择撒草子种草、液压喷播植草、客土植生、喷混植生，种植草、灌木、藤本植物、乔木，铺人工草皮等方式。当边坡坡面的岩土质不适宜植物生长时，可采取土质改良、客土植生、喷混植生等措施。

植物选择，采用植草防护时，宜选择覆盖率、生长期、抗逆性、根系深浅等方面优势互补的草种混播；土质路基边坡绿色防护宜选用草本植物、灌木或藤本植物；石质路基边坡绿色防护宜采用草本植物或藤本植物。

（2）干旱地区路基边坡绿色防护

干旱地区年平均降水量大于400mm或年降水量小于400mm有浇灌条件的土质路基边坡

宜采用绿色防护。植物应选用适应性强、耐干旱、耐贫瘠、根系发达和种子繁殖能力强的乡土植物；配置方式采用草、灌木、藤本相结合；坡面土壤贫瘠时，应采取客土或施肥措施；风沙地区路基边坡绿色防护，应结合防风固沙林带统一设计；当采用浇灌进行边坡绿色防护时，应进行浇灌工程设计。

（3）寒冷地区路基边坡绿色防护

年平均降雨量大于600mm及以上的地区，路基边坡宜采用绿色防护；年平均降雨量大于400mm小于600mm的地区，路基边坡绿色防护可参照干旱地区设计。

植物建植方式，可选择撒草子种草（撒播、沟播、穴播），铺人工草皮、植生带、液压喷播植草、喷混植生，种植灌木＋藤本植物，种植灌木＋藤本＋植草相结合等方式。

植物选择，灌木、藤本植物应选择耐寒、耐旱、耐贫瘠的品种。草种应选择耐寒、耐旱、耐贫瘠、根系发达、叶茎低矮或有匍匐茎的多年生草种，便于管理、易于养护、易成活、成坪快、与杂草竞争力强、无病虫害且能自播的草种，当地生长的固土能力强的品种，不同品种的草种混播。

第12章　停车场景观设计

停车场，是指供停放机动车和非机动车使用的场地，主要任务是保管停放车辆。

路外停车场的类型多样，根据车辆类型可分为机动停车场、非机动停车场；根据服务对象可分为专用停车场、公用停车场；根据设置方式可分室外、室内、地下、半地下、立体等；根据城市地区功能将停车场分为商业区停车场、办公区停车场、居住区停车场、交通枢纽换乘停车场、风景旅游区停车场、道路服务区停车场、特殊单位（医院、学校等）停车场等，此外还有生态停车场、绿色停车场、空中花园式停车场（高架多层式停车场）、机械式立体停车库等。

12.1　停车场设计指标

停车场设计指标包括停车场面积指标、建筑工程配套停车位指标。

12.1.1　停车场面积指标

根据《城市道路交通规划设计规范》（GF50220—1995）的相关规定，城市公共停车场应分为外来机动车公共停车场、市内机动车公共停车场和自行车公共停车场三类，其用地总面积可按规划城市人口每人 0.8～1.0m² 计算，其中，机动车停车场的用地宜为 80%～90%，自行车停车场的用地宜为 10%～20%。市区宜建停车楼或地下停车库。机动车公共停车场的服务半径，在市中心地区不应大于 200m，一般地区不应大于 300m；自行车公共停车场的服务半径宜为 50～100m，并不得大于 200m。

机动车公共停车场用地面积，宜按当量小汽车停车位数计算。地面停车场用地面积，每个停车位宜为 25～30m²；停车楼和地下停车库的建筑面积，每个停车位宜为 30～35m²；摩托车停车场用地面积，每个停车位宜为 2.5～2.7m²；自行车公共停车场用地面积，每个停车位宜为 1.5～1.8m²。机动车每个停车位的存车量以一天周转 3～7 次计算；自行车每个停车位的存车量以一天周转 5～8 次计算。

12.1.2　建筑工程配套停车位指标

各类公共建筑配建的机动车停车场车位指标，包括吸引外来车辆和本建筑所属车辆的停车位指标。

① 车辆尺寸与换算当量　机动车停车场车位指标，以小型汽车为计算当量。设计时，应将其他类型车辆按表12-1所列换算系数换算成当量车型，以当量车型核算车位总指标。

表12-1　车辆尺寸与当量车型换算系数

车辆类型		各类车型外廓尺寸/m			车辆换算系数
		总长	总宽	总高	
机动车	微型汽车	3.20	1.60	1.80	0.70
	小型汽车	5.00	2.00	2.20	1.00
	中型汽车	8.70	2.50	4.00	2.00

车辆类型		各类车型外廓尺寸/m			车辆换算系数
		总长	总宽	总高	
机动车	大型汽车	12.00	2.50	4.00	2.50
	铰接车	18.00	2.50	4.00	3.50
自行车		1.93	0.60		1.15

注：三轮摩托车可按微型汽车尺寸计算，二轮摩托车可按自行车尺寸计算，车辆换算系数按面积换算。

② 主要公共建筑配套停车位指标 风景园林景观设计中，常涉及办公楼、医院、游览场所、住宅区等场所的停车位指标，参照上海《建筑工程交通设计及停车库（场）设置标准》（DGJ 08-7-2006），以上场所的停车位指标不应小于表12-2～表12-5的规定。

表12-2 办公楼停车位指标

项 目	机 动 车	非机动车	
		内部	外部
停车位/每100m²建筑面积 内环线以内	0.6	1.0	0.75
停车位/每100m²建筑面积 内环线以外	1.0	1.0	0.75

表12-3 医院停车位指标

项 目		机动车	非机动车	
			内部	外部
门诊部、诊所	停车位/每100m²建筑面积	0.4	0.7	1.0
住院部	停车位/床位	0.12	0.3	0.5
疗养院	停车位/床位	0.08	0.3	—

表12-4 游览场所停车位指标

类别		停车位指标（车位/100m²游览面积）	
		机动车	自行车
一类	市区	0.80	0.50
	郊区	0.12	0.20
二类		0.02	0.20

注：一类为古典园林、风景名胜；二类为一般性城市公园。该指标参照《停车场规划设计规则（试行）》（890101）。

表12-5 住宅区停车位指标

项 目	机动车（停车位/平均每套）			非机动车（停车位/平均每套）		
平均每套建筑面积	内环线以内	内外环线之间	外环线以外	内环线以内	内外环线之间	外环线以外
一类＞150m²	≥0.8	≥1.0	≥1.1	≥0.8	≥0.5	≥0.5
二类100～150m²	≥0.5	≥0.6	≥0.7	≥1.0	≥0.9	≥0.9
三类＜100m²	≥0.3	≥0.4	≥0.5	≥1.2	≥1.1	≥1.1

12.2 停车场设计

停车场设计包括出入口布置、停车通道、停车方式等内容。

12.2.1 出入口布置

出入口是停车场与外部道路连接点、车辆出入的通道，应方便车辆到达停车泊位，停车场出入口处应有良好的视野。

（1）出入口的数量

机动车停车泊位数多，出入车辆就多，出入口的数量也需要相应增加。50辆机动车停车场，可设置1个出入口；50～300个停车位的停车场，应设2个出入口；大于300个停车位的停车场，出口和入口应分开设置；大于500个停车位的停车场，出入口不得少于3个。

非机动车停车场，当车位数在300辆以上时，其出入口不宜少于2个，长条形停车场宜分成15～20m长的段，每段应设一个出入口；1500个车位以上的停车场，应分组设置，每组应设500个停车位，并应各设有一对出入口。

（2）出入口的位置

机动车停车场的出入口不宜设在主干路上，可设在次干路或支路上，并远离交叉口；不得设在人行横道、公共交通停靠站以及桥隧引道处；出入口的缘石转弯曲线切点距铁路道口的最外侧钢轨外缘应大于或等于30m；距人行天桥应大于或等于50m；当机动车停车场设置两个以上出入口时，其出入口之间的净距须大于10m；大于300个停车位的停车场，分开设置的出、入口之间的距离应大于20m。

非机动车停车场，应设在城市道路红线以外，不宜设在交叉口附近，不宜在道路上单独设置出入口。

大型体育设施、大型文娱设施的机动车停车场和自行车停车场应分组布置，其停车场出口的机动车和自行车的流线不应相交，并应与城市道路顺向衔接。分场次活动的娱乐场所的自行车公共停车场，宜分成甲乙两个场地，交替使用，各有自己的出入口。

（3）出入口宽度

停车场出入通道与城市道路相交的角度应为75°～90°，具有良好的通视条件，并在距出入口边线内2m处作为视点的120°范围内至边线外7.5m不应有遮挡视线的障碍物。在城市道路上设置的机动车双向行驶的出入口车行道宽度宜为7～11m；单向行驶的出入口车行道宽度宜为5～7m。有机动车、非机动车隔离带的道路，开口宽度可在此基础上增加5～8m。

非机动车停车场，出入口宽度不得小于3m。

12.2.2 停车场通道

指停车场（库）内部供车辆行驶以及车辆进、出车位的场（库）内的道路。停车场内应保证有车辆环行通道或回转场地，并符合机动车流与上下客及停车场（库）之间交通组织的要求。

① 通道宽度 场地内部主要道路应设双车道，供小型车通行的宽度不应小于5.5m，供大型车通行的宽度不应小于6.5m；当停车数小于50辆时，可采用单向通道，宽度不应小于3.5m，但在人流上下客处，道路宽应设双车道，其长度不宜小于20m。当沿场地内道路设置停车位时，道路宽度应相应增加1.0m。当停车数大于500辆时，主要道路宽度不应小于8.5m。小型车停车场（库）回转场地应保证通道的转弯半径不小于3.0m，大型车停车场（库）回转场地应保证通道转弯半径不小于10.0m，宽度不小于4.0m的回

转车道。

②通道转弯半径　大型汽车，最小转弯半径10.0m；中型汽车，最小转弯半径7.0m；轻型汽车，最小转弯半径5.0m；小（微）型汽车，最小转弯半径3.0m。

③通道坡度　大型汽车，最大直线纵坡10.0%，最大曲线纵坡8.0%；中型汽车，最大直线纵坡12.0%，最大曲线纵坡10.0%；轻型汽车，最大直线纵坡13.3%，最大曲线纵坡10.0%；小（微）型汽车，最大直线纵坡16.0%，最大曲线纵坡12.0%。当纵坡大于10%，坡道的上下两端应增设竖曲线，竖曲线的半径不应小于22.0m，或用长度不小于3.5m的1/2纵坡连接。

12.2.3　车辆停放方式

（1）停放方式与尺度

停车场内车辆的停放方式对于停车面积计算，车位组合以及停车场（院）的设计等都有关系。车辆的停放方式按其与通道的关系可分为3种类型：平行式、垂直式、斜列式，或混合采用此3种停车方式（图12-1），其停车位基本尺度参考表12-6。

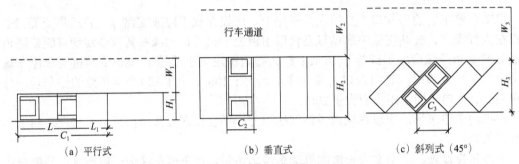

（a）平行式　　　　（b）垂直式　　　　（c）斜列式（45°）

图12-1　车辆停放的基本方式

表12-6　停车位基本尺度　　　　　　　单位：m

车型	平 行 式				垂 直 式			斜 列 式		
	W_1	H_1	L_1	C_1	W_2	H_2	C_2	W_3	H_3	C_3
小客车	3.5	2.5	2.7	8.0	6.0	5.3	2.5	4.5	5.5	3.5
载重卡车	4.5	3.2	4.0	11.0	8.0	7.5	3.2	5.8	7.5	4.5
大客车	5.0	3.5	5.0	16.0	10.0	11.0	3.5	7.0	10.0	5.0

①平行式　车辆平行于通道停放。采用这种形式，停车带较窄，车辆驶出方便，适宜停放不同类型、不同车身长度的车辆，但一定长度内停放车辆数最少（图12-1）。

②垂直式　车辆垂直于通道停放。采用这种形式，一定长度内停放的车辆数最多，用地较省，但停车带较宽（以最大型车的车身长度为准），车辆进出车位要倒车一次，须留较宽的通道（图12-1）。

③斜列式　车辆与通道成斜交角度停放，一般按30°、45°、60°三种角度停放，采用这种形式，停车带宽度随车身长度和停放角度而异。斜角式适用于场地宽度受限制的停车场，车辆停放比较灵活，车辆驶入和驶出方便，可迅速停置和疏散（图12-1）。

（2）停车净距

停车场（库）内汽车与汽车、墙、柱、护栏之间的最小净距，应符合表12-7的规定。

表12-7　停车间最小净距　　　　　　　　　　　　　　　　　　　　　　单位：m

项　目		微、小型汽车	轻型汽车	大、中、铰接型汽车
平行式停车间纵向净距		1.20	1.20	2.40
垂直、斜列式停车间纵向净距		0.50	0.70	0.80
汽车间横向净距		0.60	0.80	1.00
汽车与柱间净距		0.30	0.30	0.40
汽车与墙、护栏及其他构筑物间净距	纵向	0.50	0.50	0.50
	横向	0.60	0.80	1.00

注：纵向指汽车长度方向、横向指汽车宽度方向，净距是指最近距离，当墙、柱外有突出物时，应从其凸出部分外缘算起。

12.3　停车场景观设计

停车场景观设计包括出入口景观、停车场绿化、停车场铺装设计。

12.3.1　出入口景观

停车场（库）出入口应有明显的停车标志、进出标识。地下车库出入口坡道的上空，应适当进行遮光挡雨处理，也可结合绿化、景墙、花架、小品等进行景观装饰设计（图12-2）。

12.3.2　停车场绿化

停车场绿化是指针对停车场实际情况，采取合理的绿化方式对停车场进行绿化，包括停车位铺装绿化、停车场内隔离带绿化和停车场边缘绿化。停车场绿化有利于车辆防晒，汽车的集散、人车分离，提高安全性能，而且对空气污染、防尘、防噪音等都有一定的作用（图12-3）。

（1）绿化原则

安全性原则，停车场绿化应符合行车视线和行车净空要求，保证停车位的正常使用，不得对停放车辆造成损伤和污染，不得影响停车位的结构安全。停车场绿化树木与市政公用设施的相互位置应统筹安排，并应保证树木有必要的立地条件与生长空间。

充分绿化的原则，停车场应尽可能创造条件进行绿化，在满足停车需求的同时尽可能增加绿化面积。停车场绿化应选用较大规格苗木并确定适宜的种植间距。

图12-2　某停车库出入口示意

图12-3　某停车绿化景观

适地适树的原则，停车场绿化应遵循适地适树的原则，以植物的生态适应性为主要依据，有条件的地方做到乔、灌、草相结合，不得裸露土壤，以发挥植物最大的生态效益。

（2）绿化带布置

停车场的绿化带布置包括路边隔离带、边缘绿化、场内隔离带、树池等形式，具体方式要结合停车方式、停车场容量等综合考虑。

路边隔离带，道路旁边的停车场，应以绿化带使干道与停车场分开，绿化带内种植乔木、花草灌木、绿篱，起到隔离和遮护的功能（图12-4、图12-5）。

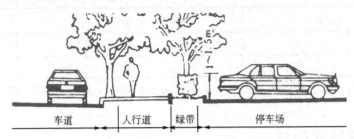

图12-4　停车场与道路之间的绿篱

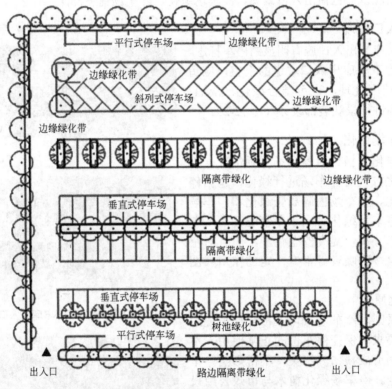

图12-5　停车场绿化模式图

边缘隔离带与场内隔离带，对于面积较大的停车场，如购物中心、风景区、公园等处的停车场，可采用隔离带进行绿化。停车场内隔离绿化带的宽度应≥1.5m；绿化形式应以乔木为主；乔木树干中心至路缘石距离应≥0.75m；乔木种植间距不小于4.0m为宜（图12-5、图12-6）。

树池，在人流量较大，周转较快停车场，如大型超市停车场、商务办公楼停车场，可用树池栽种乔木的方式进行绿化，以利司机、乘客在停车场内穿行（图12-5、图12-6）。树池规格应≥1.5m×1.5m；树池上应安装保护设施，其材料和形式要保证树池的透水透气需求。

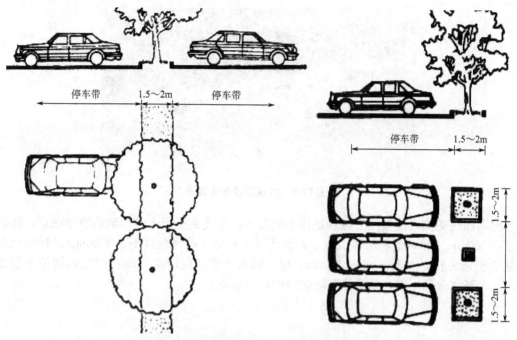

图12-6　停车场绿化形式（隔离带式、树池式）

（3）绿化树种选择

停车场树种应选择适应性强、少病虫害、根系发达、无树脂分泌、无生物污染、栽培管理简便、易于大苗移栽、应用效果好的常见植物；新种乔木，胸径不宜小于8cm；枝下净空标准，小型汽车应大于2.5m，中型汽车应大于3.5m，大型汽车应大于4.0m；有架空线的停车场应选择耐修剪的树种。

12.3.3　停车场铺装设计

停车场铺装设计包括道路硬质铺装和停车位铺装。硬质铺装除材料强度必须满足车辆通行的要求。停车位铺装分为硬质铺装和软质铺装。

（1）停车位硬质铺装

常用硬质铺装材料为砂石、混凝土、混凝土预制砖、沥青、青石板、花岗岩、砂岩、生态透水砖等。硬质铺装的材料、铺装形式、颜色的选择等内容，应与园林的整体风格、特征一致。在没有特殊要求的情况下，停车场应尽量使用透水材料，保证透气透水性，使雨水能够及时下渗，透水材料符合《透水砖》（JC/T 945—2005）标准的要求。

（2）停车位软质铺装

停车位软质铺装主要是在砌块的空隙、接缝中栽植草皮（地被）。软质铺装的停车场一般称为嵌草生态停车场。砌块一般用混凝土预制砖、石材、透水砖、植草格等，砌块铺砌图案有冰裂纹、菱形、工字纹、井字纹、人字纹、席纹等，可根据需要进行设计（图12-7、图12-8）。

图12-7　混凝土预制砖嵌草效果

图12-8　植草格停车场效果

　　植草砌块的铺砌，强度应能满足停车的需要，草皮免受行人和车辆的践踏碾压，砌块厚度应≥100mm，植草面积应≥30%；砌块孔隙中种植土的厚度以不小于80mm，种植土上表面应低于铺装材料上表面10～20mm；植草铺装排水坡度应≥1.0%，并应采用节水型灌溉技术，提高水分利用率、降低停车场的养护管理成本。

第13章　庭院景观设计

庭，初称"廷"，是室外的围合平地，后发展为"朝廷"，亦指室外，《说文句读》："廷，天子聚臣下以论政之广平场所。"而后随着建筑围合，"庭"字出现，"堂下至门谓之庭"、"庭，堂阶前也"。院，同"垣"，"有墙围合之庭。"因此，庭院，是指由建筑、亭廊、院墙（或栅栏、绿篱）等，围合或半围合所形成的露天空间，包括天井（建筑内部）、中庭（建筑围合）、庭、院及建筑周围的场地等空间范围。

庭院类型，按不同的属性，有不同的划分方法，按风格划分，可分为中式、日式、欧式、美式、现代中式等；按使用者划分，可分为私家庭院、单位庭院、公共庭院；按样式划分，可分为自然式、规则式、混合式等；按所处环境和功能划分，可分为住宅庭院（包括民居、公寓、别墅等）、办公庭院（包括行政办公、科研、学校、医院等）、商业性庭院（包括商场、宾馆、酒店等）、公益性庭院（包括图书馆、博物馆、体育馆等）。当然，不论何种庭院，其使用对象都是人，是一个集休闲、娱乐、生活、工作等多种功能为一体的空间。

13.1　住宅庭院

住宅庭院，是住宅内部、周边或前后的生活空间，一般由出入口、住宅、庭院（前庭、中庭、后庭）等几部分组成，面积大小不一，是家庭成员休闲、小憩、娱乐、锻炼、聚会的场所，对于提高居家生活质量起着重要的作用。

13.1.1　住宅庭院的功能与特点

① 室内空间的延伸　庭院是室内空间的延伸，既与室外空间相连，又对室内空间起到补充和调节作用，是日常休闲活动的场所，既可在庭院中聊天、散步、娱乐，还可呼吸新鲜空气、享受明媚阳光、欣赏自然景致等，这些都是室内空间无可替代的（图13-1）。

图13-1　住宅庭院的空间及自然要素

② 安全感　庭院的安全感，取决于庭院内在、外来的安全因素，内在的安全因素包括景观元素（如水池、电路、园林小品、植物、道路等）在被使用过程中的安全性；外来侵犯因素的处理，包括外来人员、动物、外部噪音、光影、粉尘等不利因素的影响。庭院设计中，安全感的细心考量，直接影响到后期庭院的使用。

③ 私密性　庭院空间是一个外边封闭、中心开敞，相对私密性的空间，有着强烈的场所感，这是"家"的概念，人们在此可以充分享受自己的自由、随意、自然，不用担心外人打搅。

④ 景观性　庭院中的自然景观，应做到景中有景、画中有画，咫尺千里、余味无穷，增加室内的自然气息，改善居住环境，使庭院成为住宅一个不可分割的组成部分（图13-2）。

图13-2　庭院内自然式置石瀑布

⑤ 文化品位　庭院的内容、风格、装饰、小品等，在一定程度上，反映了业主的文化品位，也营造出了庭院的文化氛围。庭院文化包括家庭文化、亲情文化、吉祥文化、教育文化、民俗文化等。

13.1.2　住宅庭院景观设计

庭院景观设计是在住宅周边的空地上，或在已有庭院景观的基础上，新建或改造庭院景观的各种要素，达到既能满足家庭成员日常活动的需求（实用性），又能满足景观欣赏的需求（艺术性），同时，还应有良好的庭院小气候环境（生态性），合理的庭院投资造价及增加房产价值（经济性）。

庭院景观设计的内容，包括场地的踏勘与特征分析，客户需求调查，相关资料、法律法规的查询，庭院风格的选择及确定，庭院空间划分及道路的安排，微地形与给排水的设计，植物景观设计，小品及其他构筑物的设计，用电及灯光照明设计等。

（1）庭院场地分析

庭院场地分析，是景观设计的基础，主要包括以下内容。

① 资料准备　图纸，包括小区总图、住宅平立面图、庭院尺寸图等；资料，包括房产证（面积、房产平面图、边界等）、气候资料、法律法规等。

② 现场踏勘　测量场地尺寸，核实图纸尺寸及确定边界；确定建筑的各个转角、门窗

位置，住宅各功能空间的布局、关系及尺寸，建筑立面尺寸、材料、装饰及层高，给排水口、电表及其公共设施的位置；原有植物的状况（如定位、种类、大小）及价值；场地的其他自然特征，如岩石、溪流、地势的起伏变化等，土壤的状况，冬、夏盛行的风向等相关内容。

③ 周边环境分析　对庭院环境不利因素的分析，如噪声、灰尘、汽车灯光以及其他可能的干扰；视线环境，不利的视线空间应遮蔽或屏障，如容易被俯视、暴露、偷窥的场所，有利的视线空间应开敞，如面山、面湖、观景等；研究各个房间与庭院的关系，房间的朝向、光线，窗户的视线等。

现场分析时，应结合图纸，在图上进行适当的注记，并拍摄现场照片或录像，以利后期景观设计时回忆场地和建筑物特征，也可作为景观设计前后的对比。

（2）用户需求调查与分析

庭院的使用者是业主，因此，景观设计必须认真考虑业主的需求，设计出满足各种需求的场所和空间，庭院的价值才能真正体现出来。为了得到合理的用户需求分析，必须与用户进行探讨、交流和调查，须重点了解的内容包括：

① 用户基本情况　家庭成员的年龄、性别、业余爱好，在庭院内休闲活动的时间、方式、人数，永久居住还是过渡住所，是否有宠物等。

② 理想中的庭院　是否需要草地、水景、平台（木质、石质）、假山、雕塑、亭廊、灯光照明、植物、道路、游泳池、健身方式及设施、户外家具（桌椅、沙发、长凳、躺椅等）、宠物间、储藏间、工具间、车库等，植物、材料、铺装、色彩的偏好，庭院使用方式（如娱乐、户外餐饮、烧烤、日光浴、运动方式、休闲等）、庭院围合方式（围墙、绿篱、木栅栏、植物）等。

③ 活动场地　草地运动（日光浴、瑜伽、健身、足球、排球、羽毛球、网球等）、儿童活动场地及所需的设施（沙坑、秋千、组合玩具、滑梯等）、园艺空间（菜地、花圃、苗圃、温室等）、综合服务空间（晾衣物、宠物玩耍、餐饮等）、其他空间等。

调查了解以上内容，可以结合图册，使用户了解庭院空间使用的各种可能性，并根据庭院的大小，决定内容的取舍，这样有利于景观设计的推进和得到客户的认可。

（3）庭院风格的选择及确定

庭院风格是指一个时代、一定地域或一个设计师的庭院景观作品，在设计内容、表现形式、审美意识等方面所显示出来的、相对固定的格调和气派。庭院风格主要包括中式、日式、欧洲古典式、英国花园式、东南亚式、伊斯兰庭院、现代庭院式等（图13-3）。

① 中式庭院　自然式山水庭院，将建筑、山水、植物有机融合，模拟自然景致，"虽由人作，宛自天开"，重视寓情于景、情景交融，寓意于物、以物比德。主要庭院要素包括小桥流水、假山叠石、花街铺地、自然植物种植、中式庭院建筑（亭、廊、榭等）、匾额石刻等（图13-3）。

② 日式庭院　日式庭院，主要指日式枯山水庭院，受中国文化的影响，将写意园林、禅悟思想、静穆极致结合起来，景观中以几块山石、一片白沙、精致的植物，营造出一方庭院山水，咫尺之间而有万千山水景象，是凝练、极简、深邃的东方山水景致。主要庭院要素包括山石、白沙（波浪耙纹）、自然步石、石灯、石水钵、青苔、质朴的庭院建筑（亭、门、堂等）、自然式植物等（图13-3）。

③ 欧洲古典式　包括意大利、法国、德国等欧洲国家的古典式庭院，主要特征为规则几何式，有轴线、左右对称，修剪整齐的绿篱或刺绣花坛，喷泉、雕塑点缀，装饰特征明显、参与性不强。主要庭院要素包括修剪植物、刺绣花坛、几何式图案、水景、喷泉、雕塑、欧式花钵、欧式亭、拱廊、壁泉、欧式庭院灯等。

图13-3 中式（上左图）、日式（上右图）、东南亚式（下图）庭院风格示意

④ 英国花园式 主要指英国近现代以园艺植物种植和欣赏为主的花园，庭院中心铺设草坪，周边围绕绚丽多彩的花镜，四季鲜花盛开，自然生态，其中点缀藤架、座椅、休闲平台，生活与花园合二为一。主要庭院要素包括草坪、花卉、藤架、座椅、休闲平台、雕塑、喷泉、花圃、苗圃等。

⑤ 东南亚式 东南亚，地处亚洲东南部，热带气候区域，受海洋、岛屿景观及多种宗教文化的影响，庭院内宗教氛围浓郁，热带植物繁茂，硬质景观材质自然、做工精致，水景应用达到极致，景观与自然融为一体，充分考虑生活、休闲、健康的内容及相关设施，具有明显的地域特征。主要庭院要素包括热带植物、宗教雕塑（小品）、水景（动态、静态）、质朴的铺装（木、石）、原始质朴的庭院建筑（纳凉亭、廊、桥）、游泳池（规则式、自然式、无边际）、喷泉、沙滩等（图13-3）。

⑥ 伊斯兰庭院 由十字形的水渠将庭院划分成四块，中央是喷泉或水池，十字形水渠各代表一条河流，隐喻《古兰经》"天园"中的水、乳、酒、蜜四条河流；所有地面以及垂直的墙面、栏杆、坐凳、池壁等要素的表面都用鲜艳的陶瓷马赛克镶铺；地毯式的草坪上色彩缤纷，一般用花草图案、几何图案和阿拉伯数字做花边装饰；树木经过修剪，是穆斯林在人间的天堂。主要庭院要素包括十字形水渠、喷泉、水盘、修剪的树木、图案、马赛克、伊斯兰凉亭、果树等。

⑦ 现代庭院式 以景观效果为主，没有固定的样式，线条简洁大方，景观材料多样，适当点缀雕塑、水景，植物种植以生态自然为主，并便于后期维护和养护，注重生活和

休闲空间的营造。主要庭院要素包括植物、水景、游泳池、雕塑（现代或古典）、休闲平台等。

（4）庭院功能空间的划分

通过现场踏勘、调查了解用户需求、确定大概风格后，须结合庭院现状，进行功能区的划分，可以使用"泡泡图"、"饼形图"、用地分区图或其他草图，结合初步的人流动线，确定各分区的大致尺寸和形状，绘制几种不同的组合方式，以确定最佳的方案。

庭院的功能区，一般可分为公共区、私人活动区、服务区和景观隔离区（图13-4）。

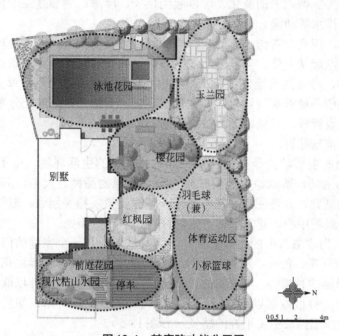

图13-4　某庭院功能分区图

① 公共区　暴露在公众视线之下的部分，通常包括入口前院和部分侧院。

② 私人活动区　为庭院主体，即户外生活区，是家庭成员休闲娱乐、放松消遣、进餐等活动区域，与公共视线隔离，外人不得随意进入，一般位于后院或侧院较宽敞的区域，内容包括游泳池、天井、平台、游戏区、儿童娱乐场地及其他休闲娱乐设施。

③ 服务区　以家庭生活服务、或庭院园艺服务为目的，是日常生活及维护庭院的重要组成部分，如有菜园、垃圾桶、储藏间等内容，常常一片凌乱，一般应隐藏起来，位置可以放在稍偏僻的侧院或后院。

④ 景观隔离区　庭院中，自然景观的主体，是庭院内各分区之间的隔离或过渡带，也是庭院与外围环境的隔离区域。

庭院功能的划分没有绝对的标准，应根据用户需求、场地大小、空间特征等进行合理的划分和有机融合，使之达到既美观又实用的综合效果。

（5）道路与休闲平台设计

庭院道路通常分机动车道和园路。由于庭院面积一般较小，机动车道与停车场（库）应尽量布置在入口庭院处，并以少占庭院面积和不显眼为最大原则。园路在庭院中可分为主园路、次园路、小径、步石等。园路既是通道，也是景观，其宽度、形态、铺装，应与庭院的整体风格、形态、文化品位结合起来，便捷通畅、精致简洁，既满足功能又美观大方。

休闲平台是连接室内、外的场所，可以是独立的平台，也可以是道路的加宽，作为室外用餐、集会、休闲放松的场所。平台大小取决于地形、面积、家庭成员的数量及需求；平台面积应适度，太大显得浪费、太小则不够用。条件允许时，可将平台前的草坪作为休闲之用。

道路及平台的铺装材料以石材、木材、混凝土、砖块等为主，力求质朴、自然、美观、实用，便于后期的维护和管理。

（6）微地形与给排水设计

庭院景观设计中，应充分发挥场地中的自然形象特征，如突兀的岩石、起伏的山丘、台地或地形坡度变化等。微地形的变化，可以起到挡风、屏障、增加庭院围合感、提高乔灌木的观赏价值、有利排水等功能。

微地形设计时，应充分考虑土方的来源，计算土方平衡，做到经济美观；园路应沿着地形等高线方向，逐渐起伏变化，当坡度超过20%时，应设台阶或踏步；原有树木保留，其周围地形重新改造时，必须建造墙体保护原来的根系，以使其免遭破坏、暴露或被深埋死亡；当地表自然排水系统不能解决问题时，要结合地下排水管道进行；应充分考虑庭院给排水系统的设计，预先埋设管线，避免地形的二次开挖。

（7）庭院中的植物配置

庭院中，植物的主要功能是提供自然、舒适、优美的生活环境，由于庭院面积相对较小，与人关系较为密切，所以植物配置时应充分考虑植物品种、大小、形状、质感、色彩、季相变化等，因地制宜、合理配置、精心雕琢，使庭院景观精美别致。庭院植物配置的重点为入口庭院、庭院景观中心、建筑周边、庭院背景和隔离带等处。

① 入口庭院 为住宅入口的焦点景观，半公共性质，是一个家庭的门面。植物配置可用开花、色叶、有型的灌木或小乔木，地被栽种多年生花卉，或结合高低错落的种植池，形成视觉效果强烈的植物景观。门外以低矮的植物配置为宜，种植效果以引导视线为主。门外若种高大乔木，切忌正对大门，以免造成遮挡及生发不好的感觉（彩图13-5）。

图13-5 某别墅入口庭院景观效果

② 庭院景观中心 在人流活动较集中的休闲平台、草坪、庭院入口、客厅外景等处，利用乔灌木、花卉、地被等植物要素进行配置，并结合景石、雕塑（小品）、景观灯等园林装饰物，形成庭院突出的主题、重点、焦点景观，以吸引注意力，成为庭院的景观中心（彩图13-6）。

图13-6 某别墅中庭院景观效果

③ 建筑周边 靠近建筑2m的范围内，只宜种植低矮的灌木和花卉，高大的乔木宜远离建筑，以免遮蔽阳光。树木可种植在能遮掩建筑中不理想、难以处理的角度和线条的地方，从而创造出庭院统一、协调的整体效果。乔木种植一定要预留植物生长足够的空间，并与建筑保持一定的间距。

④ 庭院背景和隔离带 背景树，通常都具有遮阴、防风、屏障等功能，在不影响相邻庭院光线的前提下，可以适当栽种高大的乔木。隔离带应结合围栏、围墙、栅栏等构筑物选择植物，可用爬藤植物、高绿篱、大树等，形成具有一定景观、隔离和屏障的景观。

庭院植物配置时，种类不宜过多，一般以常绿树为基调树种，并辅以开花、结果、香花、色叶、季相变化丰富、具一定文化内涵的传统植物，如桂花、玉兰、缅桂、紫薇、海棠、石榴、樱花、苹果、梅花、山茶、杜鹃、腊梅、兰花、米仔兰、竹子、菊花等，营造绿意盎然、花开不断、果实累累、暗香浮动的庭院植物景观。

（8）园林装饰小品设计

在庭院中，具有强烈视觉效果而极具吸引力的园林装饰小品，如花坛、花钵、雕塑、小品、置石、特殊的灯饰、音响设置及其他艺术品和收藏品，放在在庭院中，能起到画龙点睛的效果。

（9）构筑物设计

装饰、美化庭院内的构筑物包括廊架、花架、棚架、装饰性景墙、围墙、栅栏、树篱及其他构筑物等，可以起到遮阴、屏蔽、围合或者框景的作用（彩图13-7）。

图13-7　某别墅庭院花架景观效果

（10）水景营造

水，具有柔美、静秀、灵动的审美特质，常常受到人们的喜爱。在庭院中，流动的水能产生悦耳的声音，增添宁静氛围；平静的水面能倒映周围的景致，具有很强的视觉冲击力；水还可以增加庭院的空气湿度，改善局部生态环境。

水景可以是泳池或景观水池，也可以是溪流相连的多个水池，或带有瀑布、喷泉、壁泉的水池构成，景观水池中还可放养观赏鱼、种植水草、设置雕塑等；并常用作构景中心，形成主景；也可划分、隔离或联系不同的景观分区，使庭院成为一个统一的整体；水景设计时，不论水面大小，都应能循环，切忌死水一潭（彩图13-8）。

图13-8　某别墅中庭水景效果示意

13.2　办公庭院景观设计

办公场所从使用者的角度划分，包括行政办公、商务办公和科研办公。庭院是办公场所中的自然区域，通过庭院，将空气、阳光、水、绿化等自然因素引入到工作场所中，起生态调节的功能，可以增添情趣、消除疲劳，并能激发人们积极向上的活力。此外，庭院在办公场所中还起到交通连接、信息交流、休闲娱乐的作用。根据庭院在办公场所的位置及功能不同，分为入口庭院、中庭、过渡庭院和外围庭院。

13.2.1　入口庭院

入口庭院的功能主要包括标识性、人流集散和具有良好的景观效果，因此，庭院景观设计时应围绕这三个功能进行。

标识性，办公场所的入口前应有明显的名称、标志、标识或门牌，有利于外来人员的识别，景观可以结合景墙、花坛、花池、雕塑小品、地形或其他构筑物进行统一设计，力求简洁、美观大方，并能表现出办公场所内在的特质和良好的形象（图13-9）。

图13-9　新加坡某办公楼前标识

人流集散，入口庭院是办公人员或外来人员进出、小憩、等候、游赏的区域，因此，不仅要有满足大规模人车进出、交通便捷的道路，还应有供人短暂停留的空间及设施，同时，要考虑人车分流及停车场的设置。

景观效果，入口庭院是办公场所与城市公共环境之间过渡、衔接的部分，作为城市公共环境的一部分，应有良好的环境效果，赏心悦目的景观、构筑物、小品或休闲设施，显示出欢迎外来者的姿态，鼓励人们自由进出，增进交流，使办公场所的气氛亲切宜人，产生领域感，形成活动场所（图13-10）。

图13-10　办公楼前庭景观效果示意

13.2.2　中庭

中庭，是指四周被办公场所围合或部分围合的庭院空间，是最常见的庭院空间形式。中庭为办公区域提供了良好的景观、阳光和新鲜空气，是办公人员共享的空间，可以在此进行各种活动，如休闲、娱乐、交流等（图13-11）。

图13-11　办公楼中庭景观效果示意

中庭景观设计时，应考虑办公场所出入口与庭院空间道路布置之间的关系；中庭内活动场所的设置与办公区域之间的隔离；中庭作为办公场所内的视觉中心，景观设计时应考虑各个角度的观赏效果；中庭布置的形式与建筑风格应有一定的关联性。

13.2.3　过渡庭院

办公建筑的内部、建筑之间存在着大量交通联络设施，如门厅、通道、连廊、楼梯、电梯、过街楼等，这些设施构成了办公场所的步行线路体系，其两侧或周边的空间，则是设置过渡庭院的理想地点。过渡庭院的景观设计以装饰、点缀景观要素为主，较少参与性，多为静观式园林，如精心设计的禅意庭院，为办公区域带来宁静的感受；通道转角的框景，为穿行其间的人提供了愉悦的视觉景观；门厅旁的山水小景，为等候的人们营造了一个自然亲切的空间（图13-12）。

图13-12 办公楼之间的过渡庭院小景

13.2.4 外围庭院

外围庭院是指位于建筑外围的庭院空间，其面积大小不一，以自然景观营造为主，面积大的庭院可适当设置小径与休闲空间，为办公人员提供一个休息、散步、游赏的生态环境（图13-13）。

图13-13 某办公楼外围庭院景观示意

第14章　校园景观设计

校园，指学校教学用地或生活用地范围内的区域，是学生学习、生活、成长的场所。在《城市绿地分类标准》（CJJ85—2002T）中，校园属"附属绿地"（G_4）中的"公共设施绿地"（G_{42}）。按我国现行教育体制，校园可分为幼儿园校园、小学校园、中学校园、大学校园等，一般大学校园的学生多、规模大、设施齐全，所以，校园景观设计以大学校园为主进行讲解，其他校园适当兼顾。

14.1　校园的功能与特点

校园，是学校师生学习、生活、工作、休闲娱乐的场所，具有文化教育、感化、科普的功能，校园亦是生态绿地，具有绿化、美化、生态环境保护的功能，同时，校园还是城市绿地系统的组成部分，对改善城市生态环境也起着重要的作用。

14.1.1　实用功能

经济、实用、美观，是园林景观设计中的基本原则。校园作为师生日常学习工作的场所，首先具有实用功能，即应该具备一些场所、设施能满足师生日常行为的需求，这些场所包括学习的场所、生活的场所、休闲娱乐的场所、安全保障措施及完善的交通体系等。

（1）学习的场所

学生的主要任务是学习，适宜的学习场所营造，能激发学习兴趣和培养良好的学习习惯。天气允许的情况下，校园公共绿地、教学楼入口及周边绿地、生活区内的小块绿地、主干道旁的绿地、图书馆出入口旁的广场或绿地等，都适合随意的课间学习或多人的讨论（图14-1）。

图14-1　大学校园也是学习的场所

学习场所的空间以私密和半开敞为主，以免相互干扰；还应有相对开敞的草地或广场，提供多人学习、讨论或集会的空间。场所内应有座椅、桌凳、垃圾桶、花架、亭子等设施。人流密集的场所可用硬质铺装，人流相对较少的私密空间可用草坪。场所内尽量种植大乔木，起遮阴和场所围合的作用。

校园环境中，朗朗的读书声、静默的复习、随意的交流等学习场景，能表现出学校勃勃的生机和昂扬的朝气，营造出校园文化氛围中的教育内涵和大学精神。

（2）生活的场所

校园是学生学习的场所，更是生活的场所，学生在校园中应该感到生活的便利、舒适、干净和卫生。因此，校园环境中，应该提供适当的生活设施，如小卖部、餐饮店、广告栏、书报亭、标识牌、坐凳、桌椅、自行车停车场、休息亭廊、垃圾箱等一系列满足生活需求的设施，以及散步道、健身场、运动场，开敞自然的校园、适宜交往的空间、足够安全和有保障的各种场所等（图14-2）。

图14-2　大学校园是生活的场所

（3）休闲娱乐的场所

根据相关调查，校园环境中最受欢迎的场所特征是：自然（树木、绿色）、安宁（平静）、阴凉和阳光、有人（可以观察到人）等。在校园环境中，应设计出独特或特别吸引人的自然景物（如溪流、池塘、树林、山冈、草地等）、人工场所（如广场），以及多样的自然空间，成为校园中均匀分布的休闲娱乐场所、校园的中心或学生心目中的"中心"，使学生在校园环境中感觉到兴趣盎然（图14-3）。

图14-3　大学校园内的水池与草地景观

（4）安全保障措施

安全需求，是人类要求保障自身的安全，如免于灾难、避免财产损失、避免疾病的侵袭、人身受到攻击、希望未来有保障等基本的心理需求。在校园生活中，足够的安全保障措施，是师生生活幸福、自由的前提。安全保障措施包括校园外围安全体系和内部的安全设施。

外围安全体系包括社会大环境的秩序与犯罪率高低，校园大门及出入口的数量，数量越多，则外来人员干扰、进入的几率越大，越不安全；门卫及安保系统，门卫认真负责，监控系统完善，安保巡逻到位，给师生的安全感越高；校园围墙的高低与安全性，外来人员或内部人员能否逾越围墙等。

内部安全设施包括有充足的夜间照明，特别是在晚上学生活动较多的场所，如教学楼、宿舍、医院、食堂等建筑内部及建筑之间相互连通的道路上，照明系统应完善，避免死角；校园内植物的茂密程度，是否有隐蔽死角藏匿犯罪行为，公共空间晚上的可视情况；校园内消防设施的齐全程度，灾害发生时逃生体系的完善，道路系统的通畅，无障碍设施的分布等都是校园安全的重要组成部分。

（5）完善的交通体系

大学校园往往师生众多，上课下课具有规律性，人流在瞬间大量涌现、集散，教室—食堂—宿舍，三点一线的主干道路一定要交通便捷、具有一定的宽度；校园中人流较大的地方，园路也应适当加宽，兼顾人流量、速度与景观的关系，尽量减少无效路径、提高交通效率，使之既满足交通的需要，又有助于整体校园景观的形成；道路标识和系统性的命名，应在主要交叉路口布置设计美观、照明良好的路标指示，根据校园文化、历史传统和大学精神，对道路进行系统性的命名，以利新生入学及外来人员的识别和记忆；道路应人车分流，车行速度应有明确的限速标识，交叉口的地方尽量标画人行横线；停车场的位置及面积应因地制宜，能满足日常需求。

14.1.2 文化教育功能

校园是师生学习生活的场所，也是校园文化的载体，各种校园文化的特质通过景观实体要素及景观空间表达出来，因此，校园具有文化传承、教育的功能。

（1）文化传承功能

大学文化是大学在长期的教学实践基础上，逐步形成的一种独特的社会文化形态，是大学综合实力和核心竞争力的重要组成部分，一般包括精神文化、制度文化和物质文化三种，精神文化包括大学奋斗目标、精神品格、价值追求、办学传统、学术道德、校风、教风、学风等，它构成了大学文化的核心；大学制度文化处于大学文化的中间层，是实用于组织内部的外加行为规范，通过引导约束师生的行为，维持组织活动的正常秩序；物质文化是大学的物质载体，通过校园景观（如建筑、自然要素、广场、雕塑小品等）凸现出来（图14-4）。

大学校园景观设计，就是如何将精神文化、制度文化、物质文化继承和表现出来，通过校园，就能认知大学产生的缘由、过程、取得的成果，让大学有史以来的文化结晶，在校园景观中沉淀和传承。

（2）教育功能

校园本身就是一个教育实习的基地，校园环境由组成的要素——地理位置、景观布

图14-4 大学校园的雕塑景观

局、校园山水、校园建筑、校园景点、校园植物等构成，这些要素都是现成的教学资源，既可作为新生入学教育的内容，让新生了解学校的基本概况，增进爱校之情，又可作为地理学、建筑学、园林学、植物学、生态学等相关专业学生实践教学的重要内容。

校园文化的熏陶，校园景观设计在形式、内容、表现手法上都应传递出校园精神文化和历史积淀，引领学生获取感受、体验情感、理解观点、生成智慧、积淀文化，最终形成自己丰富的精神世界，这是学校教育的真正价值。

14.1.3 生态环境功能

大学校园作为城市绿地生态系统的一部分，其主要的生态环境功能包括维持自然生态平衡、保护生物多样性、水土保持、改善小气候环境、防止污染、节约能源等内容，因此，校园景观设计应注重生态学原理的运用，力图在不干扰环境的情况下解决功能、美学的问题，并逐步改善环境，达到校园生态系统的平衡。

14.2 校园景观设计

根据校园的功能区划及景观特色，校园景观设计主要包括校园入口、校园主轴线、中心景观、行政办公区、教学科研区、生活区、体育活动区等内容。

14.2.1 校园入口景观设计

校园入口景观包括校门前后集散广场、校门绿化、学校标志等，是大量行人、车辆的出入口，具有交通集散、明确学校标识、体现校容校貌的作用，是进入学校前起引导作用的关键区域（图14-5）。

图14-5　清华大学校门景观

（1）交通集散

大学校园入口空间景观设计首先应充分考虑人、车出入和集散的规律，体现以人为本，将人行空间、车行空间（机动车、非机动车、无障碍通道）、集散广场等明确画线标示出各自的区域，避免相互冲突，营造一个和谐、健康、友爱的校园出入口环境（图14-5）。

（2）学校标识系统

学校名称应一目了然、简洁大方，应在进入校门后（或前）的显著地方设置清楚、照明良好的校园地图，标注所处位置、方向、主要建筑与道路的名称、停车场等主要信息；道路交叉口处应设置明显的标识系统牌，指明各条路所到达的场所；主要道路旁应有标牌标注道路名称、方向（图14-5）。

　　（3）景观营造

　　入口景观应朴实大方、庄重典雅，体现学校的文化积淀、精神风貌、历史传承，但不宜太过张扬、铺张、艳丽，尽量与周围环境协调一致（图14-5）。

14.2.2　校园主轴线景观设计

　　轴线，是指景观设计中把各个重要节点（建筑、景点、场所）串联起来的一条抽象的直线，显示节点的空间关系，各个节点以某种关系串联起来，使景观成为一个有机整体。轴线分主轴线和次轴线，主轴线为一条，次轴线可能有多条，相互之间具有某种内在关系。轴线可分为景观轴线和功能轴线，景观轴线是进行景观视线的指引，沿着轴线的方向，可以看到设计师精心布局的景观空间，强调人们在轴线空间中的体验，在景观分析图中常用景观轴线；功能轴线是指具有不同功能性质的建筑（或场所）之间具有一定的关系，如递进、互补、穿插等，强调功能之间的相互关系，在功能分析图中常用功能轴线。

　　校园主轴线可以是大门、行政楼、图书馆、教学楼等重要建筑之间的轴线，或其中几组建筑之间的轴线，主轴线景观设计应综合体现校园文化、精神风貌，并带有一定的方向性、秩序感，给整个校园带来凝聚力与向心力；轴线上的中心绿地以规则式草坪或简洁的图案为主，轴线两边种植2～3排特色行道树；轴线中心或与其它道路交叉的节点上，可设置花坛、喷水池、树坛、小品、主题雕塑等中心景观；道路两边适当布置休息长椅，条件允许可设置小游园，供师生就近休息。主轴线景观设计中，应融入人性化的需求，如适当设置集会交往的空间、学习的场所、安静休息的区域、小型表演广场、亭、廊及相关的休闲设施等，避免主轴线景观成为师生无法参与、徒有其表的景观摆设（图14-6）。

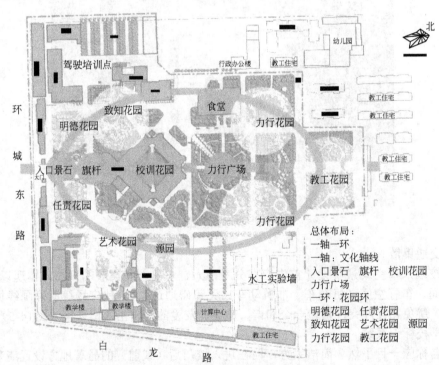

图14-6　某大学校主轴线景观系列示意

14.2.3 中心景观设计

校园中心景观，是学校的标志，代表和体现了学校的文化、精神风貌、历史积淀，位置可放在学校入口的视觉中心处、主轴线上、行政办公楼前、图书馆前、主教学楼前、中心广场或学校相对重要的位置上。中心景观可设计为学校的标志物、校训牌、景观构筑物、标志性（主题）雕塑等。

（1）校训

校训是一个学校的灵魂，体现了一所学校的办学传统，代表着校园文化和教育理念，是人文精神的高度凝练，是学校历史和文化的积淀，因此，以校训为主题或内容的景观，也是最能体现校园精神文化的中心景观。结合校训内容进行设计的景观形式多种，常见的有景墙、花坛、浮雕、修剪植物造型、雕塑等，不论何种形式，校训景观应沉稳、凝练、精神、体现教育的永恒价值（图14-7）。

图14-7 某大学的校训与中心雕塑

（2）标志物

标志物，是代表整个学校形象和反映校园传统的景观，它具有位置显要、形象突出、公共性强的特点，可以是建筑物（大门、教学楼、图书馆等）、构筑物（亭、塔、纪念碑、景墙等）或自然景观（大树、景石、湖池等）。标志物能反映历史文化、体现校园特色，对周围环境具有辐射和控制作用，融合了校园传统文化和人文价值，经过历史的沉淀，成为师生辨别校园方位的参照物和对学校记忆的象征。标志物的位置，可位于主轴线上（或端点）、广场中心、道路交叉节点、校园中的制高点等处，在空间上应突出、竖向上应显眼，与周围环境构成对比，才能起到校园中心景观的作用（图14-7）。

（3）主题雕塑

主题雕塑主要表现校园文化精髓，内容可以是人物、事件、精神、重大贡献等，如学校的创建者、对学校成长有突出贡献者、获得显著成果的人、校园中发生的重大历史事件、或学校持之以恒的某种精神等。主题雕塑的设计，除题材应与校园文化精神密切相关外，还应注意雕塑的尺度、比例、色彩、材质、工艺等内容，深思熟虑、认真推敲，既能与周围环境融合，又有所凸显，塑造出愈久弥新的校园人文景观（图14-8）。

图14-8 某大学校园内的主题雕塑

14.2.4 行政办公区景观设计

行政办公区的景观设计以静观园林为主，以突出校园办公区的宁静、美观、端庄、大方。办公楼前的绿地，以环境营造和烘托建筑为主，墙外2～3m的范围内尽量种植相对低矮的植物，以免遮挡室内光线，墙外3m以外的自然绿地内可自然种植常绿及开花树木，转角处可种植自然树丛，以软化建筑的硬线条，更好地衬托建筑；办公楼入口道路两边用常绿或观赏性好的行道树规模化种植，形成某个季节的特色景观；办公楼前应有一定面积的广场空间，满足临时停车及人流集散、小型活动的需要；办公楼周边应有固定停车场，满足办公停车的需要；办公楼围合的庭院内，可适当设置小型活动场地和休息设施；庭院内景观注重档次和俯瞰效果，可结合基础花坛、草坪、喷泉、雕塑、溪流、湖池等景观要素进行设计。

14.2.5 教学科研区景观设计

教学科研区要满足师生教学、科研、实验和实习的需要，为师生提供一个安静、优美的环境，同时为学生提供一个课间可以进行适当活动的绿色空间。

教学楼周围的绿地景观设计，以保证教学环境的安静为主，在不妨碍楼内采光和通风的情况下，可以适当营造微地形和种植大乔木（距离建筑5m以上），以隔离外界的噪音；教学楼外围环境，面积较大的区域可以设计成小游园，适当设置学生学习、休闲的空间及相关休闲设施（图14-9）。

图14-9 某大学教学楼外小游园

科研实验楼周围的绿地景观设计，应根据不同性质实验室的特殊要求（如防火、防尘、减噪、采光、通风等），选择合适的树种，如有防火要求的实验室，周边不种含油质高及冬季有宿存果、叶的树种；精密仪器实验室，周围不种有飞絮及花粉多的树种；产生强烈噪音的实验室，周围应多种植枝叶粗糙、枝多叶茂的树种，以隔离噪声等。

14.2.6 生活区景观设计

生活区周围的绿地景观设计，主要为师生生活方便考虑，可以在宿舍楼周围设置休闲场所或小游园，方便师生课余饭后的休息。小游园设计要力求新颖，并以植物造景为主，创造一个环境优美、安静、空气清新的园林空间。绿化配置中，以高大浓荫的乔木为主，也可设一些花坛、花台以及长椅、坐凳、桌椅等，有条件的地方可建亭廊花架等休闲设施。植物配置可结合不同类型的植物形成专类园，如桂花园、玉兰园、樱花园等，创造丰富多彩、生动活泼的生活区环境。

14.2.7 体育活动区景观设计

体育活动区是校园的重要组成部分，是培养学生德智体美劳全面发展的重要场所，其内容包括大型体育场（馆）、操场、游泳池（馆）、各类球场、器械运动场、健身场等。

体育活动区周边绿地的景观设计，最好选择具有防尘、减噪、无毒无刺的植物，运动场附近宜布置耐践踏的草坪或成片树林，为师生运动之后提供休息；体育场周边可种植宽50m以上的绿化隔离带，起遮阴、隔音、降噪的作用。

第15章　酒店环境景观设计

酒店，是以夜为时间单位，向客人提供配有餐饮及相关服务的住宿设施，也称宾馆、饭店、旅馆、度假村、俱乐部、会所等。酒店按经营性质的不同，可以分为商务型、度假型、会议型、观光型、经济型、连锁型、公寓型、青年旅社等不同类型的酒店；按星级划分，可分1～5星等不同级别的酒店，星级越多，级别越高；按房间数量及规模，可分为小型酒店（客房数量300间以下），中型酒店（客房数量300～600间），大型酒店（客房数量600间以上）。随着经济的发展，人们生活水平的不断提高，酒店日益成为商务、休闲、娱乐、度假等多功能的综合载体，顾客能在酒店的环境氛围和文化附加值中得到成就感的满足和自我价值的实现。

酒店的功能，既要满足客人在酒店内的食、宿、娱、购、行等各种行为需求，又能为酒店经营管理提供服务，因此，酒店一般分为三个主要功能区：公共功能区、客房功能区和内部管理功能区。公共功能区包括公共活动区、餐饮区、会议和展览区、健身娱乐区、商务中心及其他营业性设施；客房功能区主要是提供客人住宿的场所，包括单间、标间、套房等；内部管理功能区包括行政办公、员工生活区、机房及后勤维护管理等。

酒店环境，是酒店内部的公共空间环境及酒店外围的自然环境。酒店环境是客人交通集散、休闲娱乐、观赏游览的重要场所，是酒店建筑与自然景观相互渗透和融合的媒介，可以反映出酒店独有的特征和品味，因此，酒店环境是酒店建设的重要内容，是酒店等级和档次定位的重要物质条件。酒店价值的提升，最有效的和直观的途径便是景观环境的塑造。

酒店环境设计包括入口、大堂、中庭、廊道、露台与阳台、外围等空间环境的设计。

15.1　入口景观设计

客人抵达酒店时，首先看到的是酒店入口部分，入口景观的效果直接影响着客人对于酒店的整体感觉，因此，入口对于酒店来说，不仅是供客人进出的通道，更是一种酒店形象的展示，是整个公共空间序列的开始。入口景观设计应充分考虑入口的交通功能、标志功能、引导功能、文化功能等。

（1）交通功能

酒店入口的基本功能首先应满足交通的要求，能有效组织各种不同的人流、车流，避免客人、车与服务流线之间的相互干扰，提高酒店的管理效率（图15-1）。

（2）标志功能

酒店入口处应有明显的标志标识，如应有明显的酒店名字（标识）、交通标志、出入口、问询处等，有利于人流疏散及体现出人文的关怀。标志不但要与周围环境相结合，还能够反

图15-1　某酒店入口景观

映出酒店的主题风格和地域特色，以一种亲和力和欢迎者的姿态迎接客人的到来（图15-2）。

（3）引导功能

入口，是酒店内外空间衔接、过渡地带，入口景观能使人产生直接的视觉印象，对客人的行为起到引导性的作用。景观设计应能满足客人进出时对各种信息的需求，并营造出宜人的入口环境，如入口处可结合景观设置酒店地图，客人对自己所处位置一目了然，便能迅速到达目的地，减少了在入口逗留和等待的时间。

（4）文化功能

入口景观的文化营造，应与酒店的主题风格、特征一致的，也可结合当地的自然、人文环境，表达当地的民族风情，反映出酒店的地域性（图15-3）。

图15-2 云南抚仙湖悦春酒店入口标志

图15-3 巴厘岛蓝点酒店入口景观

15.2 大堂景观设计

大堂是酒店的中心，满足接待、登记、交通组织、休憩等候等多种基本功能。大堂连接着门厅、前台接待、中庭、大堂休息区、大堂吧，以及零售场所等相关公共设施，形成一个综合性空间，因此，大堂的景观设计，应重点考虑交通集散、休息接待、控制管理和文化展示等内容，形式以装饰、美化为主，突出酒店特色和文化品位（图15-4）。

15.3 中庭景观设计

图15-4 某酒店大堂与山水景观融合的效果

中庭，指酒店建筑内部或之间的多层共享空间。中庭能营造出酒店空间大尺度的气势，给人以豪华、大方、气派的印象；中庭中的自然景观，增强了室内外空间的联系，调节室内微环境，对改善室内气候环境起着重要作用；中庭空间既是交通空间又具有休闲的功能，如在其中可休息、娱乐、交流、观光，甚至举行酒会、舞会或音乐会等活动；中庭还是酒店风格、特色、文化展示的场所，通过中庭的景观、小品、装饰材料等内容，展现出酒店的地域性和文化性。中庭景观设计，应结合以上功能，进行有目的性的设计。

（1）景观环境设计

景观是酒店中庭的重要构成要素，弥补了建筑中自然要素的不足，满足人们接近自然、享受自然的要求。中庭将阳光、空气、雨水等自然要素引入室内，在室内创造出自然的风景，使人们虽处室内，却可享受自然气息。同时，中庭提供的良好采光，与植物叶片、枝干形成的自然的光影，增加了建筑的活力和节奏（彩图15-5）。

图15-5 某酒店中庭景观平面图与透视效果图

酒店中庭的园林景观不仅可以带给人们美的享受、自然与建筑的结合，更能通过植物的生态功能，调节室内的温度、湿度、滞尘、吸收噪声、改善空气质量等，保证室内空间环境质量的安全和健康。

（2）休闲场所设计

酒店的中庭是酒店公共空间的中心，是客人公共活动的聚集中心和共享空间。客人在酒店封闭的环境中，情感会受到压抑及缺乏沟通，而中庭明亮的光线、洁净的空气、优雅的气氛，却可以更好地促进客人汇集到此，进行活动、休息、交往。因此，中庭景观的设计，应使其环境光线充足、自然、气氛安静；空间允许的条件下，还可设置咖啡座或餐饮设施，客人可以一边闲聊、一边品茶或咖啡、一边欣赏室内外美好的景色；中庭中心或其他重要位置，还可适当设置小型表演台，进行独奏或演奏，营造优雅的环境氛围，创造一个适宜交往、放松心情、缓解压力的环境（彩图15-6）。

图15-6　某酒店中庭景观效果图

（3）交通动线设计

中庭一般与大堂相连，是酒店大堂的延伸，是接待服务的空间，也是重要的交通枢纽，通过竖向的楼梯、电梯、观景电梯，与酒店的其他空间进行联系与沟通，发挥着空间组织者的作用。中庭空间景观设计时，应将交通流线、客人流线、服务流线、物品流线等进行有序组织安排，使各服务设施的布局与交通流线科学合理，形成不同的空间层次和景观。

（4）文化氛围营造

中庭空间作为酒店的重要组成部分，利用建筑的符号、空间的塑造、景观的设计，充分体现出酒店所在的地域风情、人文内涵、现代的气息，增加酒店的个性和特色。如北京饭店的"四季厅"具有浓烈的中国风情和乡土特色，中国古代建筑与传统园林造园艺术均在其中有非常和谐的体现和融合；再比如广州白天鹅酒店的中庭景观起名"故乡水"，使入住酒店的归国游子体会到了浓浓的乡情，又向国际友人展示了中国园林的魅力和造园手法的精湛。

总之，中庭是酒店的重要组成部分，通过对其功能性的把握，景观设计可以创造出更有特色、更富灵性、更具美感的酒店环境景观。

15.4　廊道景观设计

廊道是酒店中联系各功能空间、公共服务区域与客房之间的交通联系空间，包括各种通道、走廊、连廊等。廊道的作用除满足客人交通、物流和服务等基本功能外，还是客人散步、休憩和浏览主题风景的场所，是联系室内外环境的媒介，是酒店中一种线性的交通休闲空间。廊道景观的设计，应注意景观的连续性、静观式、文化展示等内容（彩图15-7）。

图15-7　某酒店廊道景观平面图与效果图

① 景观的连续性　线性景观设计中，应注意各个空间中景观的连贯、递进或变化，即在景观的表现形式、文化内涵、要素设置等内容上，各空间之间应具有一定的联系，给人感觉是一个景观整体，同时应有一定的变化，避免单调，如有四季景观的变化、色彩的变化、时间的递进等。

② 静观式　客人在廊道的行走、散步或休闲，一般以静观式为主，较少参与，但观赏角度不断变化，因此，景观设计中，应以展示性的静观园林为主，如中国的假山瀑布、日式枯山水、欧洲装饰式园林等。在廊道中，有意识的设计观景平台、景窗、亲水空间等，将最具观赏价值的一面展示出来（图15-8）。

③ 文化展示　客人在廊道中穿行，为避免单调，往往在廊道中进行适当的文化展示，

图15-8　某酒店廊道景观

如根据酒店的特色、主题、风格等，结合庭院空间、室内装饰、景观小品、景窗、字画、插花等内容，使廊道景观引人入胜、流连忘返。

15.5　露台与阳台景观设计

露台与阳台是酒店建筑内部空间与外部环境之间的一种过渡性空间，是公共空间向自然环境的延伸。露台和阳台的区别，是否具有永久性顶盖，没有顶盖的为露台，有顶盖的为阳台。露台与阳台景观设计应注意空间的功能定位、室内外空间的渗透、增大观景视野、生态功能的考虑等。

① 空间的功能定位　酒店露台与阳台的景观设计，应根据酒店的功能、周围环境、客人类型，对其功能进行准确的定位，若以休闲度假为主的酒店，则应为客人提供更多的休闲空间，以利客人休闲、交谈、读书、晒太阳等活动；若周边环境景观较好，则应提供观景的空间与设施（图15-9）。

② 室内外空间的渗透　酒店中露台与阳台的位置，可以是大堂空间向外部环境的延伸，也可以是走廊外侧的扩充部分，或客房向外悬挑的阳台等，这些空间能够增加室内外空间的层次，特别是面积较大屋顶平台，建设成屋顶花园，可以给人生机勃勃之感，为客人提供绿色的自然环境，是呼吸新鲜空气、沐浴阳光的理想场所，同时弱化了建筑的体量感，使室内外空间相互渗透、建筑与环境融为一体（图15-9）。

③ 增大观景视野　露台与阳台的设置与设计，应能为客人提供最佳的欣赏角度和更为宽广的视野，特别是一些朝向主要景观的露台或阳台，可以欣赏到极佳的景色，如临海酒店，面海的阳台一定要设置观景空间，给喜欢大海的客人更多接触自然、欣赏海景的机会。同时，对建筑

图15-9　酒店露台景观示意

与室外景观的交接起调节的作用，这是提升酒店档次，吸引客人的一个重要因素（图15-9）。

④ 生态功能的考虑　露台和阳台上的绿色植物、土壤具有优良的隔热、保温的作用；屋顶花园的蓄水池，接纳自然降水，可综合利用的水资源，实现水资源的循环利用，减小对环境的破坏，因此，在景观设计时，应充分考虑生态功能的充分应用与发挥。

15.6　外围环境景观设计

现代酒店设计的突出特点，就是不仅注重内部环境的营造，更注重外围自然环境的美化，特别是休闲度假酒店，优美的外围环境为旅客提供了漫步、休闲的去处，创造一个优雅、宽松、自然的环境，符合度假客人要求回归自然的心境。

外围环境景观设计要重点考虑植物配置、休闲空间设置、雕塑小品、水景设计等内容。

（1）植物配置

植物是酒店外围环境绿化的主题，不仅起到保持和改善环境、满足功能的要求，而且还起到美化环境、满足人们游憩的要求。外围生态环境面积较大，植物配置应以生态园林的理论为依据，模拟自然生态环境，利用植物生理、生态指标及园林美学原理进行植物配置，让植物景观生态、自然、具有可持续性，同时，让客人在不知不觉中感悟到自然的变化，有景可观、充满生机和情趣，形成一个具有良好的游憩、休闲的绿色环境空间（图15-10）。

图15-10　酒店植物景观示意

植物配置应以营造酒店景观特色为主，主景植物可以成片集中种植，形成某个季节具有鲜明特色的景观，增加酒店的价值，如樱花、玉兰、银杏等；配景植物以营造背景和强调四季景观的变化，形成环境氛围。

（2）休闲空间的设置

对于入住酒店的旅客，加上旅途的疲劳，更加需要轻松的休闲空间让其得到身心的放松，因此，休闲空间对于酒店显得日益重要，在此不仅可以放松身心，还能感受酒店文化。休闲空间包括散步道、休闲广场、亭廊、花架、亲水平台、SPA亭、休闲咖啡座、水吧等，适当的点缀和设置在外围环境中，可以使客人在闲暇时间里也能亲近大自然，得到很好的休闲（图15-11）。

（3）园林小品

酒店外围环境中的园林小品包括雕塑、小

图15-11　酒店休闲空间设置示意

品、景石等，是酒店文化氛围营造的重要组成部分，如巴厘岛酒店的风格，其外围环境中的园林小品随处可见，并与其他景致紧密结合，形成特色浓郁的地域环境氛围（图15-12）。

（4）水景设计

水在酒店外围环境设计中非常重要，是景观中的精华和灵魂，如溪流、瀑布、泳池、涌泉、自然水池、无边际水池等，都是环境中的焦点，特别是将水景的功能性与景观性完美地结合起来（如可与儿童戏水池、泳池、按摩池、SPA池等结合），形成优美的景观，如巴厘岛的蓝点酒店，其圆弧形无边际景观泳池，面临大海、极目无边、水天一色，成为酒店的标志（图15-13）。

图15-12　酒店雕塑景观示意

图15-13　巴厘岛蓝点酒店无边际泳池景观

第16章 屋顶花园景观设计

随着城市化进程的加快，建筑用地紧张，人口密集区不断增加，人类生存环境日益恶化。由于定居、建设所带来的负面生态效应，使人们不得不充分、合理地利用有限的生存空间，尽一切可能改善和改变自己的生活环境，使之更为理想和符合自身的要求。建筑的屋顶、阳台、露台、拐角、建筑内部的零星空间等，不论面积大小，人们都千方百计将其营建为屋顶花园、休闲场所、生态绿岛等，以期融入自然、改善环境、提高生活质量。

16.1 屋顶花园的概念

屋顶花园是指在建筑物、构筑物的屋顶、露台、天台、阳台等空间内，进行绿化、装饰及所造花园的总称，也叫屋顶绿化、立体绿化、第五立面绿化等。

屋顶花园与地面造园（种植）的最大区别在于，植物种植于人工的建筑物或者构筑物之上，种植土壤与大地土壤没有垂直相连；空间布局受到建筑固有平面的限制，屋顶平面多为规则、狭窄、面积较小的平面；景观设计和植物选配受到建筑结构、给排水的制约。因此，屋顶花园与地面造园相比，难度大、限制多，还应与建筑设计、建筑构造、建筑结构、水电等多工种进行协调与配合。

16.2 屋顶花园的功能

屋顶花园的功能包括营造良好的环境、改善生态环境、保护建筑构造层、丰富城市立体景观等。

① 营造良好的环境 在城市用地日益缺乏的今天，城市居民所拥有的公共绿化面积越来越少，屋顶花园作为一种园林绿化形式，使周围环境充满生机，给予人们审美上的享受，使人们避开喧嚣的街市或劳累的工作环境，在宁静安逸的气氛中得到休息和调整，使紧张疲劳的神经系统得到一定的缓和。因此，屋顶花园为城市居民开辟了一个绿色的空间，为人们的生活和工作创造良好的生态环境，让人们有更多的地方去享受绿色、享受阳光、呼吸新鲜空气（图16-1）。

② 改善生态环境 近年来，随着经济的发展，工业污染加重、机动车尾气排放日增，城市小气候环境恶劣，市区内"热岛"效应明显、空气中悬浮物增多，严重影响了城市居民的正常生活和身体健康。通过营造屋顶花园，可以在局部小环境内降低温度，减少太阳辐射，增加空间湿度，改善生态环境。

③ 保护建筑构造层 屋顶构造的破坏，大多是由于温度变化引起膨胀或收缩，使建筑物出现裂缝，导致雨水的渗入。屋顶花园种植层或水面，使屋顶与大气隔离开，减小了由于温度剧变

图16-1 屋顶花园营造的绿色空间

而产生裂缝的可能性，并使屋顶免于太阳光的直射，延长了各种密封材料的老化时间，增加了屋面的使用寿命。因此，屋顶花园不仅能保护建筑构造层，而且还可以延长其寿命。

④ 丰富城市立体景观　屋顶花园作为城市中的一道风景，既能有效节约城市园林绿化空间，又能丰富城市园林景观，是城市景观的一个重要窗口及城市园林绿化的有益补充。通过屋顶花园的建设，可以很好地协调城市与环境的关系，使绿色植物与建筑有机结合，装点城市景观，使身居高层或登高远眺的人们，感觉到如同置身于绿化环抱的自然美景之中，充实了城市的绿色景观体系（图16-2）。

图16-2　屋顶花园丰富城市立体景观

16.3　屋顶花园的类型

屋顶花园的类型，从不同的角度有不同的划分方法，如按建筑空间分布分类，分为主体建筑屋顶、裙楼建筑屋顶、地下（半地下）建筑屋顶、阳台和露台、内部中庭等；按景观风格，分古典风格（中式、日式、欧式等）、现代风格、混合风格等；按使用功能，分公共型、商业型、家庭型、科研型、绿化性、观赏型等。屋顶花园设计中，主要依据服务对象、使用功能的不同而进行不同的设计，因此，类型的划分多以使用功能为主。

① 公共型屋顶花园　公共型屋顶花园多建在居住区、商业区、公共建筑、单位办公楼、写字楼的屋顶或其内部的公共空间内，除具有绿化环境效益外，主要是给公众提供一个集休闲、聚会、娱乐、健身为一体的公共场所。在设计中，要考虑出入口、园路、建筑、植物、小品等内容的设置，应满足人们在屋顶花园内的使用需求，如园路宽敞、有适当面积的铺装广场、设置座椅及小型的园林小品点缀等。

② 商业型屋顶花园　商业型屋顶花园主要是大型商场、宾馆、酒店建筑的屋顶花园和其内部的中庭花园。商业型屋顶花园以赢利为主要目的，花园设计除优美的景观外，还需设置商业活动的场所，如开办露天歌舞会、走秀、发布会等。商业型屋顶花园的设计，要营造出良好的绿化环境和幽雅的商业氛围，园中一切景物、花卉、小品均以小巧精致为胜，植物配置应注意其造型、开花及芳香等特性，夜间照明灯具应精美、适用、安全等，使人们在精美的花园中得到满足，同时也为业主创造出可观的利润（彩图16-3）。

图16-3　某商业型
屋顶花园效果示意

③ 家庭型屋顶花园　家庭型屋顶花园，主要指别墅、多层住宅、阶梯式住宅公寓或其他住宅屋顶的私家花园，一般面积较小，10～50m²。家庭型屋顶花园的设计，一般以植物配置为主，适当设置休闲铺装、桌凳、亭廊、水景、小品等，但应充分考虑业主对花园的要求，如设置花圃、菜地、种植园、儿童游乐场所和玩具、阳光泡池、健身器材等，将业主的偏好、品位、理想融入到花园设计中（彩图16-4）。

图16-4　某家庭型屋顶花园效果示意

④ 科研生产型屋顶花园　以科研生产为目的的屋顶花园，如科研院所、大专院校在屋顶花园上，进行植物栽培实验（如观赏植物、瓜果、油料作物、蔬菜等）、品种培育、引种进化、生产等，研究不同基质、无土栽培对植物生长的影响，屋顶花园对建筑节能减排、雨水的净化循环效果等。科研生产型屋顶花园设计，除满足科研需要外，设计主要考虑科普、考察路线的设置、周围环境的绿化等。

⑤ 绿化与观赏型屋顶花园　指以绿化和观赏为主要目的的屋顶花园，观众的参与性较少或限制进入花园。花园设计以保护屋顶结构绿化为主，或以俯瞰效果为主，一般用色彩鲜艳、低矮的植物和铺地组成对比强烈的图案，突出效果，具有强烈的装饰性。

16.4　屋顶花园景观设计

16.4.1　性质与定位

屋顶花园的性质，一般由建筑性质而定，如公共型屋顶花园，多建于公共建筑的顶部，服务于大众；私人屋顶花园，多建于私人建筑内，服务于特定的人群。因此，屋顶花园的性质，决定了服务对象和花园定位，也决定了设计的内容、形式和设施。

16.4.2　功能与空间布局

不论屋顶花园的性质如何，其服务对象都是人，功能必须满足人在花园中的各种行为、心理的需求。屋顶花园的功能一般包括入口景观区、休闲娱乐区、生态景观区及其他功能区。

① 入口景观区　进入屋顶花园入口前、后的空间区域，利用景观设计手段，如空间界面的变化、焦点景观、材质的变化等，将入口景观标志出来，使入园者意识到入口景观的存在，产生领域感。

② 休闲娱乐区　屋顶花园主要的公共空间，根据服务对象、人流量的大小，设计一个或几个系列空间，提供各种自发性或社交性活动，如休闲娱乐、小型聚会、社交活动、儿童娱乐、运动健身、聊天交谈、野餐、观景，或其他特殊服务活动等（彩图16-5）。

③ 生态景观区　为屋顶花园生态绿化区，绿化率应达到50%以上，以植物配置为主，适当点缀休闲亭廊、水景、景观小品等。

④ 其他功能区　以生产、科研、绿化、观赏等为主，具有某种特定功能的分区。

图16-5　某屋顶花园休闲娱乐区效果示意

16.4.3　景观要素设计

（1）植物

植物在屋顶花园中占有50%以上的比例，是屋顶花园的主体。由于屋顶特殊的立地条件，屋顶花园植物的选择标准应具备以下特性：根系较浅，易移植成活；能忍受干燥、潮湿积水、抗屋顶大风；耐修剪、生长缓慢；具有抵抗极端气候的能力；抗污染且观赏价值高的常绿植物。另外，尽量选用乡土植物，乡土植物对当地的气候有高度的适应性，在环境相对恶劣的屋顶花园，选用乡土植物易成活，及便于后期管理维护（图16-6）。

同时，屋顶花园的设计中，对较大规格的乔灌木要进行特殊的抗风加固处理，常用的方法有：在树木根部土层下埋塑料网以扩大根系固土作用；在树木根部，结合自然地形置石，加强根系压固；将树木主干成组组合，绑扎支撑，并注意尽量使用拉杆组成三角形结点进行固定。

（2）水体设计

屋顶花园水景，因受到场地承重和面积限制，通常建成浅水系列的景观水池，应少而精，与周围环境和谐，成为屋顶花园的主景、景观焦点、视觉中心等。

屋顶花园水体设计应注意：水池负荷与建筑承重结构的关系；水池的防水、防潮性设计；给排水管线、设施的隐蔽性、安全性设计；水景与地面排水、灯光照明相结合；寒冷地区考虑结冰、防冻、热胀冷缩的关系；水景的循环与后期维护管理。

（3）山石设计

由于屋顶面积有限，又受到承重限制，所以屋顶花园一般不建造大体量的假山，多数设置以观赏为主、体量较小的精美置石；也可采用孤置、对置、散置、群置等布局手法，结合屋顶花园的使用要求和空间环境的特点进行设计。建造大型假山置石时，多采用人工塑石做法，以减轻荷重。塑石还可用钢丝网水泥砂浆塑成或用玻璃钢成型制作（图16-6）。

（4）园林建筑

为了丰富屋顶花园的园林景观，为游人提供休息和停留场所，可以适当建造亭、廊、花架等园林建筑。

园林建筑设计应注意：体量、尺度要结合屋顶空间和承重综合考虑，以少、小、精、轻为宜；风格、材料上应尽量与主体建筑协调，也可适当表现地方特色或乡土风格；可结合攀援植物绿化，丰富绿化形式和空间层次；在风大的地区要考虑结构加固、高度适当降低等以增加安全性。

（5）园林小品

园林小品主要包括雕塑、小品、艺术化的服务设施（如坐凳、垃圾桶、指示牌）、装饰隔断（墙）等。园林小品可以营造屋顶花园的空间氛围和文化特色，使花园精致、生动、富有细节和文化意境（图16-6）。

图16-6　某屋顶花园景观要素示意

园林小品设计时应注意：应根据所处花园的平面位置、观赏角度、文化氛围进行设计；小品的大小、色彩、质感等周围景观协调统一；尽量将小品放置在建筑的承重结构上，并进行连接处的加固，以保证其安全；并考虑小品设置处的背景、方位、朝向、日照、光影变化和夜间人工光线的照射角度等。

（6）围墙、栏杆设计

在屋顶花园中，围墙、栏杆可以起到保障安全、装饰、空间围合、景观渗透、挡风的作用。

围墙、栏杆设计时应注意：安全性，应严格遵循栏杆设计的相关规范，保障其使用安全性；风格，应结合周围环境、庭院风格、使用者的需求进行设计；空间围合与景观渗透，考虑花园空间的围合及景观的形成，周围环境差可用围合式（如围墙、挡板、高绿篱等）进行隔离，保持花园的独立性和私密性；周边环境优美，则可用通透式（如玻璃栏板、围栏、水景隔离等），使花园与周边环境融合，但要考虑其安全性；挡风，风较大的屋顶花园，可用多孔板屏风，能有效的阻挡和降低风力。

16.5　设计技术要点

16.5.1　屋顶荷载

屋顶花园设计之前，必须先了解屋顶荷载的大小，荷载是建筑物安全及屋顶花园设计成功与否的关键。荷载包括活荷载和静荷载两部分，静荷载包括屋顶结构自重、防水层、保温隔热层、找平层、排水层、栽培介质层、园林植物、园林建筑、小品等相关设施；活荷载指屋顶花园中人的活动、非固定设施、外加自然力（如风霜雨雪）等因素，一般情况下，屋顶要求能提供 $350kg/m^2$ 以上的外加荷载能力。建筑物的承载能力，受限于屋顶花园下的梁柱板、基础和地基的承重力。屋面荷载的大小直接影响着花园的布局形式、园林设施、介质种类和植物材料的选择等，要根据不同建筑物的承重能力来确定屋顶花园的性质、园林工程做法、材料、体量及其尺度。根据设计荷载的重量，屋顶花园可以分为4种类型。

① 超轻型　屋顶简单绿化，以草坪及地被植物为主，其土层的厚度一般不超过7cm，屋顶花园的静荷载不低于 $100kg/m^2$。以绿化、观赏型为主的花园可以采用该类型。

② 轻型　常见的屋顶花园类型，其土层厚度一般不超过15cm，植物以草皮、地被、小灌木为主，园林设施有花坛、花盆，屋顶荷载不低于 $200kg/m^2$。

③ 中型　屋顶花园的总荷载一般在 $350 \sim 400kg/m^2$，土层厚度不超过30cm，植物以草坪、地被、树冠矮小的花卉灌木为主，园林设施包括花槽、立体花坛和简易棚架。

④ 重型　设施齐全的屋顶花园，荷载一般在 $500kg/m^2$ 以上，土层厚度30 ~ 120cm，植物以草坪、地被、小灌木、藤蔓、小乔木为主，园林设施包括水池、亭子、院墙、棚架等。

当然，随着屋顶花园的设计中，设计师可以通过技术、材料、设计方法等手段来减轻屋顶荷载，如采用轻质人工合成基质，减轻种植基质层的重量；植物材料尽量选用中小型花灌木、草坪地被植物、浅根植物等，减少种植土厚度；采用新型轻质材料和做法替代传统材料和做法，如减轻过滤层、排水层、防水层的重量；在构筑物、构件方面可以少设园林小品，选用塑料、玻璃钢、铝材、轻型混凝土等轻质材料，或采用中空结构的设计等；合理布置承重，将较重的物件（如花架、水池、假山等）安排在建筑物主梁、柱、承重墙等主要承重构件上，或者这些承重构件的附近，以提高安全系数。

16.5.2　屋顶防水与排水

屋顶的防水与排水，直接影响屋顶花园的后期使用效果和建筑物的安全。屋顶花园一旦发生渗、漏水，整个屋顶花园都将全部或部分返工、拆除，因此，屋顶花园建造前，良好的防水与排水设计，是屋顶花园的设计关键。

（1）防水

建筑屋顶的防水主要采用柔性卷材防水、刚性防水、涂膜防水3种做法。

① 柔性卷材防水屋面　用防水卷材与黏结剂结合，形成连续致密的结构层，从而达到

防水的目的，如常用的有"三毡四油"、"二毡三油"，再结合聚氯乙烯泥或聚氯乙烯涂料处理，适用于防水等级为Ⅰ～Ⅳ级的屋面防水（防水等级数量越大，防水级别越低）。柔性卷材防水屋面的优点是较能适应温度剧变、振动、不均匀沉陷等变化，整体性好，不易渗漏，应用较为广泛；缺点是施工较为复杂、技术要求较高、植物根系有时可穿透防水卷材。

②刚性防水屋面　指在屋面板上铺筑50mm厚细石混凝土，内放双向钢筋网一层，在混凝土中可适当加入适量的微膨胀剂、减水剂、防水剂等添加剂，以提高其抗裂、抗渗性能。刚性防水层的优点是构造简单、施工容易、造价较低，屋顶坚硬，植物根系不易穿透，整体性好，寿命长，不易开裂，对屋顶起到很好的保护作用；缺点是自重较大（是柔性防水自重的2～3倍），对气温变化和屋面基层变形的适应性较差，多用于日温差较小的南方地区，防水等级为Ⅲ级的屋面防水，也可作为防水等级为Ⅰ～Ⅱ级屋面多道设防中的一道防水层。

③涂膜防水屋面　用防水材料涂刷在屋面基层上，利用涂料干燥或固化以后的不透水性来达到防水目的。随着材料和施工工艺的不断改进，涂膜防水屋面具有防水、抗渗、黏结力强、耐腐蚀、耐老化、延伸率大、弹性好、无毒和施工方便等诸多优点。主要适用于防水等级为Ⅲ、Ⅳ级的屋面防水，也可用作防水等级为Ⅰ、Ⅱ级的屋面多道设防中的一道防水层。

随着科技的进步，屋面防水新材料、新技术层出不穷，具体设计时可咨询专业防水公司，尽量在不损伤原屋顶防水层的基础上，增强原屋顶和建成后屋顶花园防水层的防水能力和使用寿命。

（2）排水

屋顶花园中，不论是雨水还是其它多余的水，都需要在短时间内排走，否则易造成屋顶积水，增加负荷，形成渗漏和影响植物成活。屋面排水涉及屋顶排水坡、排水沟管和排水层。

①屋顶排水坡　屋顶排水坡，包括排水坡的数量和排水区划分。屋面宽度小于12m时，可采用单坡排水；其宽度大于12m时，宜采用双坡排水；坡屋顶应结合建筑造型要求选择单坡、双坡或四坡排水。排水区，面积较大的花园，可以将屋面划分成若干个排水区，目的在于合理地布置落水管，每根落水管的屋面最大汇水面积（水平投影）不宜大于200m²，雨水口的间距在18～24m，排水坡度3%～5%（图16-7）。

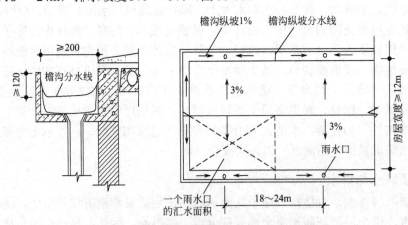

图16-7　屋顶花园屋顶排水坡度与檐沟剖面图

②排水沟管　排水沟管，包括檐沟、天沟、雨水口、落水管。檐沟，墙内檐沟或挑檐沟；天沟，房屋宽度较大时，可在房屋中间设天沟形成内排水。排水沟规格（檐沟或天沟），净宽不小于200mm，分水线处最小深度大于120mm，水落差不得超过200mm，纵坡1%左

右；落水管内径不宜小于75mm，一般为100mm、125mm。

③排水层　在种植土过滤层与防水层之间设置排水层，有利种植土通气、排水，有利植物生长、成活，材料应该具备通气、排水、贮水和质轻的特点，同时骨料间应有较大的空隙，常用的材料有陶料、焦渣、砾石、卵石等，粒径20～30mm，厚度为100～150 mm。为加快排水，有时还在排水层中加设排水花管、排水板、或其他排水材料。

16.5.3　后期维护与管理

（1）安全性

屋顶花园交付使用后，日常的安全维护和隐患的及时排除非常的关键。安全性包括结构性安全、设施性安全、空间性安全、植物性安全、道路系统及照明的安全。

结构性安全是指建筑物本身和人员的安全，包括结构承重和屋顶防水构造的安全使用；设施性安全是指屋顶四周的防护栏杆、围栏、挡板等设施结构的坚固程度；空间性安全是指是否有过于隐秘的空间，可以提供犯罪的可能；植物性安全是指由植物配置引起的安全隐患，如有毒有刺植物的应用，植物过高过多过密增加夜晚的恐惧心理；道路系统及照明安全，指道路铺装开裂、路面塌陷、台阶破损等造成行人摔倒，照明设备老化、线路裸露、路灯熄灭等造成安全隐患等。

（2）维护与管理

屋顶花园建成后的养护，主要是指花园各种植物养护管理以及屋顶上的水电设施和屋顶防水、排水等工作。精心的管理，是屋顶花园植物正常生长的保证。植物生长完全靠灌溉和人工施肥来满足对水、肥的需要，必须做好定期清洁、疏导工作，保证水分供应，并进行适当的施肥以补充土壤养分。同时，应加强松土、密度调节、支撑、修剪、遮阴、防病虫、牵引、保温等日常管理措施，以保证屋顶花园优美的植物景观效果。

第17章 广场景观设计

城市，是人类聚集、居住、生活、工作、交易的中心，并为人的不同活动提供各类适宜的场所，是人类社会经济发展到一定阶段的产物，并在一个国家或地区中所发挥着重要的政治、经济和文化的作用。城市作为社会活动的载体，必须具备各种功能，能够提供各类空间，以满足城市中居民的种种需要。城市广场就是其中重要的公共空间形式之一，它提供人们进行交往、观赏、娱乐、休憩等活动的空间。

17.1 广场的概念

从历史上看，真正意义的城市广场起源于西方，由于古希腊民主的政治气氛和适宜的气候条件，促进了户外交往空间的产生。在英文中，用来表示广场的词汇很多，如Agore（集会、市场）、Square（正方形、广场）、Plaza（广场、市场）、Forum（论坛、法庭、公开讨论的广场）等，这些英文词汇从侧面反映了西方城市广场的特点。从中文角度分析，我国古代城市广场，是结点性的城市空间，如专门为祭祀活动而兴建的祭祀广场，庙宇前有举办庙会的场所，戏台前有看戏的空间，还有进行商业活动的市场和码头、桥头的集散性广场等。

随着城市的发展和现代生活的不断改变，作为城市开放空间的主要组成部分，城市广场在城市生活中扮演着越来越重要的角色，也较传统城市广场有了更深刻、更丰富的内涵，其概念可以从以下3个角度进行阐述。

① 在功能上，由城市功能的要求而设置，是供人们活动的空间。城市广场通常是城市居民社会活动的中心，广场上可组织集会、交通集散、游览休闲、组织商业贸易及交流等公共活动。

② 在形态上，是城市空间形态中的节点或者节点的扩张，代表了城市的典型特征，是一个充满活力的焦点。通常情况下，由建筑物、街道、山水、绿地围合或限定的城市空间，并把周边各独立部分结合成一个整体，提供市民公共活动的开放空间。

③ 在景观文化上，与周围的环境具有某种统一和协调性，景观文化表现城市地域文化和场所精神，能反映城市风貌、历史人文，是城市景观构成的重要组成成分。

此外，广场还具备3个主要特征：a.公共性，供市民使用，任何市民都能在此休憩、娱乐、通行及其它自发的社会公共活动；b.开放性，广场在任何时候均可供公众使用；c.永久性，不可任意变更为私人使用或部分时间、空间的对外开放。

17.2 广场的分类

城市广场的分类，可以从广场的性质、空间形态、规划等级等方面进行分类。

17.2.1 广场性质

城市广场的性质取决于它的使用功能和作用，主要包括市政广场、商业广场、休闲娱乐广场、交通广场、文化广场、纪念广场、礼仪广场、附属广场、宗教广场、游憩广场等。

① 市政广场 市政广场，多修建在市政厅建筑和城市行政中心所在地，有着强烈的

城市标志作用，主要用于政治文化集会、庆典、游行、检阅、礼仪、传统节日活动和市民休憩等，如波士顿的市政广场、佛罗伦萨市政广场、上海人民广场等。市政广场往往布置在城市中心地带，或者布置在通向市中心的城市轴线道路节点上，周围建筑以行政办公为主，也可适当安排城市的其它主要公共建筑物。市政广场应按集会人数计算场地规模，并根据大量人流迅速集散的要求，在主出入口处设置小型集散广场，便于内外交通的组织（图17-1）。

图17-1　某市政广场

②商业广场　商业广场是城市广场中最常见的一种。它是城市生活的重要中心之一，用于集市贸易和购物。商业广场多以步行环境为主，并与商业建筑空间相互渗透，如北京的西单文化广场、大阪西梅田入口广场、南京新街口花园广场等。人们在长时间购物后，往往希望在喧嚣的闹市中心找到一处相对宁静的休息场所，因此，商业广场要具备广场和绿地的双重特征。同时，因受时尚文化的影响，商业广场将休闲、娱乐、购物融为一体，并产生更多的活动内容及文化内涵，使广场凸现文化魅力（图17-2）。

图17-2　法国某大型商业广场

③交通广场　交通广场是城市交通系统的有机组成部分，是交通的连接枢纽，起到交通、集散、联系、过渡及停车等作用，并有合理的交通组织。交通广场有两类，一类是城市多种交通汇合转换处的广场，如火车站站前广场；另一类则是城市多条干道交汇处所形成的环岛，常精心绿化，或设有标志性建筑、雕塑、喷泉等，美化、丰富城市景观。

④休闲娱乐广场　休闲娱乐广场是城市中供市民休憩、游玩、演出及举行各种娱乐活动的场所，其布局形式灵活多样，是最贴近市民生活的广场，包括花园广场、文化广场、园

林广场、水上广场以及居住区和公共建筑前设置的公共活动空间。广场的建筑、环境设施、绿化都要求有较高的艺术价值。

⑤ 文化广场　文化广场可代表城市文化传统与风貌，体现城市特殊文化氛围，为市民提供良好的户外活动空间，多位于城市中心、区中心或特殊文化的地区。一般将具有历史和文脉气息的古建、古城墙、遗址，具有较高的游览价值和较强历史文化特征的地点，建成文化广场（图17-3）。

图17-3　澳大利亚某艺术文化广场

⑥ 礼仪广场　现代礼仪广场是为城市举行节日庆典、接待贵宾等重大礼仪活动而兴建的城市广场。如天安门广场，是目前北京市最重要的一个礼仪广场，开国大典、国庆阅兵等重大礼仪活动均在此广场举行。

⑦ 纪念广场　为了缅怀历史事件和历史人物，在城市中修建主要用于纪念某一人物或事件的广场。传统的纪念广场在其中心或侧面以纪念雕塑、纪念碑或纪念性建筑作为标志物，尺度巨大，主体标志物常位于构图中心。

⑧ 宗教广场　位于教堂、寺庙、祠堂等宗教性建筑入口，作为入口空间，是举行庆典、集会、交通聚散、休憩、文化营造、绿化美化环境的场所（图17-4）。

图17-4　某教堂前广场

17.2.2　广场的空间形态

按广场空间形态，可划分为平面广场、立体广场、复合型广场等类型。

① 平面广场　平面广场，指广场主体部分的地面、周边建筑出入口和各种交通流等，都位于同一高程面上，或略有上升、下沉的广场形式。平面广场，可以由方型、矩形、圆形等几何形体构成的中心广场，或由主次相辅的多空间构成的复合型广场，也可以是沿线性展开的条形广场（彩图17-5）。

图17-5　某区级政府广场效果图

② 立体广场　立体广场，按照广场与城市平面的关系，分为上升式广场和下沉式广场两种。上升式广场通常将车行放在较低的层面上，而把人行和非机动车交通放在较高的层面上，实现人车分流，人行穿越的核心处构筑景观广场，还城市以绿色；下沉广场的交通流线则与上升相反，下沉式广场不仅能够妥善解决不同类型的交通分流问题，而且更易于在喧嚣的现代城市外部环境中，创造出一个安静、安全、围合有致、归属感较强的广场空间。下沉式广场还常常结合地下街、地铁乃至公交车站的使用而布置。

③ 复合型广场　复合型广场，是通过垂直交通系统将不同水平层面的活动场所串联为整体的空间形式。上升、下沉和地面层相互穿插组合，构成一幅既有仰视，又有俯瞰的垂直景观。复合型广场与平面型广场相比，更具点、线、面结合以及层次性和戏剧性的特点，能更好地展示广场立体景观，更富魅力。

17.2.3　城市规划等级

按照城市规划等级、服务半径和服务对象，城市广场可分为以下4大类。

① 市级广场　市级中心广场是突出体现城市形象的大型广场，往往是城市中心区的重

要组成部分，具有综合使用功能，主要服务对象为整个城市人口及城市外来游客，一般规模较大，服务范围广，在全市具有较强的影响力（图17-1）。

② 区级广场　区级中心广场位于城市分区中心，是体现局部城市形象的广场，往往与区级公共活动中心结合设置，主要服务对象为该行政区划范围内的人口，在该区具有较大影响力，一般规模不大，以中、小型广场为主（图17-5）。

③ 社区广场　社区广场是在居住区中心、居住小区中心及其他城市地段设置的广场，具有组织社区中心的作用，主要服务对象为该居住区居民及其附近人口，服务半径小，规模较小，以小型广场为主，是市民使用最为频繁的广场（图17-6）。

图17-6　某小区级中心广场

④ 公共建筑附属的广场　此类广场结合公共建筑物设置，占地面积较少，布置灵活，常常成为某一社会群体的聚集场所，并可以起到组织公共建筑群体空间的作用（图17-3）。

广场分类，并非每个城市都齐全，对大城市而言，可能四级都设，也可能只有两级；对于中小城市及县镇而言，广场的综合功能更强，可能只有两级或不分级。

除以上的分类外，广场还可根据其平面组合（如单一形态、复合形态）、围合关系（如封闭、开敞、半开敞）、立面高差（如平面、下沉、高台）、平面形式（如规则形状、不规则形状）、广场构成要素（如建筑广场、雕塑广场、滨水广场、绿化广场）等进行分类，由此可见，广场具有复合性，从不同的角度有不同的划分标准，一个广场可能是多种类型的综合，如市政广场，可能是正方形、下沉式、滨水的复合型市级广场。

17.3　城市广场的功能

城市广场，作为城市绿地系统的一部分，除增加城市绿化覆盖率外，还具有以下5种主要功能。

① 提供公共活动场所　城市广场空间的最终功能是满足人们各种活动的需要。城市中有相当一部分户外的休憩、教育、文化娱乐、体育活动是以广场空间为场所的，如户外散步、小憩、零售摊点、室外音乐会、艺术品展示、儿童的游戏娱乐、青少年的球类活动、老年人的晨练和棋类活动、节日联欢等等。一定量的室外活动，是人们生活中的必然行为，是心理和生理的要求，也是健康卫生的保证（图17-7）。

② 改善交通环境　广场作为城市道路的一部分，是人、车通行和停驻的场所，起交汇、缓冲和组织的作用。街道的轴线与广场的相互连接、调整，加深了城市空间的相互穿插和贯通，增加了城市空间的深度和层次，为城市功能的完善奠定了基础。

图17-7　某区政府广场体育活动区

③ 城市景观的重要组成因素　城市景观是城市空间中地貌、植被、建筑物、水体等要素所组成的物质形态的表现，人们通过感官来感知，因此景观强调的是城市空间带给人的心理感受。城市广场，是人们感知城市的主要空间，也是构成城市景观的主要要素（图17-8）。

图17-8　某区政府广场绿化效果

④ 改善城市生态环境　现代城市广场空间，往往是人工环境与自然环境的有机结合物，提供城市人造环境与自然环境之间的某种均衡，其绿化设置将有效改善、维护城市生态环境，起到城市"绿肺"的作用（图17-8）。

⑤ 城市文化和形象的体现　在现代城市环境中，城市广场空间变得非常重要，不仅为城市居民健康生活提供了开放的空间环境，创造了宜人的都市环境；同时，广场也是城市中多种文化活动的载体，包含各种文化内涵，表现了城市的文脉特征和地域精神，成为体现城市风貌、历史文化的重要场所。

17.4　广场景观设计

广场景观设计包括设计原则、定位、定量、功能分区、交通组织及景观要素设计等内容。

17.4.1　设计原则

城市广场是政治、文化、经济活动的中心，也是公共建筑最为集中的地方，城市广场的景观设计除符合国家有关规范的要求外，一般应遵循以下原则。

① 系统性原则　城市广场设计，应该根据周围环境特征、城市现状和总体规划的要求，确定其主要性质和规模，使城市广场与其他广场共同形成城市开放的空间体系。

②生态性原则　城市广场景观设计，应以城市生态环境可持续发展为出发点，在设计中充分引入自然要素，适应当地生态条件，创造城市生态绿岛景观，促进大环境生态功能的改善。

③人性化原则　广场设计要以人为本，考虑人在其中的主导作用，以及人在广场空间内的行为、心理需求，对广场的活动内容、交流空间、可达性、安全性、舒适性、美观等相关内容，进行人性化设计，使广场中的人适得其所、各有所好。

④特色性原则　城市广场的特色性包括地域精神和文脉特征。地域精神，是指景观设计适应当地的自然生态环境，如地形地貌、气候特点、植物等，应与当地特定的生态条件和景观协调统一，具有地方自然特色和特点，而非照搬照抄或不合场景的东拼西凑；文脉特征，是指当地的历史文脉，设计应有地方风情、民俗文化、突出地方建筑艺术特色，增强广场的特色和城市的凝集力，避免千城一面的同质化、似曾相识的感觉（图17-9）。

图17-9　昆明市西山区政府广场以碧鸡和古滇国青铜文化为主题

⑤公众参与性原则　公众参与，主要是指在广场景观的设计过程中，从现状调查、居民意见咨询到设计成果的汇报、交流等，整个过程都应充分发挥民主，让市民的合理意见能充分体现，使广场设计更具合理性，让公众真正成为广场的主人。

17.4.2　广场的定位

广场的定位是对其性质、文化、形态、景观等宏观方向上的控制，是广场建设方向性、目的性与最终效果的界定。

①性质的定位　城市广场一般具有性质上的公共性、功能上的综合性、空间场所上的多样性、文化的典型性和活动内容的休闲性等特点。广场的性质定位应综合考虑其地理位置、周围环境、服务对象、功能、文化表达、城市生态系统的完整性等相关内容，并结合城市性质、规模、空间结构与形态、历史文脉等进行深入而细致的把握，才能对广场进行准确的性质定位，如开放性的休闲文化广场、体现地方特色和满足市民休闲聚会活动的市政广场、以生态环境营造为主绿色生态广场等不同性质的广场定位（图17-9）。

②文化定位　广场应有明确的文化主题，以展示城市深厚的文化积淀和悠久历史，成为城市文明的窗口。文化定位应融入文化内涵、突出文化特色，尊重周围环境和历史，考虑当地的民族传统和地域的文化特征，深刻理解与领悟不同文化环境的独特差异和特殊需要，从而设计出适时、适地、有特色和内涵的城市广场（图17-9、图17-10）。

③形态定位　广场空间形态从平面上分为单一形态与复合形态两种基本类型。影响广场空间形态的主要因素包括：周边建筑的体形组合与立面限定的建筑环境、街道与广场的位

置关系及交通关系、广场的自然几何形状与尺度、广场的围合程度与方式、主体建筑物以及主要标志物与广场的关系、所要表达的文化内涵或文化符号等（图17-10）。

图17-10　由建筑围合的意大利某广场及周边景观

④ 景观定位　广场景观的定位，是在分析和选择对整个城市面貌起决定作用的景观素材后，运用艺术设计手法，将它们纳入广场景观的系统组织之中，显示出它们在空间群体中的主体导向，在景观序列中占据主景位置，从而集中体现广场的主题；使广场的整体形象由于这些元素的展示，而表现出鲜明的个性和明确的、自然的特征（图17-10）。

17.4.3　广场的定量

城市广场的定量，是景观规划与设计的尺度问题。广场规模尺度过大，让人没有安全感、归属感；广场规模过小，人流量太大，活动面积少，造成拥挤、踩踏等，因此，定位合适的广场规模，是广场设计中的关键。

（1）广场的面积

确定广场规模，要有足够的面积保证公共活动的正常进行，又不宜追求过大的面积致使土地浪费，一般可采用如下指标：

市级中心广场，大城市5～15hm²，中等城市2～10hm²，小城市1～3hm²。

区级中心广场，大城市2～10hm²，中等城市2～5hm²，小城市1～2hm²。

社区广场，不论城市大小，以1～2hm²为宜。

其他广场，车站、码头前的交通集散广场的规模由聚集人流决定，宜为1～1.4人/m²；城市游憩集会广场用地的总面积，可按规划城市人口0.13～0.40m²/人计算。

城市广场面积的大小，会产生不同的公众印象，大空间较小空间给人的印象要少，空间超过某一限度时，广场越大给人的印象越模糊。相关研究结果表明，面积在1～2hm²的广场，给人感觉更为宜人、亲和、生动。

（2）广场的尺度

广场的尺度比例，包括广场的用地形状、长宽之比、广场的大小与周边建筑体量之比、广场各组成部分之间的比例等。广场的尺度比例对人的心理情感、行为模式会产生一定的影响，继而影响到广场的使用效率，因此，适宜的广场尺度是广场设计须考虑的因素之一。

广场空间适宜的尺度，取决于人的行为心理，一般人的嗅觉感受范围为1～3m；听觉感受范围为7～35m；视觉辨识人表情的极限为25m，感受人动作的极限为70～100m，看清人的最远距离为135m。因此，广场空间的适宜尺度，平均长宽可为140m×60m，亲切距离为12m；视距与视高的比值在2～3之间，视点的垂直角度在18°～27°，是最佳观赏角度，此时广场的封闭感适中，尺度宜人。

（3）广场容量

广场容量，是指单位面积内能容纳多少人，或每人占据空间中的多少面积。在一般情况下，广场空间的适宜容量为3～40m²/人之间，其中10m²/人是空间气氛转向活跃的中值。节假日，在广场举行集会、大型文艺演出、促销等活动的特殊情况下，广场局部的容量可放宽至1.5m²/人左右，1.5m²/人是广场容量的最大值。

17.4.4　广场用地与功能区划分

根据广场主要使用功能和外观特征，广场用地可分为广场铺装用地、绿化用地、道路与交通用地、附属建筑用地等。不同性质的广场，其活动内容、功能需求不同，对用地的比例要求不尽相同。广场的功能分区可根据不同的活动内容进行设置，如中心景观区、老年活动区、儿童活动区、休闲娱乐区等（图17-11）。

①广场铺装用地

广场铺装用地，指承载市民集会、表演、观景、游玩、休息、娱乐、交往和锻炼等广场活动行为，用各种硬质材料铺装的用地。铺装场地还可划分为复合功能场地和专用场地两种类型，复合功能场地没有特殊的设计要求，不需要配置专门的设施，是广场铺装场地的主要组成部分；专用场地在设计或设施配置上具有一定的要求，如露天表演场地、某些专用的儿童游乐场地等（图17-12）。

②绿化用地　广场上成片的乔木、

图17-11　某广场功能分区图

灌木、花卉、草坪用地及水面面积。绿化用地的比例与广场的类型有关，市、区级中心广场重视环境和景观的创造，绿地的比例往往较高；社区广场与市民各项活动关系密切，铺装场地的比例较高。广场用地既要保证市民正常活动的需要，又不宜形成过大的硬地面积，造成广场的景观生态效能下降。一般而言，广场要产生一定的生态效益，绿化用地的比例不宜低于总面积的60%（图17-12）。

③ 道路与交通用地 道路与交通用地，主要为人、车通行的用地，联系不同的广场区域而设置的专用空间，可按宽度划分为主要通道与园路两种类型，主要通道宽度为3～6m；园路宽度为1～3m。道路可与活动场地结合布置，既能解决人流高峰时的交通疏散问题，又可在平日游人不多时兼作活动场地，提高场地空间的利用率。

④ 附属建筑用地 附属建筑用地，是广场上各类建筑基底占用的用地。建筑类型包括：游憩类（如亭、廊、榭）、服务类（如商品部、茶室、摄影部）、公用及维护类（如厕所、变电室、泵房、垃圾收集站）、管理类（如广场管理处、治安办公室、广播室）等（图17-12）。

17.4.5 道路系统设计

① 出入口 城市广场道路系统设计应当充分考虑广场与周边环境的交通状况，广场出入口应与周围主要的人流、车流（包含机动车流和非机动车流）衔接，考虑主要人流与主空间、主景观、主功能区之间的关系，开口的大小与人流成正相关关系，并能最快的疏散聚集的人流。

② 停车 随着人均收入的提高，城市的汽车拥有量日益增加，应充分考虑到大量的停车需求。广场的停车可结合周边停车、地下停车及适当的地面停车进行（图17-12）。

③ 地面铺装 硬质铺地是广场设计的一个重点，广场以硬质景观为主，其最基本的功能是为市民的户外活动提供场所；在工程和选材上，铺地应当防滑、耐磨、防水排水性能良好；在装饰性上，以简洁为主，通过其本身色彩、图案等来完成对整个广场的修饰，通过一定的组合形式来强调空间的存在和特性，通过一定的结构指明广场中心及地点位置，以放射的形式或端点形式进行强调。同时，广场铺地要与功能相结合，如通过质感的变化，标明盲道的走向，通过图案和色彩的变化，界定空间的范围（如交通区、活动区、休息区、停车区等），从而规范空间的活动与行为（图17-12）。

④ 广场高差的处理 广场不同高差之间的处理，可以用坡道、踏步或用栏杆进行防护。坡道，最小宽度应为120cm，坡度不超过1：12，两侧应设高度为0.65m的扶手，当其水平投影长度超过15m时，宜设休息平台。坡道高于15cm或长度超过180cm时，必须有护栏；踏步的最小宽度是28cm，踏步沿要用最大宽度约1.3cm的彩色镶嵌条给出清晰标示；护栏，地面高差过大时，应安装护栏，安装在地面以上约86～96cm

图17-12 某广场平面图

之间的地方，安装时要保证安全，不能让护栏在其基座上转动，不能有尖锐的边缘和毛边，并要保证圆形扶手表面光滑，直径在3.5cm左右，扶手必须与墙、转柱或地面相接，或将露在外面的扶手端部做成圆形以防伤人。

⑤ 无障碍设施　无障碍设施，是指为保障残疾人、老年人、伤病人和儿童等弱势人群的安全通行和使用便利的服务设施。广场设计中，边缘与人行道交接的各个入口地段，必须设盲道；广场内若有高差变化，应设轮椅坡道和扶手；广场内的台阶、坡道和其他无障碍设施的位置应设提示盲道；广场内休息建筑等设施的平面应平缓防滑；休息坐椅旁应设轮椅停留的位置，以便乘轮椅者安稳休息和交谈，避免轮椅停在绿地的通路上，影响他人行走；公共厕所的入口、通道及厕位、洗手盆等的无障碍设计也应符合国家相关规范。

17.4.6　植物景观设计

（1）功能与作用

广场上植物的功能除了最基本的观赏功能外，还包括空间分隔、软化、行为支持、框景和障景、遮阴等作用（图17-12）。

① 空间分隔　在广场中，利用植物材料进行空间组织与划分，形成疏密相间、曲折有致、色彩相宜的植物景观空间。对外，植物将广场和街道隔离，使广场活动不受外界的干扰；对内，可以产生不同类型的空间，如开敞空间、私密空间、半开敞空间等，使广场空间具有一定的氛围感，增加了参与性，提高了广场的利用率。

② 软化　植物也被称之为软质景观，它可以调整街道的呆板景色，可以对广场内硬质景观所产生的生硬感受起缓和作用。

③ 行为支持　大多数人使用广场没有明确的目的性，只是希望有空间可看、可留。植物由于其令人赏心悦目的色彩、芳香以及姿态，很容易吸引使用者的注意力，成为人们随意使用广场的行为支持物。

④ 框景和障景　植物在广场中的框景和障景作用，包括限制观赏视线、完善其他设计要素、在景观中作为观赏点或背景等。

⑤ 遮阴　良好的植物遮阴，不仅改善广场的小环境状况，还提高广场夏季的使用率。

（2）植物景观设计

城市广场的植物景观设计，应根据广场总体布局、景观立意、空间围合进行配植，使植物景观与总体环境协调一致。广场植物景观设计，首先，既要考虑其生态习性，又要熟悉它的观赏性能，做到主次分明，并体现植物景观群落美的要求；其次，植物大小与空间围合、主景观营造的关系，植物季相变化与广场景观主题之间的关系；最后，注意植物品种的选择与城市整体生态系统之间的关系，植物的可持续生长与养护管理之间的关系等（图17-12）。

17.4.7　水景设计

广场中的水，能降低噪音、调节空气的湿度与温度、减少空气中的尘埃，对人的身心健康有益。水，可静可动，可无声可喧闹，平静的水使环境产生宁静感，流动的水则充满生机。水的魅力主要通过视觉、听觉、触觉而为人所感受，因此，在广场设计中，可适当设计水景观（图17-13）。

广场中的水景有喷泉、跌水、瀑布、水池、溪流等形式，尤以喷泉为常见，但在建造之前，必须考虑喷泉昂贵的运行和维护管理费用。在实际水景设计中，要充分考虑当地的经济条件以及地理气候条件，要与周围环境和人的活动有机结合起来，特别是要与人的行为心理结合起来，尽可能营造一些安全的亲水空间（图17-13）。

图 17-13　广场水景景观示意

17.4.8　雕塑小品与设施设计

（1）雕塑小品设计

城市广场作为城市的一个重要的公共交流空间，可以适当设置雕塑或小品，成为广场景观的点睛之笔。设计时，应根据雕塑所处位置进行综合考虑，如位于广场中心，则对广场空间起主导和凝聚作用，成为视觉焦点；如位于边界点，则标志广场的界限，预示广场的起始或终结。雕塑的尺度大小应考虑以下两个因素：一是整个广场的尺度，以广场为尺度的雕塑主要存在于纪念性广场或主题广场中，对整个广场起主导性的作用；二是人体的尺度，以人为尺度的雕塑一般存在于商业及游憩广场中，具有亲切和随意感（图17-14）。

（2）休息设施

城市广场中，休息设施主要是座椅。座椅的形式、位置、数量、布局，直接影响到广场空间的舒适性。广场中的座椅按照形式以及使用方式的不同，大致可分为正式座椅（基本座位）、非正式座椅（辅助座位）、可移动座椅等。

正式座椅（基本座位），就是指凳子和椅子，包括长椅、方凳、条凳等多种形式，其特点是以非常直观的形象向人们表明了其坐憩的功能并鼓励人们的使用。非正式座椅（辅助座位），可以是台阶、雕塑的基座、矮墙、石灯笼、石条、水池边或树池边沿等，可以用来暂时休息的座位（图17-15）。

座椅的位置，一般来说，座椅最好布置在空间的边界处，背后应有所依靠，如灌木、矮墙、建筑等作为保护，才具有心理上的安全感。在行为心理学中，人们倾向于在自己感觉安全的地方就座。

座位朝向，朝向多个方向设置意味着人们坐着时可以看到不同景致，人们观看行人、水体、花木、远景、活动的事物等，人人都有"看人"的心理，而不喜"被看"，因此，座位朝向景观较好、有内容可看的地方，座位的上座率就较高。

座位的数量，参考《公园设计规范》，每1hm²面积上园椅、园凳的数量为20～150位，即平均每两个座位的园椅、园凳的服务半径为16m。

图 17-14 广场雕塑小品示意

图 17-15 广场非正式座椅——台阶

（3）环境设施

环境设施包括照明、音响、电话亭、标示牌、垃圾桶、盥洗室、碑塔、栏杆、灯柱、广告牌等，是广场重要的组成部分。环境设施作为广场中的元素，既要支持广场空间，又要表现一定的个性，在实用、便利的前提下，应注重整体性、可识别性和艺术性的设计（图17-16）。

图17-16 广场环境设施艺术化示意

第18章　居住区景观设计

居住区，是居民生活在城市中以群集聚居，形成规模不等的居住地段，按居住户数或人口规模，分为居住区、小区、组团3个等级。

居住区，是指具有一定的人口和用地规模，并集中布置居住建筑、公共建筑、绿地、道路以及其他各种工程设施，被城市街道或自然界限所包围的相对独立地区，因受公用设施合理服务半径、城市街道间距以及居民行政管理体制等因素的影响，居住区的合理规模一般为：人口5万～6万（不少于3万）人，用地50～100hm²。

居住小区，是指被城市道路或自然分界线所围合，并与居住人口规模（1万～1.5万人）相对应，配建有一套能满足该区居民基本的物质与文化生活所需的公共服务设施的居住生活聚居地。

居住组团，一般被小区道路分隔，并与居住人口规模（0.1万～0.3万人）相对应，配建有居民所需的基层公共服务设施的居住生活聚居地。

18.1　居住区景观的类型

居住区是一个复杂的有机体，建筑是主体，为人们提供庇护场所；建筑所围合的外部空间，则是人们进行交流、通行、休息、锻炼、嬉戏等各种户外活动的场所。根据居住功能特点和环境的构成要素，居住区景观一般包括绿化种植景观、道路景观、场所景观、硬质景观、水景景观、庇护性景观、照明景观等。

绿化种植景观，包括植物配置、宅旁绿地、隔离绿地、架空层绿地、平台绿地、屋顶绿地、绿篱设置、古树名木保护等。

道路景观，包括机动车道、步行道、路缘、车挡、缆柱等。

场所景观，包括健身运动场、游乐场、休闲广场等。

硬质景观，包括便民设施、信息标志、栏杆/扶手、围栏/栅栏、挡土墙、坡道、台阶、种植容器、入口造型、雕塑小品等。

水景景观，包括自然水景、游泳池水景、景观用水（喷泉、瀑布、跌水、倒影池）等。

庇护景观，亭、廊、棚架、膜结构等。

照明景观：车行照明、人行照明、场地照明、安全照明、景观照明等。

18.2　居住区景观设计原则

① 以人为本的原则　充分考虑人的活动规律，统筹安排交通、用地和各种设施，坚持"以人为本"的原则，体现人本效应，追求景观环境的多样性、舒适性，提倡居民参与意识，满足居民的不同需要。

② 坚持生态原则　处理好保护与利用的辩证关系，应尽量保持现存的良好生态环境，顺应地形，尽量采用当地的植被，保护地质构造，合理开发和利用场地，提倡将先进的生态技术运用到环境景观的塑造中去，利于环境的可持续发展。

③ 坚持经济性原则　顺应市场发展需求及地方经济状况，注重节能、节材，注重合理

使用土地资源。提倡朴实简约，反对浮华铺张，并尽可能采用新技术、新材料、新设备，达到优良的性价比。

④坚持地域性原则　应体现所在地域的自然环境特征，因地制宜地设计出具有时代特点、地域特征的空间环境，避免盲目照抄、照搬。

⑤坚持历史文化性原则　尊重历史文化，保护和利用历史性、文化性景观，特别是历史保护地区的住区景观设计，更要注重整体的协调统一，挖掘潜在的文化因素，打造具有文化氛围的景观。

18.3　居住区景观设计定位

景观设计定位，必须充分考虑和了解居住区在城市规划中的定位，居住区所在城市的相关特征、周边环境，居住区建筑风格等内容的基础上进行。

①城市相关规划　影响居住区景观设计的相关规划，包括城市总体规划、城市控制性详细规划、城市绿地系统规划。城市总体规划，是确定一个城市的性质、规模、发展方向，合理利用城市土地，协调城市空间和进行各项建设的综合布局、全面安排，是所有建设项目必须依据的法律文件。城市控制性详细规划，确定建设地区的土地使用性质、使用强度、空间环境控制的指标等，如容积率、建筑高度、建筑密度、绿地率等用地指标，从而确定了居住区景观的类型和基本指标。城市绿地系统规划，是控制城市绿地结构、体系和绿地数量的相关指标，对整个城市绿地系统的功能发挥起重要的作用。在居住区园林景观设计中，要充分考虑城市绿地系统的整体性，使居住区园林绿地成为城市绿地系统中一个有机的组成部分，达到局部功能与总体功能的统一。

②城市特征　居住区景观设计应以城市大背景为基础，要充分考虑城市的性质、城市的定位、城市的功能分区、要考虑居住区所在城市区域的定位、功能，城市的历史文化脉络。

③地域特色　地域特色来源于对当地气候、环境、自然条件、历史、文化、艺术的尊重与发掘。居住区总体内在和外在特征，不是靠人的主观断想与臆造，而是通过对居住功能、生活规律的综合分析，对地理、自然条件的系统研究，进而提炼、升华、倡导的一种生活理念。

④项目基地特质的提升　主题的确定不是凭空想象的产物，要有载体的支撑。主题与基地特质应相互呼应，并适当提升，如一个居住区定位于河畔主题，项目基地附近就应该有水景要素，要么临湖，要么临海，若无水的元素，则主题便成为空中楼阁，无法营造也无法令人信服。

⑤具有独特性　确立居住区环境的整体特色，使景观构成要素具有一定的独特性或个性。主题的真正内涵就是个性化，尤其是个性化的户外环境设计，为不同的消费群体提供了更多的选择，表现出当代居住人文精神的回归，映射出时代潮流中的情感、精神、艺术、审美等文化内涵，为城市景观增添亮丽、独特的风景，如现代中式风格、欧洲古典风格、东南亚热带风格等。

⑥考虑居住区的定位　景观主题应与居住区的定位、建筑风格、周边环境相适应，相辅相成、特色鲜明。

18.4　居住区景观分区设计

居住区主要的景观分区，一般包括出入口景观区、中心景观区、庭院景观区、宅旁绿地、外围环境等。

18.4.1 出入口景观区

居住区出入口景观区，是居住区与外部环境过渡、联系的空间，包括主出入口和次出入口。是居住区景观序列的开端，主要起通行、交通集散、景观展示等作用。主要内容包含出入口小广场、标志（小区铭牌）、大门（岗亭、门楼）、道路（车行、人行）、植物、山石水景、雕塑、景墙、花池花钵等（图18-1）。出入口景观区设计要点：

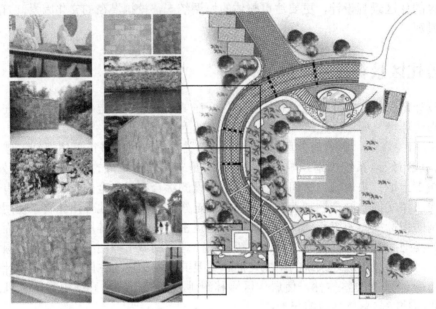

图18-1 某别墅小区入口方案平面图

① 交通组织 出入口首先应满足人车分流，车行道宜分为进、出两个车道，每车道的宽度不小于4m，人行步道不宜小于2.5m。出入口应设置无障碍通道（轮椅的坡道宽度不应小于2.5m，纵坡不应大于2.5%），并符合相关规范的要求（图18-1）。

② 景观展示 出入口景观应能表达出居住区的品质、档次、社区规模、地域特点、风格等内容（彩图18-2）。

③ 特色景观 出入口景观设计应与居住区建筑、公共建筑保持尺度、色彩、风格相协调，并有一定的地方特色、文化韵味或开发商的企业文化、形象，形成小区出入口独具特色的景观（彩图18-2）。

18.4.2 中心景观区

中心景观区是居住区中心绿地，如居住区公园（不小于1hm²）、小游园（不小于0.4hm²）、集中绿地等，在居住区用地中占据重要的位置，对居住区的生态环境、景观效果、使用功能具有直接的影响。中心景观区设计的要点：

① 布局 通常位于居住区中心或接近中心、或接近主要出入口的位置，体现便捷性和均好性（彩图18-3）。

② 景观重心 中心景观区是居住区标志性、中心景观所在地，其内容、形式、主题等都应能体现出景观的重心所在，并能统领各组团的景观分区。同时，绿化面积（含水面）不宜小于70%（彩图18-4）。

图18-2 某别墅小区入口景观方案一、二效果图

图18-3 某别墅小区景观景点视线分析图

图18-4 某别墅小区的景观重心（叠水瀑布）

③ 内容丰富　中心景观区是居住区内面积较大、设施齐全的室外活动场所，服务整个居住区的居民，内容设置上应丰富多彩，如休闲广场、儿童游乐场、游泳池、老年活动区、安静休息区、文化娱乐、体育健身等，满足不同的活动需求，并提升居住区的品质。

18.4.3　庭院景观区

庭院景观区，指由 2～4 幢住宅（组团）围合（或半围合）的院落空间，其绿地为组团绿地（应满足宽度不小于 8 m，面积不小于 $0.04hm^2$）。在居住区景观环境中，住宅庭院空间占地面积大，分布广，与住宅直接相连，对居住环境的影响最为直接，因此，要求景观设计具有均好性。庭院景观区的设计要点：

① 空间布局　庭院空间布局以绿化为主，功能性场所适当设置，为本庭院的户外活动、邻里交往、休闲娱乐、儿童游戏、老人聚集等提供良好的条件（彩图18-5）。

② 休闲设施　庭院中适当布置休息娱乐设施，如可供邻里休闲聊天的座椅或亭廊、儿童娱乐的场所与设施，铺装可采用草坪砖铺地，既能保证居民的活动，又有较高的绿化覆盖率（彩图18-5）。

图18-5　某小区庭院景观效果图

③ 景观风格　庭院景观的风格、主题与中心景观区相呼应，并丰富整个居住区的景观内容。

18.4.4　宅旁绿地景观

宅旁绿地是住宅建筑周边的绿地，单块面积不大，但分布广，是居民活动最频繁、使用最多的景观环境，直接影响居住环境质量。宅旁绿地景观设计要点：

① 可识别性　单元出入口前的景观设计应具有一定的可识别性，有一定的主题或风格，采用具有明显特征的植物景观（如大树、花卉、灌木球等）、山石小品、雕塑、景观建筑、入口装饰等，形成不同的入口景观氛围（图18-6）。

图18-6　小区宅旁绿地景观效果图

②聚散场所　单元出入口前设置小型聚散场所，便于人流疏散、提供邻里交往的空间。

③休闲设施　宅旁绿地内尽量设置一些安静休闲设施，如坐凳、花架、亭廊、小型儿童活动设施等，供居民茶余饭后休闲活动。

④栽植距离　宅旁绿地最贴近住宅，因此在植物景观营造时应考虑住宅的采光、通风、管线等内容，一般建筑外2m范围内不宜种植高大的乔木，特别是近窗、近阳台处应留出足够的空间，以保证居民拥有阳光和通风的环境。

18.4.5　道路景观

居住区内道路可分为居住区道路（红线宽度不宜小于20m）、小区路（路面宽6～9m）、组团路（路面宽3～5m）和宅间小路（路面宽不宜小于2.5m）4级，居住区内机动车最小转弯半径$R \geqslant 6m$，转折长度不宜低于20m，道路尽端最小回车场12m×12m。道路景观包括道路绿地空间、道路铺装、道路附属设施及景观小品等，在景观分区中作为"线"状景观区域，起到连接、导向、分隔、过渡、围合等作用。道路景观设计要点：

①主题和命名　根据其所处居住区的位置、小区或组团名称、景观特征、行道树、主题雕塑等内容，进行道路景观主题的确定和命名，便于景观营造和识别，如樱花大道、银杏路、桂花路、竹径等（图18-7）。

图18-7　某小区道路（云栖竹径）景观

②绿地景观宜丰富　小区内的道路，人员交流比较频繁，上下班、购物、休闲散步等都穿行在道路上，因此，道路两边的景观宜丰富多彩、有变化和富有吸引力，行道树可选择开花、色叶、季相特征明显的树种，绿地内乔灌草结合，种植形式可多样性，每条路都有一定的特色和风格，营造出居住区优美宜人的居家氛围（图18-8）。

图18-8　某小区道路丰富的植物景观

③铺装景观宜有特色　小区中的园路铺装，除了满足一般道路所要求的坚固、耐磨、防滑外，还应有一定的特色、个性，便于识别和有归属感（图18-9）。

图18-9　某小区道路铺装材料选择

④附属设施宜统一　道路附属设施包括信息导示牌、标志牌、指路标、垃圾桶（箱）、隔离栏（桩、墩）、路灯、座椅、音响设施等，其景观风格、材料、造型、色彩、文化内涵等都应统一进行设计，集中表现居住区的景观特色（图18-10）。

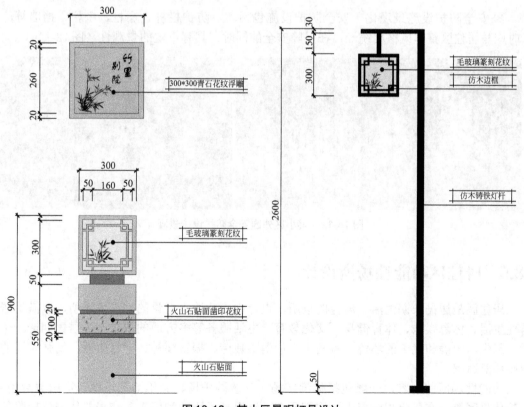

图18-10　某小区景观灯具设计

⑤ 景观小品宜亲切　景观小品可点缀在道路起点、端点、组团道路出入口、单元出入口、道路拐角等视线集中区域。小品风格以亲切宜人为主，表现"家"的氛围，切忌前卫、搞怪和不知何物。

18.4.6　外围环境

居住区的外围环境，是居住区与周边环境的隔离带，面积大小不一，功能以空间隔离、安全保障为主，内容包括植物绿化、安全防护设施。外围环境景观设计要点：

① 植物景观以生态环境营造为主　植物景观以生态环境营造为主，乔灌草结合、层次多样、疏密有致，树种可选择适应性强、易管理的速生树种（图18-11）。

② 地形的营造　面积较大的区域，地形可适当起伏变化，增加植物的层次，较少噪音、扬尘和形成宜人的生态小环境（图18-11）。

图18-11　某小区外围环境景观

③ 安全防护设施景观化　安全防护设施包括墙、防护栏杆、栅栏、围栏、挡墙等，设计时应与居住区整体风格相统一，在保障安全的同时，具有一定的景观性（图18-12）。

图18-12　某小区外围安全防护设施景观

18.5　居住区功能性场所设计

居住区是居民长期生活、居住的场所，设计中应营造一定量的功能性场所，以满足居民居住生活、休息娱乐、体育健身、文化教育、生活服务等多方面的要求，为居民创造一个舒适、卫生、宁静和优美的环境，有利于人们消除疲劳、振奋精神、丰富生活，增强居民的归属感和舒适感。

功能性场所的内容，一般包括休闲广场、儿童游乐场、老年活动场地、运用健身场所、安静休息区等，布局应相对集中、均衡分布，以提高场所的利用率，布局的依据包括服务对象、服务半径和服务性质。

①服务对象　可以根据服务对象的不同，考虑功能性场所的分布，如运动场、健身场、游泳池、中心休闲广场等以小区居民为服务对象，应集中布置在主轴线或中心景观区域；儿童游乐场、老年活动场地、安静休息区等以组团居民为服务对象，应就近设置，均匀分布。

②服务半径　成年人的服务半径为250m，老年人的服务半径为200m，儿童的服务半径为50m。

③服务性质　根据功能场所性质的不同，考虑其不同的位置，如游泳池居中布置，可以将功能性、景观性结合起来，提高小区品质；室外运动场地应尽量远离住宅楼，以免噪音、灯光扰民；儿童活动场地应就近住宅布置，便于看护；老人活动场地可以和中心广场结合，提高广场的利用率，但以"闹"为主（如跳舞、健身、广播操等）的活动广场应远离住宅布置，并有一定的隔离空间（带）。

18.5.1　休闲广场

休闲广场应设于住区的人流集散地（如中心区、主入口处），面积应根据住区规模和设计要求确定，形式宜结合地方特色和建筑风格考虑。广场上应保证大部分区域有日照和通风。

广场周边宜种植适量庭荫树和休息座椅，为居民提供休息、活动、交往的设施，在不干扰邻近居民休息的前提下保证适度的灯光照度。

广场铺装以硬质材料为主，形式及色彩搭配应具有一定的图案感，不宜采用无防滑措施的光面石材、地砖、玻璃等。广场出入口应符合无障碍设计要求。

18.5.2　儿童游乐场

儿童游乐场是居住区儿童相互交流、游戏、益智、锻炼的场所，是家长看护、陪伴、休息、共同参与游戏的空间。儿童游乐场设计要点：

①选址　游乐场地必须阳光充足，空气清洁，避开强风的袭扰；应与居住区的主要交通道路相隔一定距离，减少汽车噪声的影响并保障儿童的安全；游乐场的选址还应充分考虑儿童活动产生的嘈杂声对附近居民的影响，离开居民窗户10m远为宜；儿童活动场地的服务半径为50m，儿童步行几分钟可以到达，就近住宅布置；考虑日照和成年人看护区。

②面积　小区级游乐场面积为1500m²以上，最小场地640m²，儿童人均最小面积12.2m²，服务半径不大于200m，服务90～120个儿童；组团级游乐场面积为500～1000m²，最小场地320m²，儿童人均最小面积8.1m²，服务半径不大于150m，服务20～100个儿童；组团级以下儿童游乐场面积为150～450m²，最小场地120m²，儿童人均最小面积3.2m²，服务半径不大于50m，服务20～30个儿童。

③项目的设置　游戏设施包括地形玩耍（如草地、山体、滑道、坑洞、坡地等），器械玩耍（如滑梯、跷跷板、秋千、爬梯、攀爬架、组合玩具等），构筑物玩耍（如植物迷宫、游戏墙），活动场地和介质玩耍（如水体、戏水池、沙坑、滑板场、溜冰等）。较受儿童欢迎的设施，1～5岁儿童喜欢滑梯、秋千、木马、沙坑、戏水池等；6～12岁的少年儿童喜欢滑梯、木马、跷跷板、游泳池、羽毛球、滑板、溜冰等。

项目设置应为不同年龄组儿童提供不同的、多样性的活动方式和设施。儿童游乐场设施的选择应能吸引和调动儿童参与游戏的热情，兼顾实用性与美观，色彩可鲜艳但应与周围环境相协调（图18-13）。

④安全性　儿童游戏场应设置安全铺地（如橡胶铺地、塑料砖铺地、塑胶铺地、草坪铺地等）；儿童游戏场可适当种植高大的乔木，遮阴及保持一定的通视性，便于成人对儿童进行目光监护，植物应忌有毒、有刺、有飞絮的树种；游戏器械选择和设计应尺度适宜，避

免儿童被器械划伤或从高处跌落，可设置保护栏、柔软地垫、警示牌等（图18-13）。

⑤ 环境设计　游乐场附近应为儿童提供饮用水，便于儿童饮用、冲洗、玩沙游戏等；为方便家长的看护，周边还应提供座椅、石凳、亭、廊等休息设施；游乐场内可适当介入绿化设计，使场地同时具有景观效果。

图18-13　某小区的儿童游戏场

18.5.3　老年活动场地

老年活动场地是老年人相互交流、运动健身、安静休息的场所。老人是居住区活动人群的主要组成，使用时间也最长，因此在小区中设置老年人活动场地至关重要。老年活动场地设计要点：

① 选址与布局　选址要远离主交通要道，有充分日照；服务半径为200m，步行几分钟即可到达，应充分考虑可达性和无障碍通道。

② 活动场地的内容与设施　根据老年人的类型进行设置，如健身型的老人，可设置门球场、慢跑（步）道、舞剑、打拳、广场舞、按摩步道、健身器械等设施及场地；娱乐消遣型的老人，可设置棋桌、牌桌、石桌凳、亭廊等室外家具及场所；情趣爱好型的老人，可设置吹、拉、弹、唱等活动场地（图18-14）。

图18-14　某小区老年活动亭

③ 安全性　老年活动场地尽量避免坡道和多级台阶，保障老年人活动的安全性；铺装以表面平滑、亚光材料为主，并做防滑处理；在活动区要多安排、组织一些座椅（木质）、凉亭，方便遮阴纳凉；活动场地进行无障碍设计。

18.5.4　运动健身场所

居住小区的运动健身场，是为居民提供集中、标准的体育锻炼与活动的场所，包括专用运动场和一般的健身运动场，专用运动场指网球场、羽毛球场、乒乓球场、门球场、篮球场、足球场、跑道、室内外游泳池等；健身运动场指健身广场、室外健身器材与场地、慢步道等。运动健身场所设计要点：

① 选址与布局　选址应与居民楼保持一定的距离，在满足服务半径的情况下，尽量设于住区边缘；运动场地应分散在住区，方便居民就近使用又不扰民的区域；不允许有机动车和非机动车穿越运动场地，以保障安全；选址需地势平坦的区域；室外运动场地考虑充分日照。

② 面积与设施　居住区级运动健身场面积8000～15000m²，位置适中，服务半径不大于800m，可设400m跑道、足球场、网球场、篮球场等大型运动场；居住小区级运动健身场面积4000～10000m²，结合小区中心布置，服务半径不大于400m，可设小足球场、篮球场、排球场、羽毛球场、门球场等中型的运动场；组团级运动健身场面积2000～3000m²，服务半径100m左右，可设老年健身广场、健身器材、露天乒乓球场等内容；运动健身场的相关设施及内容应按国家相关规范（《城市居住区规划设计规范》）和技术进行设计。

③ 环境设计　运动场周边设置安全围护与隔离设施；周边设置休息区及适量的座椅、花架、亭、廊等设施，满足人员集散、休息和存放物品；植物的选择考虑大乔木遮阴，忌有刺、有飞絮植物；地面宜选用平整防滑适于运动的铺装材料，同时满足易清洗、耐磨、耐腐蚀的要求；有条件的小区可设置直饮水装置；还需根据人流集散情况妥善组织交通，可以利用平地、广场或自然地形，组织与缓解人流。

18.5.5　安静休息区

安静休息区在居住区内作为观赏、休息、静思之用，是居住区景观中的最基本也是最主要的组成部分，一般与喧闹的活动区有所隔离，避免游乐设施、游戏场等喧闹的环境靠近，同时，不宜有大片的硬地铺装，宜多种植花草树木，用树木遮挡视线、遮阴，形成一个较为安静的场所（图18-15）。

图18-15　某小区安静休息区

场所内应为居民提供必要的设施，如休息桌椅、石凳、平台、廊、亭、展览室、图书室等，特别是桌凳，其位置应靠近散步道，背后应适当遮挡，最好有大片的灌木丛。桌凳的位置、高矮、大小、色彩、材质等都应既满足人们的生理和心理需求，又能与环境相协调；其数量和间距既能满足一人静坐休息，又能满足几个人交谈娱乐之需（图18-15）。

　　散步道也是安静休息区设计的重点，既要满足人们行走的需求，又要考虑两侧的景观以及线路的曲折，并与桌凳形成很好的配合。

第4篇

风景园林综合规划

第19章 专类公园规划

专类公园是具有特定内容或形式，有一定游憩设施的公园绿地，包括儿童公园、植物园、动物园、体育公园、盆景园、历史名园、纪念性公园等。

19.1 儿童公园

儿童公园是供儿童游戏、娱乐、体育锻炼以及增长科学文化知识的公园，具有完善的设施，能满足不同年龄儿童的需要。

19.1.1 儿童公园的类型

根据儿童公园的规模、内容及我国城市建设的具体情况，一般儿童公园可分为：综合性儿童公园、特色性儿童公园、一般性儿童公园、儿童乐园等。

① 综合性儿童公园　综合性儿童的服务对象是全市的少年儿童，地点一般设在城市中心部分，交通方便、面积大，可在几十公顷至上百公顷，活动时间长，内容全面，绿化面积应占全园总面积的60%～70%。

② 特色性儿童公园　主要特点是强化或突出某项活动内容，并组成较完整的系统，形成某一特色，如以交通、动物、植物、温室、花圃（苗圃）、科技等为主题，特色儿童公园有助于儿童在玩耍的过程中学习科普知识，了解和培养儿童对各领域的兴趣，挖掘并发展儿童的创造力。

③ 一般性儿童公园　对象为区域少年儿童，活动内容不求全面，在规划过程中可以因地制宜，根据具体条件而有所侧重，主要内容仍为体育、娱乐、知识等方面，特点是服务半径小、内容少、投资少、管理简单等。

④ 儿童乐园　综合性公园或其他绿地内的儿童活动区，面积小、设施简易、规模小，内容吸引儿童。

19.1.2 儿童公园规划的原则

① 以人为本的原则　充分考虑儿童的特点，满足不同年龄儿童对游戏内容的要求，按不同年龄儿童使用的比例、心理及活动特点进行空间划分，突出儿童活泼的天性，满足儿童求知欲望，创造出有利于儿童快乐健康成长的环境氛围。

② 安全与健康舒适性的原则　儿童公园必须做到安全第一，所有设施、场地、道路、建筑等要素的设计应符合儿童的尺度及安全防护要求，考虑交通流线和家长的看护要求，合理设置大人休息区。儿童公园内应有完备的服务设施，如卫生间、垃圾桶、洗手处、标识系

统等。

③知识性与趣味性相结合的原则　寓教于乐，集知识性、趣味性于一体，景观造型新颖、色彩鲜艳、活动设施有趣味性，营造出热烈的气氛和舒适自然的环境，调动少年儿童的兴趣，锻炼其发散型思维的能力。

④景观性原则　儿童公园内的各种建筑、雕塑、设施、水体、铺地、灯具等应造型优美、形象生动，色彩鲜艳活泼，环境幽雅，植物景观占地面积65%以上，绿化覆盖率70%以上。

⑤地域性的原则　考虑地域气候差异对儿童户外活动的影响，因地制宜采用不同的设计手法。例如，在天气炎热、太阳辐射强的南方，公园内应多种遮阴乔木，辅以其它的观赏树种；北方则可以用大片草坪来铺装，适当点缀其它绿化。

19.1.3　儿童公园规划的主要内容

①选址　儿童公园应选日照、通风、排水良好、生态环境优美的地段，交通应便捷抵达、安全通畅，应考虑公园的服务半径、人口，避免重复投资建设。

②面积指标　一般情况下，每个儿童可活动的面积指标为6～12m²/人，考虑到保留一定的通道和缓冲空间，儿童公园的面积指标以16～18m²/人为宜；有条件的地方，为营造较高质量的户外环境，儿童的活动面积可考虑27～36m²/人；公园面积一般为4～5hm²。

③功能区划分　儿童公园的功能分区，一般包括儿童活动区、体育活动区、文化娱乐区、自然景观区和办公管理区。由于不同年龄段儿童的身高、心理、生理、兴趣爱好、活动内容完全不同，因此，儿童的活动区又可划分为幼儿游戏场、学龄儿童活动区、青少年活动区等。

a.幼儿游戏场　对象为1.5～5岁的儿童，活动时有家长的陪同，规模要求10m²/人以上，活动内容包括椅子、沙坑、草坪、广场等静态的活动内容。5岁左右的儿童，主要是转椅、小跷跷板、滑梯等。活动器械宜光滑、简洁、尽可能做成圆角，避免碰伤。周围一般用绿篱、彩色矮墙围护。幼儿游戏场应靠近主要出入口或管理处，并尽量少设出入口，便于管理。此外，应有休息亭廊、桌椅等供家长等候时使用。

b.学龄儿童活动区　对象为6～8岁学龄儿童，规模以每人30m²/人为宜，整体面积在3000m²以上。儿童开始出现性别差异而各有所求，一般男孩的活动量比女孩要大。活动内容包括旋转滑梯、秋千、攀登架、电动飞机、廊木等，有集体活动的场地、水上活动的涉水池、障碍活动区，还可适当设置少年之家、科普展览室、电动器械游戏室、图书阅览室、少年儿童书画室以及动物、植物角等内容。整体面积在3000m²以上。儿童开始出现性别差异而各有所求，一般男孩的活动量比女孩要大。活动内容包括旋转滑梯、秋千、攀登架、电动飞机、廊木等，有集体活动的场地、水上活动的涉水池、障碍活动区，还可适当设置少年之家、科普展览室、电动器械游戏室、图书阅览室、少年儿童书画室、以及动物、植物角等内容。

c.青少年活动区　小学四、五年级及初中低年级学生，规模以50m²/人为宜，整体面积在8000m²以上；青少年在体力和知识上要求设施的布置更有思想性，活动的难度更大，主要设施和内容包括爬网、高架滑梯、溜索、独木桥、越水、越障、战车、索桥、峭壁、攀登高地、溜冰、滑板等；建筑设施上可设少年宫、青少年文艺培训中心，从小培养青少年课余学习音乐、绘画、文学、书法、电子、地质、气象等科技、文学艺术等方面的基础知识。

d.体育活动区　活动内容及场地包括健身房、运动场、游泳池、各类球场（如棒球场、网球场、篮球场、足球场、羽毛球场、排球场等）、溜冰场、滑板场、射击场、自行车赛场、汽车竞赛等。

e.科普文化娱乐区　儿童有很强的认识自然、了解社会的求知欲，也是培养正确的世界观、人生观和文化艺术修养的重要时期，公园内容设置各种科普文化娱乐设施，可使儿童在轻松、愉快的环境中接受科学文化教育，设施包括游艺厅、电影放映厅、演讲厅、科学馆、艺术馆、科普宣传廊、图书馆、表演舞台、聚集广场等。

f.自然景观区　让儿童投身自然、接触自然、了解自然，在宁静的自然环境中学习和思考。公园内可布置山坡、丛林、花卉、草地、池沼、溪流、景石等各种自然景观。

g.管理服务区　以园务管理、为儿童及成人提供服务的功能区，主要内容有办公、卫生、餐饮、保安、急救、交通、设施维修、植物景观养护等。

19.1.4　儿童公园规划设计要点

（1）公园主题思想

儿童公园的主题思想，是贯穿整个公园设计的主线，是儿童公园的特色、风格、氛围营造的主要内容。主题思想可以从科普、文化或其他主题上进行营造。

① 科普类　可以生态为主题（湿地、森林群落、生物多样性等）、以环保为主题（水污染、土壤污染、光污染等）、以能源为主题（太阳能、风能、水能等）、以安全为主题（交通、防火、防灾等）、以动植物科普为主题，以太空、航空、海洋为主题、以农事体验为主题等（图19-1）。

图19-1　儿童公园主题思想营造

② 文化类　以卡通造型为主题（唐老鸭、米老鼠、流氓兔、啄木鸟等）、以童话故事为主题（白雪公主、西游记、灰姑娘等）、以科幻故事为主题（变形金刚、超人、外星人、蝙蝠侠等）、以探险、侦探、历史故事为主题等。

（2）功能区布局

功能分区布局一般根据儿童的年龄、兴趣来布局，也可根据地形的特点、玩具类别、景观特色、图案（符号）造型、文化、时间顺序等相关内容进行布局。

（3）场地营造

儿童公园的场地营造可以结合儿童玩具、地形、水体、植物等要素进行，一般儿童活动方式可分为滑、转、摇、荡、钻、爬、乘等，将这些活动和场地营造结合起来，形成丰富的空间变化；儿童游戏场地与安静休憩区、游人密集区及城市干道之间，应用园林植物或自然地形等构成隔离地带；地表高差应采用缓坡过渡，不宜过多采用山石和挡土墙；游戏器械下的场地地面宜采用耐磨、有柔性、不扬尘的材料（如塑胶、橡胶）铺装，以保障安全（图19-2）。

图19-2　儿童公园场地营造

（4）道路系统

儿童公园的道路规划要求主、次明确，主路起到辨别方向、寻找活动场所的作用，道路交叉处设标牌图示。园内路面宜平整，不设台阶，便于推行车子和儿童骑小三轮车游戏的进行。

（5）景观设施设计

儿童公园的建筑、雕塑、设施、园林小品、园路等景观设施，形象要生动可爱、造型优美、色彩鲜明、具有趣味性与象征意义（图19-3）。

（6）儿童游戏设施

儿童游戏器械的设计与制作要与儿童的身高、尺度相适应，一般新生儿出生时，身长平均为50cm左右，1周岁时约为75cm，以后每年约增长5cm，可按"年龄×5+75"的公式来计算得出平均身高，并考虑儿童的动作与器械的比例关系，如方格形攀登架的格子间隔，幼儿为45cm，学龄前儿童为50～60cm，格子管径为2cm为宜；学龄前儿童的单杠高度应为90～120cm，学龄儿童的单杠应为120～180cm，儿童平衡木高度应为30cm左右。

室内外的各种使用设施、游戏器械和设备应坚固、耐用，避免构造上的硬棱角；造型、色彩应符合儿童的心理特点；根据条件和需要设置游戏的管理监护设施；机动游乐设施及

图 19-3　某儿童公园具有趣味性的小卖部

游艺机，应符合《游艺机和游乐设施安全标准》（GB 8408）的规定；戏水池最深不得超过35cm，池壁装饰材料应平整、光滑、不易脱落，池底应有防滑措施；儿童游戏场内应设置坐凳及避雨、庇荫等休憩设施；场内应设置饮水器、洗手池。

（7）绿化景观设计

儿童公园的绿地占60%以上，绿化覆盖率占全园的70%以上，绿地内尽量营造成密林、草地，以提供良好的遮阴以及集体活动的环境；适当点缀花坛、花境、生物角，花卉的色彩将激起孩子们的色感，激发他们对自然、对生活的热爱，争取做到"四季常青、三季有花"。植物选择上要兼顾儿童学习植物知识和保护身心健康两方面，做到丰富多彩，但忌用有毒［如夹竹桃、黄蝉、曼陀罗、羊踯躅（黄杜鹃）等］、有刺（如枸骨、刺槐、蔷薇等）、有刺激性（如漆树）、有恶臭、易生病虫害（如杨树、柳树）、易结浆果（如桑）、有飞絮（如杨柳、悬铃木等）的植物。不应选用叶、花、果形状奇特、色彩鲜艳、能引起儿童兴趣的树木（如马褂木、扶桑、白玉兰等），以免儿童采摘造成危险。

19.2　植物园

拥有活植物收集区，并对收集区内的植物进行记录管理，使之可用于科学研究、保护、展示和教育的机构，称之为植物园。植物园应创造适于多种植物生长的立地环境，应有体现植物园特点的科普展览区及相应的科研实验区，全园面积宜大于40hm²；专类植物园以展出具有明显特征或重要意义的植物为主要内容，全园面积宜大于20hm²。

19.2.1　植物园的作用

① 植物保护　收集保存地区、区域性的珍贵、稀有、濒危物种，为现在和未来的科学研究与开发利用服务。

② 经济植物开发　经济植物的引种驯化，丰富地区、区域的资源植物种类，为现在和未来的开发利用服务，也为当地社区的经济植物、园林植物的利用与发展提供示范。

③ 科普观光　通过园林景观和科普教育设施的建设，吸引观光、访问者，对公众，尤其青少年进行植物学、生态学、人与自然和谐相处、协调发展等进行科普教育，并促进地方观光旅游业的发展。

④ 技术培训　植物园内种类繁多的植物、先进的实验设备和多种专业的科技人才，既可成为大专院校学生的实习基地，又可为地方提供园艺或经济植物栽培、植物种植等实用技术培训，为区域社会经济发展培养人才。

⑤ 科学研究　植物园内的植物标本馆、图书馆、实验室、试验区以及有关信息系统等，

是植物学及其有关学科的科研基地，通过科学研究，既为人类增加新的知识，又为地方、区域的社会经济发展做出贡献。

19.2.2　植物园的类型

植物园的分类，一般以其主要功能进行划分，共12个类型：综合性植物园、观赏植物园、历史植物园、保护性植物园、大学植物园、动植物园、经济植物和种质保存植物园、高山或山地植物园、自然或野生植物园、园艺植物园、主题植物园、社区植物园等。

19.2.3　植物园规划主要内容

（1）植物园的选址

植物园的选址应有充足的水源，相对复杂的地形地貌（不同的海拔高度、坡向、地势等），不同的土壤条件，小气候环境较好（温度、湿度、风向、阳光等），原有植物尽可能丰富；考虑城市的区位和环境条件，尽量位于城市活水上游和主风向的上风向，并远离工业区，避免废水、废气、固体污染物的污染；交通方便，在1h的车程范围内；有完善的市政工程设施（水、电、气、通讯）等。

（2）性质

首先要明确建园目的、性质和任务。

（3）面积确定

由植物园的性质和任务、展览区数量、收集品种多少、国民经济水平、技术力量情况、园址所在位置等综合因素所决定，一般综合性植物园面积（不含水面）以55～150hm²为宜。

（4）植物园功能分区

综合性植物园主要包括3个功能区：展览区、科研区、生活服务区，一般展览区面积占全园40%～60%，苗圃及实验区占25%～35%，其他占15%～25%。

①科普展览区　目的在于把植物世界的客观规律、人类利用植物、改造植物的知识展览出来，供人们参观学习。目前主要有以下几种展览方式：植物进化系统、植物地理分布和植物区系、植物生态习性与植被类型、经济植物、抗性植物、水生植物、岩石园、树木园、专类园（观赏植物及园林艺术展览区）、自然保护区等。展览区对公众开放的，宜选择地形富于变化、交通联系方便、游人易于到达的地方（图19-4）。

图19-4　墨尔本皇家植物园沙漠植物展示区

②科研区　是专供科学研究和结合生产的用地，一般不对外开放，仅供专业人员参观学习，规划时可将展览区和科研区毗邻，但有所隔离，以免相互干扰。科研区包括温室、苗圃区、实验地、引种驯化地、示范地、检疫地等，该区是进行科研和生产的场所，不对外开放，要与城市交通线有方便的联系，并设有专用出入口。

③生活服务区　植物园多位于郊区，路途较远，为方便职工上下班，减少市区交通压力，应设置生活服务区，包括宿舍、餐厅、卫生院、茶室、托儿所、理发室、浴室、锅炉房、综合服务商店、车库、仓库等。

（5）道路系统与出入口规划

道路系统不仅起着联系、分隔、引导作用，同时也是园林构图中一个不可忽视的因素。与公园类似，一般分为3级：主干道（4～7m），主要是方便园内交通运输，引导游人进入各主要展览区与主要建筑物，是整个园区内的分界线和联系枢纽；次干道（2.5～3m），是各展览区的主要道路，不通汽车，必要时可供小汽车或服务专用车通行，联系各区中的小型分区或专类园，多数是小型分区或专类园的界线；游步道（1.5～2m），是深入各小园内的道路，一般交通量不大，方便参观者细致观赏各种植物，也方便日常养护管理，有时也起分界线作用（图19-5）。

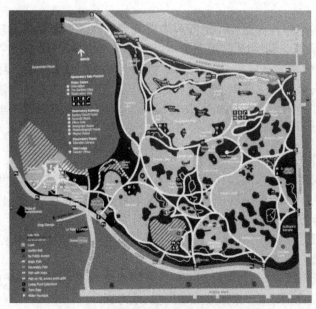

图19-5　墨尔本皇家植物园道路系统图

出入口应设在城市人流的主方向，应有一定面积的广场供人流集散。附近应设有停车场及其它附属设施。还应考虑专用及次要出入口。

（6）服务设施与建筑规划

服务设施与建筑规划，是确定主要建筑的位置、功能、布局、面积、风格、朝向等。植物园的建筑一般包括展览建筑、科研建筑、服务性建筑等。

①展览建筑　展览建筑包括展览温室、大型植物博物馆、展览荫棚、科普宣传廊等。展览温室和植物博物馆是植物园的主要建筑，游人比较集中，应位于重要的展览区内，靠近主或次入口，构成全园的构图中心。科普宣传廊，应根据需要分散布置在各区内。

②科研建筑　科研建筑包括图书资料室、标本室、试验室、人工气候室、工作间、气象站等，苗圃的附属建筑还有繁殖温室、繁殖荫棚、车库等，布置在苗圃试验区内。

③服务设施及建筑　服务设施及建筑包括大门、办公室、招待所、接待室、茶室、小卖部、食堂、休息亭廊、花架、厕所、停车场、仓库等。

（7）植物种植规划

植物园的种植规划，应特别突出其科学性、系统性。由于植物种类丰富，除有目的、有系统的展示植物外，还应确定植物园的基调树种、各园区的主调树种，科学性与艺术性，如展览区植物，除科学的展示植物外，种植形式上以自然式为主，创造各种密林、疏林、树群、树丛、孤植、草地、花丛等植物景观，草地面积一般占种植面积的20%～30%，方便游人观赏。

（8）植物园的排灌工程

植物园应保证旱可浇、涝可排。一般利用地势起伏的自然坡度或暗沟将雨水排入附近的水体；在距离水体较远或排水不畅的地段，须铺设雨水管辅助排水。一切灌溉系统均以埋设暗管供水为宜，避免明沟纵横破坏景观。整个管线采用自动控制，实行喷灌、滴灌、喷雾等多种方式的结合。

19.3　动物园

动物园，是搜集饲养各种动物，进行科学研究和迁地保护，供公众观赏并进行科学普及和宣传保护教育的场所。动物园有两个基本特点：一是饲养管理着野生动物（非家禽、家畜、宠物等家养动物），二是向公众开放。动物园应有适合动物生活的环境，游人参观、休息、科普的设施，安全、卫生隔离的设施和绿带，饲料加工厂以及兽医院。检疫站、隔离场和饲料基地不宜设在园内，全园面积宜大于$20hm^2$。专类动物园应以展出具有地区或类型特点的动物为主要内容，全园面积宜在$5～20hm^2$之间。

10.3.1　动物园的作用

① 科普　普及动物科学知识，使群众了解动物发展演化的过程、世界动物的分布、宣传对生物进化论的认识及经济价值、及认识我国丰富的动物资源，也可作为中小学生认知动物的直观教材、大专院校的实习基地等。

② 科研　研究野生动物的驯化、繁殖、病理和治疗法、习性与饲养，并进一步揭示动物变异进化规律，繁殖新品种。

③ 生产　繁殖珍贵动物，使其为人类服务；开展对外交换活动，增进各国人民的友谊。

④ 休闲娱乐　动物园也是人们休息、游览的地方。

19.3.2　动物园的类型

依据位置、规模、展出方式等不同，可将我国动物园划分为4种类型。

① 城市动物园　一般位于大城市近郊区，面积大于$20hm^2$，动物展出比较集中，品种丰富，常收集数百种至上千种动物。展出方式以人工兽舍结合动物室外运动场地为主。

② 人工自然动物园　一般多位于大城市远郊区，面积较大，多上百公顷，动物展出品种较多，常为几十种，以群养、敞放为主，富于自然野趣和真实感，目前这类动物园是世界上动物园建设的发展趋势之一（图19-6）。

③ 专类动物园　多位于城市近郊，面积较小，一般为$5～20hm^2$，动物展出品种较少，常为富有地方特色的种类，如鳄鱼公园、蝴蝶公园、孔雀园、考拉公园、熊猫馆、天鹅湖等。这类动物园特色鲜明，往往在旅游纪念品、旅游食品的开发上与特色动物有关（图19-7）。

④ 自然动物园　一般多位于自然环境优美、野生动物资源丰富的森林、风景区及自然保护区。面积大，动物以自然状态生存，游人通过确定的路线、方式，在自然状态下观赏野生动物，富于野趣。在非洲、美洲的许多国家公园中，均是以野生动物为保护、科研和观赏对象的动物园。此外，新加坡首创了世界第一个夜间野生动物园。

图19-6 昆明圆通山动物园孔雀园

图19-7 专类动物园示意

19.3.3 动物园规划主要内容

（1）动物园的性质

应首先确定动物园的性质、规划指导思想、建设目标、规模等内容。

（2）用地规划

动物园除展示动物外，应具有良好的园林外貌，为游人创造理想的游憩场所。一般动物园的规模大于20hm²，绿化用地应大于70%，道路系统5%～15%，管理建筑应小于1.5%，服务设施及公共建筑用地应小于12.5%；规模大于50hm²，绿化用地应大于75%，道路系统5%～10%，管理建筑应小于1.5%，服务设施及公共建筑用地应小于11.5%。

（3）功能分区与展览布局

动物园的功能分区，一般包括动物展览区、旅游服务区、科研行政管理区。

展览布局，各功能分区的布局应相互联系又互不干扰，以方便游人参观和工作人员管理；布局应结合动物园的自然地形条件，充分考虑动物对生态环境的要求及不同的习性规律；还可按动物的珍贵程度，把珍贵动物安排在重点位置；或按群众的喜好程度，把特别引人喜爱的动物突出地布置在导游线上。动物展览区一般可按以下几种方式进行展览。

① 按动物进化系统布局　优点是具有科学性，通过按昆虫类、鱼类、两栖爬行类、鸟类、兽类（哺乳类）的进化顺序（由低等到高等）布局，使游人具有较清晰的动物进化概念，便于识别动物。缺点是在同一类动物中生活习性往往差异较大，给饲养管理带来不便。

② 按动物原产地布局　按动物原产地不同，结合原产地自然风景、人文建筑风格来布置陈列。优点是便于了解动物的原产地、生活习性，体会动物原产地的景观特征、建筑风格及风俗文化，具有鲜明的景观特色；缺点是难以使游人宏观感受动物进化系统的概念，饲养管理上不便。

③ 按动物食性、种类布局　优点是饲养管理上方便经济，把食用同类饲料的动物安排在一个区域，如北京动物园采用这种布局方式设置了7个动物展区：小哺乳兽区、食肉动物区、鸟禽区、食草动物区、灵长动物区、两栖爬行区、繁殖区。

动物展出陈列布局形式，应据动物园用地特征、规模、经营管理水平单独或综合使用上述方法。

（4）道路系统规划

动物园的道路分主路（导游路）、参观路、散步小路和园务专用道路。其布置方式除在出入口及主要建筑周边采用规则式外，一般以自然式为宜，并应考虑动物园的特殊性，结合地形的起伏，适当弯曲便于游人到达不同的动物展览区，参观路线一般逆时针右转。导游路与参观道路，既要有所区分又要有便捷的联系。主要道路和专用道路要能通行汽车，道路交叉口处应结合实际设置小型广场。

出入口，包括主次出入口和专用出入口，应设在城市人流的主要方向，应有一定面积的广场供人流集散，附近应设停车场及其它附属设施。

（5）建筑与服务设施规划

动物园的建筑主要包括：文化教育性建筑（露天及室内演讲教室、电影报告厅、展览厅、图书馆、宣传廊、动物学校、情报中心等）、休息性建筑与设施（亭廊、花架、园椅、喷泉、雕塑、游船、码头等）、服务性建筑与设施（出入口、园路、广场、停车场、存物处、餐厅、小吃店、冷饮亭、售货亭、纪念品及玩具商店等）、管理性建筑（办公室、兽医院、动物科研工作室及其它日常工作所需建筑）、陈列性设施（笼舍、棚舍、构筑物等）。

在规划布局上，主体建筑设在主要出入口的开阔地、全园主轴线上或全园制高点上；动物笼舍和服务建筑应与出入口、广场、导游线相协调，形成串联、并联、放射、混合等方式，以便游人全面或重点参观；外围应设围墙、隔离沟和林地，以防动物出园伤人。其他相关内容可参考《城市动物园管理规定（2004年修正本）》进行规划布置。

（6）绿化种植规划

① 特色性　应服从动物陈列的要求，配合动物的特点和分区，通过绿化种植形成各个展区的特色。此外，还可结合动物的生存习性和原产地的地理景观，通过种植创造动物生活的环境气氛。

② 园区绿化　园路，要求达到一定的遮阴效果，可布置成林荫路形式。陈列区，应有完善的休息林地、草坪作间隔，便于游人参观完后休息。建筑广场附近，应作重点美化，充

分发挥花坛、花境、花架及观赏性强的乔灌木的装饰作用。

③ 防护林带　一般在动物园周围应设防护林带，宽度应在50m以上才有明显的隔离效果，起防风、防尘、消毒、杀菌作用，以半透风结构为好。北方可采用常绿落叶混交林，南方可采用常绿林为主。陈列区与管理区、兽医院之间亦应设置隔离防护林带。

④ 植物选择　应选择叶、花、果无毒的树种，干、枝无刺的树种，最好也不选择动物喜食的树种。

⑤ 遵守标准规范　动物园的绿化，应遵照城市园林绿化规划设计的有关标准规范进行。

19.4　现代墓园规划

公墓，是具有一定规模，集中埋葬死者的场所。墓园，是园林化的公墓，属于特殊类型的城市公共绿地空间。墓园，具有公园的性质，在满足埋葬和纪念死者的基本功能时，更为生者提供交流、休闲、教育等多种功能的园林空间。墓园规划，应反映出地理学、宗教信仰、社会态度、美学及卫生等多方面的要求，其精神功能远胜于实际的物质功能，在每个人的心中都有着特殊的情感位置。

19.4.1　墓园的分类

墓园，一般按经营主体、绿化形式、墓穴形式等来进行分类。

（1）按经营主体分类

按经营主体，可以分为公益性墓园和经营性墓园。

公益性墓园，经营主体为政府，建设纳入当地的国民经济和社会发展规划，资金由政府统筹，用地由城市总体规划确定，并按国家公益事业建设用地的有关规定申报、征拨所需建设用地。

经营性墓园，经营主体为开发公司，其特点是营利性，并实行有偿服务。经营性墓园须经当地政府同意，报省级民政部门审批，建设资金由开发公司投入。

（2）按绿化形式来划分

按绿化形式可以分为普通墓园、花园式墓园、生态式墓园。

普通墓园，墓穴周边植以松柏，建筑、道路、周边环境绿化相对简单、经济适用。

花园式墓园，更加注重墓园的绿化美化，更加强调观赏性植被的栽植。花园式墓园的建设目的，就是将其打造成城市的花园，墓穴、墓碑的设计与墓园的景观协调、融为一体，使整个园区成为一幅美丽自然的画卷。

生态式墓园，将骨灰直接葬入树下、花下、草下，倡导入土为安、勤俭节约、厚养薄葬的思想，墓园内硬质的纪念性设施较少，墓葬形式包括树葬、花坛葬、草坪葬、水（海）葬等，是今后墓园发展的趋势（图19-8）。

（3）按墓穴形式来划分

按墓穴形式来划分，包括墓园、塔陵墓园、骨灰墙、洞式墓园等。

① 墓园　墓穴用水泥、砂浆、砖、石材、装饰材料等建成，骨灰盒安放墓穴内，外立墓碑，每墓一般占地$1m^2$，植1棵树，墓园内建有道路和园林式的绿化带，周围有隔离林带（图19-8）。

② 塔陵墓园　塔，作为墓园的主体建筑，其外观是墓园的主要景点，其内部可以安放骨灰，也称塔葬。

③ 骨灰墙（廊、亭）　充分利用园区的挡土墙、廊、亭等建筑，合理改造，把骨灰安放在墙（廊、亭）内，也称壁葬。

图19-8　昆明市宝象山生态墓园

④洞式墓园　把"挖墓坑"改变为"墓洞"，其状似窑洞，结构简单，施工容易，安葬方便，此公墓适用于山地和丘陵地带。山区、平原还可以建设"地道、地坑"式墓园，把地道、地坑与窑洞综合利用起来，成为立体的墓园，尽量减少用地，这是今后墓园建设的方向之一。

19.4.2　现代墓园的特征

①半开放性　现代墓园作为特殊的城市空间，是公共活动绿地，具有可达性和共享性；同时墓园作为埋葬骨灰的场所，决定了墓园只能是半开放式空间。因此，规划应充分利用墓园半开放式空间的特点，合理组织景观、人流，让墓园充满阳光，吸引周边的人群在此开展休闲活动，实现墓园作为公共休闲活动空间的职能。

②场所感　现代墓园，是在充分尊重地域历史的演化，将当地民风、民俗、文化融入墓园的开放空间中，对于延续地域文化、城市文脉，营造属于现代墓园的场所感，具有独特的场所特征（图19-9）。

③生态性　现代墓园规划建设以生态型墓园为主，在环境的营造上，注重生态性、可持续发展，在墓葬方式上尽量减少使用硬质材料，多用树葬、花葬、草坪葬等绿色生态葬式，给逝者一个优美的安息环境，同样给了生者一个可供缅怀、纪念、休闲的绿色空间；提高城市的绿化率，促进城市生态系统的恢复（图19-10）。

19.4.3　现代墓园规划的原则

①以人为本的原则　墓园的基本功能是提供安放逝者的场地与空间，以人为本，首先应体现在对逝者的平等性、尊重性上；其次是满足人们个体需求的差异性；再次是为使用者提供便捷服务，考虑人们在墓园中活动的要求，重视人的行为规范，提供诸如休憩平台、座椅、无障碍设计、便民服务设施等。

图 19-9　墓园景观示意

图 19-10　现代公墓以生态为特色

②庄重肃穆的原则　墓园的庄重与肃穆，既是对逝者的尊重，也是对生者的慰藉，规划应体现出对逝者人格的尊严、生命的礼赞，一般通过对称轴线、整齐布局、植物、墓碑、雕塑小品等要素来营造。

③功能性的原则　墓园除满足安放逝者的功能外，还要发挥其综合性的功能和效益，包括对历史和文化价值的保护，对生物多样性的保护，为墓园植物提供良好的生存环境，为动物提供栖息地，为市民提供良好的室外活动空间等。

④地域和特色性的原则　墓园的规划，要结合当地的自然条件、民俗风情，注重地域文化的挖掘和开发，注重墓园个性和特色的表现，使城市的历史文化在墓园得以保留和延续。

⑤生态化设计的原则　墓园生态设计，就是以生态学的理论为指导，以自然为师，合理利用自然资源，合理组织墓园内外各种物态因素，营造复层结构的绿化体系，形成稳定的生物群落；另一方面，采用树葬、花葬、草坪葬、水葬等多种形式的绿色生态葬法，减少对自然界的人工干预，使墓园自身形成一个与自然生态相平衡的生态循环系统。

⑥可持续发展的原则　墓园的规划要具有长远性，应结合城市远、近期总体规划的要求，综合考虑地方丧葬习俗、风土文化、社会经济、人口结构、人口发展、殡葬改革等因素，按照园区的自然特点和经济条件，坚持可持续发展的理念，有计划、有步骤地进行规划建设。

19.4.4　现代墓园规划的主要内容

（1）墓园的位置选择

墓园选址应符合国家有关规定，兼顾城市发展规划，方便城市居民对死者的安葬和悼念，宜选择在交通便利的近郊，同时考虑卫生问题，要与居民区有一定距离；地形选丘陵地带，同时具有一定平坦地面；墓园内的土层宜深厚，且地下水位低，土壤以中性沙质壤土或壤土为宜，忌黏土或含石质较多土壤。

选址时应调查周边水源状况并确定水源级别，场地内有水系经过为佳，水可以用于植物灌溉，也能构成景观。此外，对原场地森林群落应尽量保留，而次生灌木群落或人工植被亦可进行改造，以发挥其营造景观、保持水土、涵养水源等功能。

（2）规划指导思想

墓园规划的目的，是提供一个与殡葬、祭奠等活动相适宜的环境，应充分利用自然条件，创造优美的绿色环境，满足人们回归自然的心理要求；墓园景观应挖掘和继承优秀的墓园文化，将传统文化与景观相结合，营造出既现代又具文化内涵的景观氛围；墓园具有特殊功能，以表达庄重肃穆、简洁素雅的纪念性气氛为主调，同时应满足大众清明踏青和节假日休闲的要求；墓园要考虑不同宗教信仰、不同文化背景的人群需求，特别是在少数民族聚居地区，要尊重当地风俗习惯，提供多种安葬方式。

（3）面积规划

①墓园总体规模　以火葬为主的城市，必要的墓园总面积为：$M=C×A×(N-B)$，式中，M为墓园总面积（hm^2）；C为园路、广场、建筑、植被占地系数，一般$0.35\sim0.5$；A为每个墓穴占地面积（m^2），一般$0.5\sim1m^2$；N为城市本地居民人数；B为城市本地居民已有墓穴数。

②单个墓园面积　考虑土地利用、后期管理等因素，大城市的墓园面积应$10hm^2$以上，$20\sim50\ hm^2$为宜；小城市的墓园面积小于$10hm^2$的或以骨灰寄存为主的墓园，面积不受限，服务半径一般为$5km$。

根据面积大小，经营性墓园可分为：一类墓园，面积大于$25hm^2$以上，骨灰安置量为20万具；二类墓园，面积大于$15\sim25hm^2$以上，骨灰安置量为10万～20万具；三类墓园，面积大于$7\sim15hm^2$以上，骨灰安置量为3万～10万具；四类墓园，面积小于$7hm^2$以上，骨灰安置量为3万具；公益性墓园的一、二类墓园面积分别比经营性墓园面积少5hm²，骨灰安置量不变，三、四类墓园的面积与骨灰安置量与经营性墓园一致。

③墓穴总面积与墓园面积比例　公益性墓园独立墓地的墓穴总面积，不得超过园区总面积的50%；经营性墓园独立墓地的墓穴总面积不得超过园区总面积的65%。

④单个墓穴的面积　公益性墓园内独立墓地的墓穴用地不得超过0.5m²，高度不得高于地面0.7m；经营性墓园内单人墓或双人合葬墓的墓穴占地面积不得超过1m²，高度不得高于地面1m，并且不应高出地上墓碑等标志物周围的灌木植物。

（4）功能分区规划

现代城市墓园具有多种功能，为更好地布局和组织空间，根据墓园的规模和原有场地特征，功能分区主要包括接待服务区、墓园区、生态缓冲区，一类经营性公墓的建设项目构成还可包括墓前区、展示区等内容（图19-11）。

图19-11　某墓园功能分区平面图

①接待服务区，包括墓园出入口、入口集散广场、服务区和行政办公管理区。

墓园出入口，应根据面积及规模确定主入口、次入口和专用入口。道路出入口的最低宽宽度分别为：一类墓园30m，二类墓园25m，三类墓园20m，四类墓园15m；专用出入口宽度不低于3m，单个步行道路出入口最小宽度1.5m。

入口集散广场，应设置在人流量较大的区域，有明确的引导标识，并能给公众营造墓园沉稳、大气、纪念的氛围。广场内有合理数量的停车位，其设计应符合国家行业标准的规定。在停车场出入最方便的地段，应设残疾人停车车位，并设醒目的无障碍标志。在公众驻足处设置导游信息介绍，包括当前位置、场地平面图、特殊纪念物的位置、方向等（彩图19-12）。

服务区，包括为客户咨询或办理殡葬业务的业务大厅、提供殡葬用品的商品部、卫生间等。

行政办公管理区，包括办公室、监控室、会议室、活动室、卫生间等；墓园管理区，分园务管理和后勤服务，可设置工程部、园林管理室、保安室、职工宿舍、车库、库房等。

②墓园区，包括骨灰安放区、骨灰安葬区、骨灰撒播区等。

骨灰安放区，应单独建立骨灰存放设施，包括骨灰暂存室、骨灰存放室、悼念追思室、服务室、休息室等。

骨灰安葬区、撒播区，该区应设在景观较好的向阳地带，有便捷、畅通的步行体系，区内可分不同主题的墓葬区或不同档次的墓穴。墓体、墓碑设计根据亡者生前喜好或家属愿望进行，避免模式化。墓园内可适当设休闲区，面积150 ~ 400m²；一类墓园可设4处，其他墓园可适当减少，并与景观结合，成为园区内休息的聚点。

③ 缓冲区，是墓园与周边环境的过渡地带，以森林植被为主，用当地优势树种（落叶树种、常绿植物）进行混种，体现植物的季相美，该区还可作为野生动植物栖息地。在有较大水面的场地中，可增设水景观区和滨水开敞空间，水景区作为保护生物多样性的场所，滨水开敞空间为整个墓园提供优美的视觉风景，充当"外部空间"作用，用来加强区域的空间转换。

墓园各个功能分区的空间组成和设置，应满足殡葬活动的需求，墓园建设用地比例应根据其建设规模和用地面积确定，以一类墓园为例，殡葬构筑物的用地应≥65%，道路、广场停车场的面积宜为5% ~ 10%，绿地、园林小品、水面的面积宜为20% ~ 25%，业务、办公、附属建筑面积＜1.5%。

（5）主要建（构）筑物规划

墓园规划中，可以通过现代殡葬建筑的营造和强化纪念性仪式空间，形成墓园特有的氛围，墓园主要建（构）筑物包括入口牌坊、祭祀广场、骨灰寄存处等。入口牌坊，是墓园的入口标志，在一定程度上引起人们心理上的变化，暗示了情感的转变，起到界定空间的作用。牌坊前、后，有时会用石像生、仪柱、雕塑等排列在道路两边，形成墓园神道，营造和渲染氛围（彩图19-13）。

祭祀广场，通过漫长甬道（或神道）后，豁然开朗的空间，给人强烈的视觉冲击感，常以传统文化为主题，如以瑞兽（龙、凤、龟、麒麟）、石五供（一对烛台、一对宝瓶、一个香炉）、香炉、十二生肖雕塑等作为广场的主题景观（图19-14）。

骨灰寄存处，是骨灰下葬前，临时、或短时放置骨灰的场所，包括塔、亭、廊、墙等，是生者缅怀逝者的地方，也是墓园中景观的视觉焦点、构图中心，设计时应遵循传统文化，表达出逝者的尊严（彩图19-15）。

（6）墓碑及园林小品设计

墓园景观的艺术性可以通过各种墓碑的形式来表现。墓碑是墓园中特有的小品，在墓穴、墓碑统一安放和管理的基础上，应提倡多样化、个性化的设计，对墓碑的雕刻、造型、形式等进行艺术化处理，纪念与艺术相结合。同时，为增加墓园的整体视觉效果，可在园内设置其他小品，如墓园雕塑、艺术化景观设施（如灯具、音响、垃圾桶）、标识系统（如简介牌、标志牌、导视牌）等，小品的布局、造型、材质等均应与墓园整体环境协调统一（图19-16）。

（7）道路系统规划

墓园内的道路系统规划，应根据墓园的规模、人流总量、各功能区域的人流规模以及管理需要，确定园路的路线、分类、分级，园路的铺装材料，节点广场的位置与特色等。出入口原则上不超过3处，并在主要入口处设置服务中心（图19-17）。

墓园内应设全园和组团两个道路系统，园路的路网密度宜在150 ~ 280m/hm²之间。主要道路具有引导作用，应易于识别方向、畅通、集散，采用人车分流形式，丧葬车行道考虑出入方便及至各墓区的可达性，依地形地貌形成次级道路，增加无障碍设计。客户大量集中区域和组团中的道路要明显、通畅、便于集散。通向骨灰安置区的道路应有环行路（图19-17）。

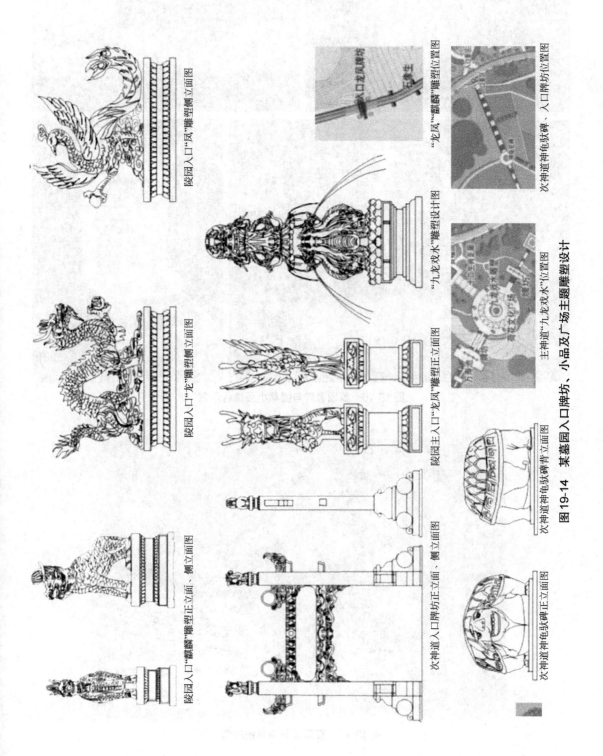

图19-14 某墓园入口牌坊、小品及广场主题雕塑设计

图19-16　墓园墓碑与园林小品结合示意

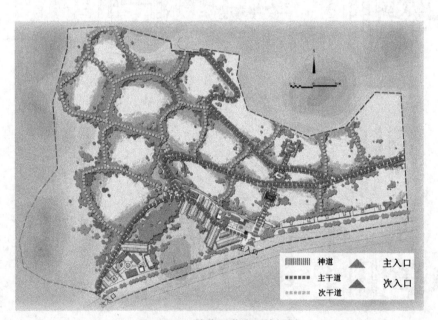

图19-17　某墓园道路系统规划

墓园道路系统可分主路、支路和小路；经常通行机动车的道路宽度不应小于4m，转弯半径不得小于12m；园区中专供人行的道路，宽度宜为0.9～1.5m（图19-17）。

（8）植物景观规划

现代墓园景观以绿色植被为主体，是一种特殊形式的城市生态绿地，植物景观规划应结合墓园的性质、特点、地域文化、建筑群体、道路系统、构筑物以及当地适生植物种类进行整体构思，园区绿地率应在40%以上，绿化覆盖率应在75%以上。

墓园内的植物种类及分布，应根据当地气候状况、环境特征、地形地貌条件，结合环境景观构想、防护功能要求、殡葬审美习惯等确定，在充分绿化的基础上，满足殡葬审美要求。墓园的绿化用地应尽量用绿色植物覆盖。建筑物的墙体、构筑物宜进行垂直绿化。墓区植物种植应以常绿植物为主，适当种植防火植物，以降低火灾发生的几率。

19.5　其他专类公园

其他专类公园是指除儿童公园、植物园、动物园、墓园外，具有特定主题内容的公园，如历史名园、体育运动公园、雕塑公园、盆景园等，有名副其实的主题内容，全园面积宜大于2hm²。

历史名园修复设计必须符合《中华人民共和国文物保护法》的规定，为保护或参观使用而设置防火设施、值班室、厕所及水电等工程管线，不得改变文物原状。

其他专类公园的规划，主要内容包括：规划的原则、指导思想、建设目标、性质、规模、功能分区、景观分区、道路系统规划、建筑与服务设施规划、基础设施规划、标识系统等相关内容。

第20章 综合公园规划

综合公园，是在市、区范围内为城市居民提供休憩、娱乐活动的综合性、多功能、生态自然的大型绿地，其用地规模大，设施丰富完善，是公众进行游憩、观赏娱乐、体育锻炼、科普教育等活动的场地，具有改善城市生态、防灾减灾、美化城市的作用。全园面积不宜小于10hm²，一般分为全市性公园和区级公园两类。

全市性公园，为全市居民服务，用地面积为10～100hm²或更大，服务半径为3～5km。居民步行30～50min内可达，乘坐公共交通工具约10～20min可达。

区级公园，服务对象是市区内一定区域的城市居民，用地面积为10hm²左右，服务半径为1～2km，步行15～25min内到达，乘坐公共交通工具5～10min可达。

20.1 综合公园的功能

综合公园的直接功能：提供休息娱乐的场所，包括静态的娱乐活动，如观赏、休息，动态娱乐活动，如体育运动、游憩、教育等；卫生防护功能，包括静态的功能，如净化空气、水土保持；动态的功能，如防火、防灾、减灾、避难等。

公园的间接功能：美化城市、保护生态平衡、提高市民素质，调节城市小气候，改善城市环境等。

20.2 综合公园规划的主要内容

综合公园的规划，应根据城市总体规划的相关规定，公园在城市园林绿地系统中的位置、用地规模、服务对象、服务半径，结合现状条件，确定公园的功能区布局、景观分区、道路系统、竖向景观、植物景观、服务设施、综合管线系统、标识与信息系统，并制定建园程序、造价估算，编写规划说明等内容。

20.2.1 综合公园规划的原则

① 规范性原则 公园的用地范围和性质，应以批准的城市总体规划和绿地系统规划为依据，遵守国家相关规范及标准（如《城市绿化条例》、《公园设计规范》等）。

② 生态性原则 强调保护自然景观，充分利用基地现状及自然地形，有机组织公园各个部分，因地制宜，使公园与自然特征、当地历史文化相结合，体现公园自身的特色。

③ 以人为本的原则 强调公园的规划必须以人为本，满足不同年龄层次的人们对功能的需要。

④ 特色性原则 结合城市总体规划，彰显特色、富于变化，表现地域特色、文脉精神和时代特征。

20.2.2 综合公园的选址

① 城市总体规划 综合性公园的选址、规模和性质，由城市总体规划中的绿地系统专项规划确定，并结合城市的地形、地貌、河湖水系、道路系统及周边生活居住用地的规划综合考虑。

② 服务半径　综合性公园的服务半径，应便捷通达、均匀布局，便于服务周边居民，并与城市道路系统密切相连。

③ 现状条件　充分利用城市现有的自然地形和水系，丰富公园景观，有利于改善城市小气候及生态环境，有利于发展水上活动项目、绿化灌溉及公园地面排水；选择不宜作为工程建设及农业生产的破碎地段，有自然地形地貌可利用的用地，以节约用地，丰富景观；选择现有植被丰富及古树名木的地段，如森林、树丛、花圃等，利于减少投资，迅速见效。

④ 历史文化　选择有名胜古迹、名人故居、历史遗址、人文景观、自然景观（如山石、水体、岩洞等）和原有园林的地方，加以利用和改造，丰富公园内容，有利于保护民族文化遗产、宣传爱国主义思想。

⑤ 公园的发展　选择公园用地应为今后的发展留有余地。随着国民经济的发展和人民生活水平的不断提高，公园的内容也会不断丰富，应保留一定的发展预留用地。

20.2.3　功能分区及内容

根据综合性公园的性质和任务，可设置的功能分区包括观赏游览、安静休息区、儿童活动区、科普与文化娱乐区、体育活动区、公园管理处等。

（1）观赏游览区

供人们游览、休息、赏景，具有占地面积大，游人密度小的特点。本区可以在公园中广泛分布，地势起伏、临水观景、视野开阔、景观优美之处均可设置，并应与体育活动区、儿童活动区等闹区分隔。

主要内容与设施：风景点、名胜古迹、文物、花草树木、盆景、花架、阅览室、茶室、画廊、凳椅、雕塑和小动物等，要求艺术性高、具有观赏价值（图20-1）。

图20-1　公园观赏游览区及内容示意

（2）安静休息区

提供人们散步、晨练、小坐、垂钓、品茗、棋艺等活动，特点是在公园中占地面积大，人均用地以100m²/人为宜。要求环境优美、安静，可根据地形分散设置，选择有大片的风景林地、较为复杂的地形和丰富的自然景观（山、谷、河、湖、泉等）的区域，并与闹区隔离，位置常在距出入口较远之处。

主要内容与设施：休闲散步道、休闲广场、茶室、阅览室、文化长廊、景观鱼塘等（图20-2）。

图20-2　公园安静休息区及内容示意

（3）儿童活动区

为促进儿童的身心健康而设，具有占地面积小，内容复杂等特点，人均用地以50 m²/人为宜，其中的儿童娱乐设施要符合儿童心理，造型应色彩明快、尺度适宜。本区多布置在公园出入口附近或景色开朗处，便于管理。

主要内容与设施：秋千、滑梯、戏水池、沙坑、组合玩具、跷跷板、滚筒、电动设施、障碍游戏、迷宫、集会及科学文化室、少年气象站、少年自然科学园地、小型动物园、植物园、园艺场等（图20-3）。

图20-3　公园儿童活动区及内容示意

（4）科普与文娱活动区

主要功能是开展科学文化教育，使广大游客在公园中得到科学、文化、艺术的熏陶，具有活动场所多、活动形式多、人流量大等特点，是全园的中心，用地面积以30 m²/人为宜。本区应设在靠近主要出入口、地形较平坦的地方，便于人员疏散。

主要内容与设施：露天剧场、休闲广场、展览馆、画廊、文艺宫、阅览室、剧场、舞厅、青少年活动室、动物角等。

（5）体育活动区

主要功能是便于广大青少年展开各项体育活动，具有游人多、集散时间短、对其他项目干扰大等特点，其选址应尽量靠近城市主干道，或专门设置出入口，便于人员的疏散。

主要内容与设施：各种球类（排球、篮球、羽毛球等）、跑步、溜冰、滑板、游泳、攀岩、登山、划船、武术、瑜伽、体操、自行车、竞技等各种体育活动的场地及设施（图20-4）。

图20-4　公园的体育活动区及内容示意

（6）公园管理处

主要功能是后勤服务、园务管理、组织和保障公园各项活动的开展等，多设置在主要出入口、专用出入口旁，或内外交流联系、服务方便的地段，周围用绿色植物与各区分隔。

主要内容与设施：办公室、工具房、职工宿舍、食堂、温室、变电站、苗圃、车库等。

20.2.4　公园的规划布局

（1）布局的依据

① 公园的性质　城市公园的性质不同，采取不同的布局形式，如纪念性公园，要求庄严肃穆，规划布局宜规则整齐；城市动物园为配合动物生态的环境要求，体现动物和大自然的协调关系，常采取自然式布局。

② 公园的功能　功能的不同，其布局形式也应有所区别，如安静休息区与娱乐活动区，活动内容不同，所需空间不一样，应既有分隔又有联系；不同的景观分区，应使各景区、景点有一定的空间独立性，不致景观杂乱。

③ 公园的特色　根据城市公园自身的特色和特征，采用不同的布局形式，每处公园都应具有自己的特色，突出自己的特征，才能使游人印象深刻，如北京颐和园以万寿山为构图中心，佛香阁为其标志性景观。

（2）布局的形式

公园布局的形式一般分为规则式、自然式和混合式。

① 规则式　规则式，也称整形式、几何式、对称式、建筑式等，其平面以对称布局为主，强调轴线、整齐、庄严、宏伟，追求几何图案美，多以建筑和建筑所形成的空间为主体，典型代表如意大利台地园、法国凡尔赛宫花园等。

② 自然式　自然式又称为风景式、不规则式、自由式，可有主题与重点，无一定的几何图形，内容的布置结合自然地形、建筑、树木的现状、环境条件、美观与功能的需要等，进行灵活布置，如中国古典园林为自然式山水园林，以水为中心进行布局，建筑的形态、位置完全根据艺术构图为准，没有固定的范式。

③ 混合式　指规则式、自然式交错组合，公园在部分地段为规则式布局，而另一部分为自然式布局，完全根据需要进行规划，如在公园的主要出入口处、主要的园林建筑地段采用规则的布局，安静游览区则采用自然的布局，以取得不同的园景效果。

20.2.5　景观分区与景点布置

（1）景点

景点，是由若干相关联的景物所构成、具有相对独立性和完整性，并具有审美特征的基本境域单元。景点是构成公园的基本单元，若干个景点组成景区，若干个景区组成整个公园的景观体系。根据景点的重要程度，分为中心景点、重点景点、次要景点，根据其与视线的关系分为焦点景点、重点景点或一般景点。

（2）景区

景区，根据风景资源类型、景观特征或游人观赏需求，将景点划分在一定的用地范围内，组成一个完整的景观空间。公园内各景区都应有自己的内容、特色和景观识别性，并以某种程序（如时间顺序、游览顺序、季节变化、色彩分布、地形高差等）或结构（如网状、枝状、脉络等）进行合理布局，构成整个公园的景观特色。

（3）景观视线

观赏点与景点之间的视线，称为景观视线，或风景视线。重点景观、中心景观或焦点景观，都必须设置观赏点、观赏视线、观赏空间和适宜的视距，即确定景观视线。景观视线的布置原则，小园宜隐、大园宜显，小景宜隐、主景宜显，在实际规划设计中，往往隐显并用。景观视线布置的手法包括开门见山、欲显还隐、深藏不露等。

（4）景观序列

造园如作文，文章有起、承、转、合的结构处理方式，景观设计的原理与此相同，公园的景点，在游览线上应渐次展开，一般分为序景、起景（过渡）、高潮、结景（尾景）等四部分，也有序景、高潮、结景（尾景）等三部分，或序景、高潮（结景）两部分组成的景观序列。一般较大的公园景观序列较复杂和完整，小公园的景观序列则相对简单，但不论公园大小，都应该有高潮的部分，及重点景观或中心景观，重点突出、有一定的特色。

公园景观序列应与游览线结合，游人在公园中通过游览路线逐步深入公园，到达主景进入高潮，并在结尾处设置余景，游玩后依然回味无穷，对公园留下深刻的印象。因此，景观序列的展开、游览线路上景点的组织，是公园规划布局的重要内容。

20.2.6　道路系统规划

（1）出入口的设置

综合公园出入口的设置，应根据城市规划和公园内部布局要求，确定主、次出入口和专用出入口的位置；公园的范围线应与城市道路红线重合，条件不允许时，必须设通道使主要出入口与城市道路衔接。公园出入口及主要园路，应便于通过残疾人使用的轮椅，其宽度及坡度的设计应符合《方便残疾人使用的城市道路和建筑物设计规范》（JGJ 50）中的有关规定。

出入口的宽度，应根据游人在公园停留的时间、售票与否进行确定，若人均停留时间大于4h，售票公园出入口的宽度宜为8.3m，不售票公园为5m；人均停留时间为1～4min，售票公园出入口的宽度宜为17m，不售票公园为10.2m；人均停留时间小于4min，售票公园出入口的宽度宜为25m，不售票公园为15m；单个出入口最小宽度1.5m；举行大规模活动的公园，应另设安全门（图20-5）。

图20-5　公园大门示意

出入口内外的集散广场，应根据公园的游人规模确定其大小，售票公园的下限指标以公园游人容量为依据，宜按500m²/万人计算。大门建筑、出入口内外广场、标牌等设施布局协调（图20-5）。

停车场、自行车存车处，位置应设于出入口附近，不得占用出入口内外广场，其用地面积应根据公园性质和游人使用的交通工具确定，具体可参考本书12.1节的相关内容。

（2）园路的功能

公园内容的园路，主要功能是联系不同的分区、建筑、活动设施、景点，起着组织交通、引导游览的作用，便于识别方向，同时也是公园的景观骨架、脉络、景点纽带、构景的要素。

（3）园路的类型

园路系统规划，应根据公园的规模、各分区的活动内容、游人容量和管理需要，确定园路的路线、分类、分级和园桥、铺装场地的位置和特色要求。园路的路网密度，宜在200～380m/hm²之间；园路的类型分为：主园路、次园路（支路）、游览步道（小路）、专用道路。

主园路，通往公园的主要功能区、建筑设施、风景区，路宽4～6m，纵坡8%以下，横坡1%～4%，应具有引导游览、易于识别方向的作用；游人大量集中地区的园路要做到明显、通畅、便于集散；通向建筑集中地区的园路应有环行路或回车场地；

次园路，公园各区内的主要道路，引导游人到达各景点、专类园，组织景观，对主园路起辅助作用，宽2～4m，纵坡18%以下，横坡1%～4%。

游览步道，为游人散步使用，宽1～2m，纵坡18%以下，横坡1%～4%。

专用道路，生产管理专用路、消防车道、应急车道，宽度应大于4m，转弯半径不得小于12m，不宜与主要游览路交叉。

（4）园路布局

园路的布局应根据公园绿地内容和游人容量大小来决定，要求主次分明，和地形密切结合，做到因地制宜。山水公园的园路要环山绕水，但不宜过多与水体平行而设，应有远近的变化；平地公园的园路要弯曲柔和，不要形成方格网状；山地公园的园路纵坡12%以下，弯曲度大，密度应小，避免回头路，山较大，园路蜿蜒起伏，山较小，园路可上下回环起伏（图20-6）。

园路布局还应与园林风格、文化内涵、公园特色相结合，如规则式，其道路系统多为直线、放射状、网格状布局，自然式园林其道路布局则随意自然（图20-6）。

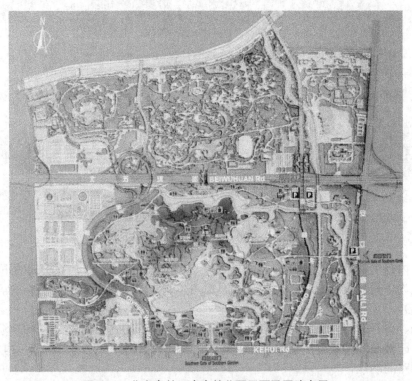

图20-6　北京奥林匹克森林公园平面及园路布局

20.2.7　竖向景观规划

竖向控制，应根据公园四周城市道路规划标高和园内主要内容而定，应充分利用原有地形地貌，提出主要景物的高程及对其周围地形的要求，地形标高还必须满足拟保留的现状物和地表水的排放。

竖向控制应包括下列内容：最高最低标高点、山顶、最高水位、常水位、最低水位、水底、驳岸顶部，园路主要转折点、交叉点和变坡点，主要建筑的底层和室外地坪，各出入口内、外地面，地下工程管线及地下构筑物的埋深，园内外佳景的相互因借观赏点的地面高程等。

公园沿城市道路部分的地面标高，应与道路路面标高相适应，并采取措施，避免地面径流冲刷、污染城市道路和公园绿地。

河湖水系设计，应根据水源水位、水量、现状地形等条件，确定园中河湖水系的水量、水位、流向，水闸或水井、泵房的位置，各类水体的形状和使用要求。游船水面应按船的类型提出水深要求和码头位置，游泳水面应划定不同水深的范围，观赏水面应确定各种水生植物的种植范围和不同的水深要求。

公园内的河、湖最高水位，必须保证重要的建筑物、构筑物和动物笼舍不被水淹。

20.2.8　植物景观规划

植物在公园内，除具有景观欣赏的功能外，还能起到防风、防尘、防噪声、保护水体清洁等作用，用各种植物及草坪覆盖地面，形成清新、卫生的环境，同时也改善了局部地区的小气候环境和生态功能，因此，全园的植物景观规划，应根据当地的气候状况、园外的环境特征、园内的立地条件，结合景观构想、生态功能要求和当地居民游赏习惯，做到充分绿化、满足多种游憩及审美的要求。

① 树种规划　全园应有1～2种基调树种，基调树种能使全园绿化种植统一起来；不同景区有不同的主调树种，形成不同景观特色，但相互之间应统一协调，达到多样统一的效果。

② 种植类型　树木的种植类型有孤植树、树丛、树群、疏林草地、空旷草地、密林、防护林带、行道树、绿篱、花坛、花境、花丛等。密林中有混交林、单纯林，应以混交林为主，以防病虫害的蔓延，一般混交林占70%以上。花木类只能重点使用，起画龙点睛的作用。

③ 植物配置　植物配置一般应遵循以下比例：华南地区，常绿树占70%～80%，落叶树占20%～30%；华中地区，常绿树占50%～60%，落叶树占40%～50%；华北地区，常绿树占30%～40%，落叶树占60%～70%。

20.2.9　服务设施规划

公园服务设施包括游览、休息、服务性建筑与设施，卫生环保设施，导游标识设施。

（1）公共服务建筑与设施

公园中的游憩、服务、公用、管理建筑与设施，包括餐厅、茶室、休息处、小卖部、租借处、公厕、电话亭、问讯处、园椅、桌凳等，其规划应根据公园的面积、游人量进行确定。如公厕的规模及布局，大于10hm²的公园按游人量的2%设置蹲位，小于10hm²者按1.5%设置，男女蹲位比例为1.5∶1；厕所间距不宜超过500m，应与公园内游人分布密度成正比，儿童游戏场应设置方便儿童使用的厕所。公园中的坐椅、凳的座位数，应按游人容量的20%～30%设置，一般每公顷陆地面积上的座位数应在20～150位之间（图20-7）。

建筑布局，应根据功能和景观要求及市政设施条件等，确定各类建筑物的位置、高度和空间关系，并提出平面形式和出入口的位置。建筑物的位置、朝向、高度、体量、空间组合、造型、材料、色彩及其使用功能，应符合公园总体规划的要求。公园管理设施、厕所、小卖部等建筑物的位置，应既隐蔽又方便使用（图20-7）。

公园内不得修建与其性质无关的、单纯以营利为目的的餐厅、旅馆和舞厅等建筑。公园中方便游人使用的餐厅、小卖店等服务设施的规模应与游人容量相适应。公园内景观最佳地段，不得设置餐厅、集中的服务设施。

图20-7　上海世博园公共服务建筑与设施

（2）卫生环保设施

卫生环保设施包括环保公厕、垃圾桶、垃圾收集点（站）等。垃圾桶的间距为20～25m/个，垃圾收集点服务半径不应大于70m，垃圾转运站的服务面积是0.7～1.0km²。

（3）导游标识设施

导游标识设施包括导游牌、导游图、标识牌、指示牌、环保宣传牌等，在公园出入口、道路交叉路口、公共服务建筑、设施前均应设置（图20-8）。

20.2.10　专项工程规划

专项工程规划，包括给排水规划、供电系统规划、弱电系统规划等，专项规划须按国家有关专业标准、规范、规定执行。

公园内水、电、燃气等线路布置，不得破坏景观，同时应符合安全、卫生、节约和便于维修的要求。电气、上下水工程的配套设施、垃圾存放处及处理设施应设在隐蔽地带。

20.2.11　经济技术指标

① 用地平衡表　公园内部的用地比例，应根据公园的类型、陆地面积确定，其绿化、建筑、园路及铺装场地等用地的比例应符合《公园设计规范》（CJJ48—1992）的相关规定，如综合公园的陆地面积为5～10hm²，其园路与铺装场地所占比例为8%～18%，管理建筑的占地面积宜小于1.5%，游览、休憩、服务、公用建筑的占地面积宜小于5.5%，绿化用地面积宜大于70%。

② 公园容量计算　公园容量，是游览旺季休息日高峰时公园最大容纳游人的数量。公园容量是规划中计算各种设施的容量、个数、用地面积的依据。公园容量的计算公式为：

$$C=A/A_m$$

图20-8　公园导游标识设施示意

式中，C为公园游人容量（人）；A为公园总面积（m^2）；A_m为公园游人人均占有面积（m^2/人），市、区级公园以60m^2/人为宜。

③ 工程概算　根据当地市政工程概算定额，公园内各类工程建设占地面积，计算公园建设的投资额度。

20.3　规划文本编制

综合公园规划的文本编制，一般包括文字说明和附录图册。

（1）文字说明

① 公园概况。公园在城市园林绿地系统中的地位、周围环境，公园的性质、规模、目的、任务、要求等。

② 公园规划的原则、特点及规划意图。

③ 公园各功能分区、景色分区的设计说明。

④ 公园的经济技术指标：游人量及其分布、每人用地面积及土地使用平衡表。

⑤ 公园施工建设程序以及在规划中应说明的具体问题。

⑥ 公园各项建设项目、活动设施及场地的工程概算。

⑦ 公园分期建设及分期使用的计划。

⑧ 建园的人力配备及具体工作的情况安排。

（2）附录图册

包括位置图、现状分析图、规划总图、功能分区图、景观分析图、竖向景观规划图、道路系统图、服务设施布局图、植物景观规划图、专项工程规划图、各主要景观景点透视效果图、鸟瞰图等相关图纸，有时也制作实体模型、三维动画以表现公园的全貌。

第21章 城市园林绿地系统规划

城市绿地，指城市规划区范围内的各种绿地，用于改善城市生态、保护环境、为居民提供游憩场地和美化城市的一种城市用地，主要包括公园绿地、生产绿地、防护绿地、附属绿地和其他绿地。

城市绿地系统，由城市中各种类型和规模的绿化用地组成的整体。

城市绿地系统规划，对各种城市绿地进行定性、定位、定量的统筹安排，形成具有合理结构的绿色空间系统，以实现绿地所具有的生态保护、游憩休闲和社会文化等功能的专项规划。

21.1 城市绿地系统的性质

城市绿地系统规划，是城市总体规划中的专业规划之一，属城市总体规划的必要组成部分，主要涉及城市绿地在总体规划层次上的统筹安排，也涉及详细规划层面绿地的布局和市域层面的绿地分布。

绿地系统规划的层次包括：城市绿地系统规划、城市绿地系统分区规划、城市绿地系统控制性详细规划，城市各类绿地详细规划、方案设计、初步设计和施工设计。

21.2 规划的目标与指标

（1）规划目标

城市绿地规划和建设的目标，依不同的历史时期、不同城市的自然条件、经济发展状况的不同，而有不同的目标，如田园城市、花园城市、绿色城市、森林城市、山水城市、园林城市、园林生态城市、生态城市等。目前，国内有相对统一标准和目标的是"国家园林县城"、"国家园林城市"、"国家生态园林城市"。此外，各省还有"省级园林城市"，作为向"国家级"迈进的初级阶段。不论是何种目标，城市绿地规划和建设的根本目标，是保护和改善城市生态环境、优化城市人居环境、促进城市的可持续发展。

（2）绿地指标

城市绿地指标，是反映城市绿化建设质量和数量的量化方式。目前，在城市绿地系统规划编制和园林城市评定考核中，主要控制的三大绿地指标为：人均公园绿地面积（m²/人）、城市绿地率（%）和绿化覆盖率（%）。

人均公园绿地面积（m²/人）=城市公园绿地面积（G_1）÷城市人口数量

城市绿地率（%）=（城市建成区绿化面积÷城市用地面积）×100%

绿化覆盖率（%）=（城市内全部绿化种植垂直投影面积÷城市的用地面积）×100%

国家园林县城、园林城市、生态城市的绿地指标如表21-1所示。

表21-1 绿地指标

指　　　标	国家园林县城	国家园林城市	家园林生态城市
建成区绿化覆盖率/%	≥40	≥36	≥40
建成区绿地率/%	≥35	≥31	≥35

指　　标	国家园林县城	国家园林城市	家园林生态城市
城市人均公园绿地/（m²/人）			
人均建设用地小于80m²的城市	≥9.0	≥7.5	≥9.5
人均建设用地80～100m²的城市	≥9.0	≥8.0	≥10.0
人均建设用地大于100m²的城市	≥9.0	≥9.0	≥11.0

其他相关指标，参照《省级园林城市（县城）标准》、《国家园林城市标准》、《国家生态园林城市标准》、《城市园林绿化评价标准》等最新省级、国家级的相关标准规范执行。

21.3　绿地系统规划的主要内容

21.3.1　规划主要任务

城市绿地系统规划的主要任务包括以下方面。

① 根据城市的自然条件、社会经济条件、城市性质、发展目标、用地布局等要求，确定城市绿地的各项指标。

② 研究城市地区和乡村地区的相互关系，结合城市自然地貌，对总体规划中城市园林绿地系统进行调整、充实、改造和提高，确定各类城市绿地的总体关系，划出需要控制和保留的绿地绿线。

③ 选择和合理布局城市各项园林绿地，确定其位置、性质、范围、面积及内容。

④ 城市绿化树种规划，包括基调树种、骨干树种、一般树种、公园绿化树种等。

⑤ 城市生物多样性保护与建设的目标、任务和保护建设的措施。

⑥ 城市古树名木的保护与现状的统筹安排。

⑦ 对重点绿地、大型公园绿地，提出规划方案和意向图。

⑧ 制定分期建设规划，确定近期规划的具体项目和重点项目，提出建设规模和投资估算。

⑨ 从政策、法规、行政、技术经济等方面，提出城市绿地系统规划的实施措施。

⑩ 编制城市绿地系统规划的图纸和文件。

21.3.2　绿地系统规划的原则

① 系统整合的原则，建构城乡融合的生态绿地网络系统，优化城乡空间布局。

② 可持续发展的原则，充分保护和合理利用自然资源，维护区域生态环境平衡。

③ 生态优先的原则，加强对生态敏感区的优先控制和管理，形成良好的市域生态结构。

④ 地域特色性的原则，保护有历史意义、文化艺术和科学价值的文物古迹、历史建筑和历史街区，建设具有地域特色的绿地环境。

⑤ 各部门协同合作的原则，加强不同管理部门间的合作，确保市域绿地系统规划的实施。

21.3.3　绿地系统的结构布局

（1）结构布局的基本模式

结构布局，是城市绿地系统内在结构和外在表现的综合体现，其主要目标是使各类绿地合理分布、紧密联系，组成有机的绿地系统整体。绿地系统结构布局的基本模式有点状、环状、放射状、放射环状、网状、楔状、带状、指状8种基本模式。

一般而言，城市绿地系统是多种模式的综合运用，尽量做到城市绿地布局的点、线、面结合，均衡布局、比例合理，满足全市居民的文化娱乐、休憩游览的需求，满足城市生活和生产活动安全的需求，形成完整的绿化体系（图21-1）。

图21-1　昆明市官渡区城乡绿地系统规划结构图

（2）布局原则

① 城市绿地应均衡布局、比例合理，满足全市居民生活、游憩需要，促进城市旅游发展。

② 指标合理。规划指标制定近、中、远三期规划指标，并确定各类绿地的合理指标，有效指导规划建设。

③ 结合当地特色，因地制宜。从实际出发，充分利用城市自然山水地貌特征，深入挖掘城市历史文化内涵，对城市各类绿地的选择、布置方式、面积大小等进行合理规划。

④ 远近结合，合理引导城市绿化建设。规划应提出各期目标与重点，具体建设项目、规模和投资估算。

⑤ 分割城市组团。绿地系统规划与城市组团的规划布局相结合。理论上每25～30km²，宜设600～1000m宽的组团分割带。组团分割带尽量与城市自然地和生态敏感区的保护相结合。

21.3.4　城市绿地的分类规划

为统一全国城市绿地分类，科学编制、审批、实施城市绿地系统规划，规范绿地的保护、建设和管理，改善城市生态环境，促进城市的可持续发展，对绿地进行分类规划和管理。绿地主要按功能进行分类，并与城市用地分类相对应，根据我国《城市绿地分类标准》（CJJ/T 85—2002），城市绿地划分为5大类：公园绿地（G_1）、生产绿地（G_2）、防护绿地（G_3）、附属绿地（G_4）、其他绿地（G_5）。

（1）公园绿地（G_1）

指向公众开放，以游憩为主要功能，兼具生态、美化、防灾等作用的绿地，包括城市中的综合公园（G_{11}）、社区公园（G_{12}）、专类公园（G_{13}）、带状公园（G_{14}）以及街旁绿地（G_{15}）。公园绿地与城市的居住、生活密切相关，是城市绿地的重要部分（图21-2）。

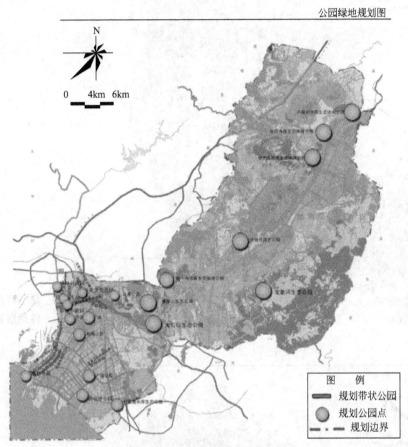

图21-2　昆明市官渡区公园绿地规划

（2）生产绿地（G_2）

主要指为城市绿化提供苗木、花草、种子的苗圃、花圃、草圃等圃地，是城市绿化材料的重要来源，对城市植物多样性保护起积极的作用（图21-3）。

（3）防护绿地（G_3）

是指对城市具有卫生、隔离和安全防护功能的绿地，包括城市卫生隔离带、道路防护绿地、城市高压走廊带、防风林、城市组团隔离带等（图21-4）。

（4）附属绿地（G_4）

是指城市建设用地（除 G_1、G_2、G_3 之外）中的附属绿化用地，包括居住用地、公共设施用地、工业用地、仓储用地、对外交通用地、道路广场用地、市政设施用地和特殊用地中的绿地（图21-5）。

（5）其他绿地（G_5）

是指对城市生态环境质量、居民休闲生活、城市景观和生物多样性保护有直接影响的绿地，包括风景名胜区、水源保护区、郊野公园、森林公园、自然保护区、风景林地、城市绿化隔离带、野生植物园、湿地、垃圾填埋场恢复绿地等（图21-6）。

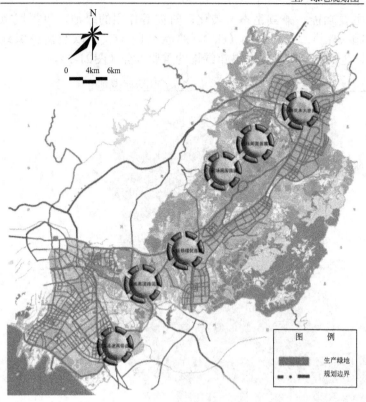

图21-3 昆明市官渡区生产
绿地规划

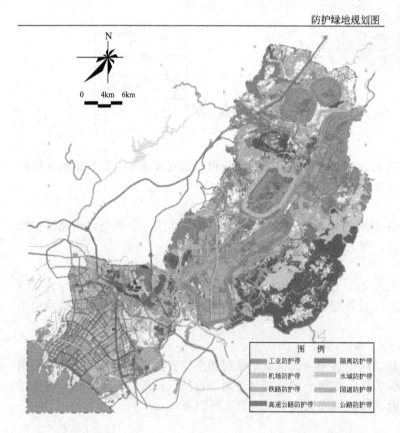

图21-4 昆明市官渡区防护
绿地规划

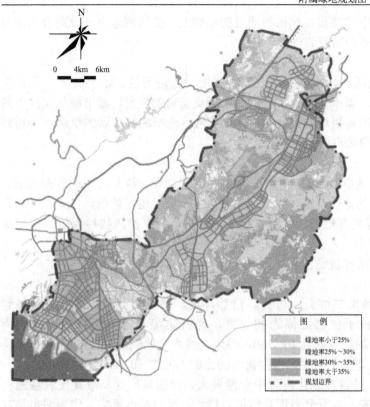

图21-5 昆明市官渡附属绿地
规划

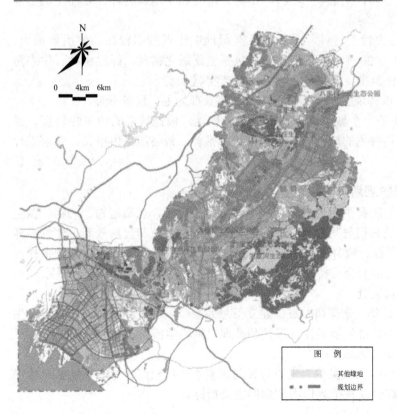

图21-6 昆明市官渡区其他
绿地规划

第21章 城市园林绿地系统规划 **187**

21.3.5　城市树种规划

城市树种规划，是根据城市的性质，在树种调查的基础上，按比例选出一批适合当地自然条件、能较好发挥园林绿化多种功能的树种。

（1）城市园林树种的调查

调查的内容包括：对当地园林树木的种类、生长状况、生态习性、植物配置、古树名木、外来树种等进行综合调查，城市性质、社会经济、历史资料的收集，城市绿化实践中的经验教训的总结等。调查的目的是摸清城市园林树木的家底，分析树种现状的优劣，为树种规划提供理论依据，确保规划的可靠性及可操作性。

（2）城市树种规划的原则

① 生态优先的原则　依据城市所在的气候区、植被区选择树种，满足树木的生态要求。

② 特色性原则　符合城市的性质特征，以乡土树种为主，突出地域特色。

③ 保护性原则　尽量保留现有植被，包括古树名木保护、稀有濒危物种保护、湿地保护及物种的多样性保护等。

④ 适地适树的原则　优先选择抗逆性强（抗旱、耐水湿、抗病虫害等）的树种。

（3）城市树种规划的内容

① 树种规划指标　根据城市的性质、位置、自然环境、气候特点等，确定树种规划的相关指标，如裸子植物与被子植物比例为30：70，南方常绿与落叶树种的比例约为70：30，北方常绿与落叶树种的比例约为40：60，乔木与灌木的比例为40：60，乡土树种与外来树种的比例为70：30，速生与中生、慢生树种的比例为30：40：30等。

② 基调树种　基调树种，是城市绿化树种中数量最大、使用最广泛、最具代表性的树种。基调树种是城市树种的代表，能充分表现当地植被特色、反映城市风格、作为城市景观重要标志的树种，种类不宜过多，一般4～5种。市树、市花属于基调树种，如福州的小叶榕、北京的国槐、成都的木芙蓉等。

③ 骨干树种　城市绿化的骨干树种，是指在各类绿地中出现频率较高、使用数量大、有发展潜力的树种，一般10～20种。骨干树种主要包括道路绿化树种、绿化树种、生态防护树种、绿篱树种、立体绿化植物、风景林树种、地被植物等。

④ 一般树种　一般树种以体现生物多样性、丰富城市景观为主，数量不限。

⑤ 市树市花　市树市花是一个城市景观特征的集中体现。根据城市的地带性特征、景观特色、城市风貌等，对最具特色的树种进行市树市花的推荐，最终结果由市民、专家进行投票选择。

21.3.6　城市生物多样性保护规划

生物多样性，是指地球上所有生命形态和相关生态过程的总和，包括植物、动物、微生物和它们所拥有的基因，以及它们与其生存环境形成的复杂生态系统和自然景观。生物多样性由4个层次组成：遗传多样性、物种多样性、生态系统多样性、景观多样性。生物多样性是人类赖以生存的条件，是经济社会可持续发展的基础，是生态安全和粮食安全的保障。

（1）生物多样性保护现状调查

对城市生物多样性进行调查、分类和编目，建立信息系统，以分析和预测城市建设对生物多样性的影响及其后果，为城市生物多样性保护和管理提供科学依据。

（2）生物多样性保护规划目标与指标

物种指数，是衡量一个地区生态保护、生态建设与恢复水平的较好指标。生物多样性保护规划中以本地植物指数、综合物种指数作为规划的主要指标。

本地植物指数，城市建成区内全部植物物种中本地物种所占比例。综合物种指数，为单项物种指数的平均值；单项物种指数为市域范围内该类物种总数中，城市建成区内该类物种数所占的比例；单项物种以鸟类、鱼类、植物，作为衡量城市物种多样性的标准。鸟类、鱼类均以自然环境中生存的种类计算，人工饲养者不计。

规划的目标，国家园林城市：本地木本植物指数，基本项为≥0.80，提升项为≥0.90；国家园林生态城市：本地木本植物指数≥0.90。

（3）生物多样性保护的途径

生物多样性保护可分为两种途径：以物种为中心的途径和以生态系统为中心的途径，前者强调濒危物种本身的保护，而后者则强调景观系统和自然地的整体保护，力图通过保护景观的多样性来实现生物多样性的保护。

① 以物种为中心的途径　该规划方法强调，使景观生态规划具有意义的必要条件是选准保护对象，并对其习性、运动规律和所有相关信息有充分的了解。以此为基础，设计针对特定物种的景观保护格局。

② 以生态系统为中心的途径　景观生态学认为，景观是一个不同生态系统以相似方式重复出现的异质性陆地区域，根据其在景观整体中的地位和形状，景观元素可以分为斑块、廊道、基质三种类型。

a.斑块：是指与周围环境不同的相对均质的非线性区域，其大小、类型、形状、边界、动态，以及内部均质程度对生物多样性保护都有特定的生态学意义，如城市中的公园、花园、小游园、广场等面状空间，都是对生物多样性保护具有重要作用的斑块。

b.廊道：是指与周围基质明显不同的狭长带状生境。廊道能增加斑块的连接度，有利于物种的空间运动和孤立斑块内物种的生存、延续，促进斑块间物种流动和基因交换，并能为某些物种提供特殊生境或暂息地。廊道最好有原始景观的自然本底及乡土特性，同时，廊道还要具有一定的宽度，廊道如果达不到一定的宽度，不但起不到维护保护对象的作用，反而会为外来种的入侵创造条件。城市廊道可分为三种：绿道（绿化带）、蓝道（溪流）、灰道（道路、铁路、街道）。

c.基质：是景观的本底，在景观中面积最大、连接度最好、对景观控制力最强的景观要素。基质对斑块镶嵌体之间的物质能量流动、生物迁移觅食等生态学过程有明显的控制作用，因此，作为背景的基质对生物多样性保护也起着关键作用。在城市中，基质主要为各种居民区、商业区、工业区、文教区等，对这些地区，要因地制宜进行规划设计，创造绿化、美化、香化、抗污染和有效益的景观，以吸引能适应城市生境的动物栖息其中。

（4）生物多样性保护措施

生物多样性保护的措施包括就地保护、迁地保护、建立新种群、受损生态系统的恢复、生物多样性的可持续利用等。

① 就地保护　就地保护，是指通过立法，以自然保护区、国家公园的形式，将有代表性的自然生态系统、珍稀濒危野生动植物物种集中的天然分布区保护起来，限制人类活动的影响，确保保护区内生态系统及其物种的演化和繁衍，维持系统内的物质循环和能量流动等生态过程。就地保护是保护生物多样性的最佳方式。

② 迁地保护　迁地保护，是指将濒危动植物迁移到人工环境中或易地实施保护，如城市中的动物园、水族馆、植物园等都是展示、保存、繁育动植物的场所，又是对公众进行生物多样性和自然保护教育的基地。

③ 建立新种群　建立新种群，是通过繁育珍稀、濒危物种，建立新的野外种群和半野

外种群、或者增加现有种群数量的方法拯救濒危物种。建立新种群的方法，包括再引种计划、增强项目和引入等。

④ 受损失生态系统的恢复　受损失生态系统的恢复，是通过人类有意识地改造、重建或恢复原有的生态系统。主要措施有复原、重建和替换等。

⑤ 生物多样性的可持续利用　生物多样性的可持续利用，要求在政府各部门之间，特别是生物资源利用和管理部门（林业、渔业、农业、医药、旅游等）之间，建立起协调和制约机制，综合利用法律、管理、经济、技术、宣传等手段保障生物资源的可持续利用，最大限度地保护生物多样性。

21.3.7　古树名木保护规划

古树名木，是指在人类历史过程中保存下来的年代久远或具有重要科研、历史、文化价值的树木。古木，指树龄在100年以上的树木；名木，指历史上或社会上有重大影响的中外历代名人、领袖人物种植，或者具有极其重要的历史、文化、价值、纪念意义的树木。

古树的分级及标准：分为国家一、二、三级，国家一级古树树龄500年以上，国家二级古树300～499年，国家三级古树100～299年。国家级名木不受年龄限制，不分级。

古树名木保护规划包括现状调查、测量，保护目标、保护分布图及保护措施。

（1）古树名木调查

根据《全国古树名木普查建档技术规定》开展古树名木的现场调查测量工作，并填写《古树名木每木调查表》的相关内容，主要包括树木的位置（坐标）、种类、树龄、树高、胸围（地围）、冠幅、生长势、立地条件、权属、管护责任单位或个人、传说记载等，并对树木的特殊状况进行表述，包括奇特、怪异性状描述，如树体连生、基部分杈、雷击断梢、根干腐坏等情况，并结合现状全景照片进行统一编号存档。

（2）保护目标

国家园林城市中，古树名木保护率指标，基本项为≥95%，提升项为100%。

（3）保护分布图

根据现状调查，绘制"古树名木现状分布与保护图"，标注出详细的地理坐标，并结合动态的信息管理系统进行定期的保护与管理。

（4）保护措施

保护措施包括一般养护措施和特殊养护措施。

① 一般养护措施　包括对古树名木的日常管理，如对树皮的保护、周边围栏保护、生长情况的调查、定期地进行浇水或排水、在测定微量元素含量的情况下进行施肥、修剪枯死枝（梢）、定期检查病虫害情况并采取综合防治措施等，周围30m之内无高大建筑时应设置避雷装置，逐年做好养护记录存档。

② 特殊养护　古树名木生长在不利的特殊环境，需作特殊养护，进行特殊处理时需由管理部门写出报告，由主管部门批准后方可进行实工，施工全过程需由工程技术人员现场指导，并做好摄影或照相资料存档，如对古树名木的土壤进行换土、施肥，在根系分布范围内（一般为树冠垂直投影外2m）进行透气铺装，对地下积水进行处理等可能涉及树木生命的相关措施。

21.3.8　防灾避险绿地规划

城市绿地系统中的防灾避险绿地规划是《城市综合防灾规划》的专项规划。应以《城市总体规划》、《城市综合防灾规划》为依据，根据城市的规模、类型、结构，满足城市的防灾、减灾、避灾和抢险救灾功能需要，规划完善的城市绿地系统防灾避险体系。

（1）防灾避险绿地分类及要求

① 防灾公园　防灾公园是指在灾害发生后，为居民提供较长时间（数周至数月）的避灾生活场所、救灾指挥中心和救援、恢复建设等活动的基地。防灾公园应结合城市绿地系统规划合理布局，须具备完善的避灾、救援设施和物资储备。

② 临时避险绿地　临时避险绿地是指在灾害发生后，为居民提供较短时期（数天至数周）的避灾生活和救援活动的绿地。临时避险绿地应靠近居住区或人口稠密的商业区、办公区，具备应急避灾设施、提供临时救灾物资。

③ 紧急避险绿地　紧急避险绿地是指在灾害发生后，居民可以在极短时间内（3 ～ 5min内）到达的避险绿地，满足短暂时间的避灾需求。

④ 绿色疏散通道　绿色疏散通道，是指灾害发生时具有疏散和救援功能的通道。通道利用城市道路将防灾公园、临时避险绿地和紧急避险绿地有机连接，构建网络，连接城市主要对外交通，形成疏散体系。通道两侧应具有一定宽度的绿化带。

⑤ 隔离缓冲绿带　隔离缓冲绿带是指位于生活区、商业区与油库、加油站、变电站、工矿、有害物资仓储等区域及不良地质地貌区域之间，具有阻挡、隔离、缓冲灾害扩散，防止次生灾害发生功能的绿化空间。

（2）规划指标

依据城市的灾害类型与防灾重点，结合城市总体规划和城市综合防灾规划对绿地进行防灾避险功能布局，并满足防灾避险绿地规划技术指标要求。在《国家园林城市标准》中，公园绿地应急避险场所实施率应≥70%。

防灾公园，数量为1座/20万～25万人，规模不小于5hm^2，服务半径不大于5km；临时避险绿地，规模不小于2hm^2，服务半径不大于1.5km；紧急避险绿地，规模不小于0.1hm^2，服务半径不大于0.3～0.5km。

（3）规划的原则

① 安全性原则　防灾空间的安全性是建设防灾绿地的首要条件。

② 与城市现有规划体系相协调的原则　为了保证灾后应急救援的顺利进行，需要确定灾后疏散通道布局、避难场所布局、隔离缓冲绿带分布、消防布局、灾后医疗救援布局以及防灾关键基础设施布局等，这些救灾物资空间的布局则应与城市已有的道路规划、绿地规划、消防规划、医疗卫生规划、供水规划及其它相关专项规划相协调，在此基础上进行资源整合，防止防灾资源的重复建设，避免造成浪费。

③ 均衡布局与就近的原则　城市的防灾避险绿地要根据城市的结构、人口分布来进行布局，均衡、合理的布局能让灾民在灾害发生后尽快到达避灾场所。在灾难发生后，紧急的避难场所步行5 ～ 10min能到达，固定的避难场所以0.5 ～ 1h能到达为宜，尽量满足城市居民的防灾避险需求，避免出现服务盲区，特别是老城区及人口密集区。

（4）规划体系与布局

城市防灾避险绿地的规划，应当在绿化带建设的基础上，完善连接大公园、河流、农田等开敞空间的避难网络系统，着重规划好城市滨水地区的减灾绿带、市区中的一、二级避灾据点与避难通道，建立起城市的避灾体系。

① 一级避灾据点　作为灾害发生时居民紧急避难的场所，一级避灾据点，由散点式小型绿地和小区的公共设施组成，按照城区的人口密度和避难场所的合理服务范围均匀地分布于市区内。为保证一级避灾据点的安全性和可达性，必须保证其与地质危险地带和洪水淹没地带的距离在500m以上，并至少有两条以上避难通道连接，防灾绿地通常为小游园、居住区公园、停车场、街头绿地等。

②二级避灾据点　二级避灾据点为灾害发生后的避难、救援、恢复建设等活动的基地，往往是灾后相当长时期内避难居民的生活场所。防灾绿地为居住区公园、城市广场绿地、综合性公园、郊区林地车场等。

③避难通道　利用城市次干道及支路，将一级、二级避灾据点连成网络，形成避灾体系。防灾绿地为道路红线外两侧5～10m的绿化带。

④救灾通道　灾害发生时城市与外界的交通联系，也是城市自身救灾的主要线路。防灾绿地为道路红线外两侧10～30m的绿化带。

⑤缓冲隔离带　在城市外围、城市功能分区、城区之间、易发火源或加油站、化工厂等危险设施周围设置宽度≥30m的各类隔离带、防护林带。

21.4　规划文件编制

《城市绿地系统规划》的规划成果应包括：规划文本、规划说明书、规划图则和规划基础资料。其中，依法批准的规划文本与规划图则具有同等的法律效力。

21.4.1　规划文本

①总则　包括规划范围、规划依据、规划指导思想与原则、规划期限与规模等。

②规划目标与指标　包括总体目标、具体指标、规划指标。

③城市绿地系统规划结构、布局与分区

④城市绿地分类规划　简述各类绿地的规划原则、规划要点和规划指标。

⑤城市树种规划　包括城市绿化植物的数量、技术经济指标。

⑥生物多样性保护规划　包括规划目标与指标、保护措施与对策。

⑦古树名木种规划　包括古树名木的数量、树种和生长情况，后备古树现状，保护规划的措施。

⑧防灾避险绿地规划　包括一级避灾点、二级避灾点、避灾通道、救灾通道的布局与服务半径。

⑨分期建设规划与投资估算　分近、中、远三期规划，重点阐明近期建设项目、投资与效益估算。

⑩规划实施措施　包括法规性、行政性、技术性、经济性和政策性等措施。

⑪附录　包括规划的法律效力、规划的解释权利等。

21.4.2　规划说明书

对规划文本进行具体的解释，包括概况及现状分析、规划总则、规划目标、城市绿地系统规划结构布局与分区、城市绿地系统分类规划、城市树种规划、生物多样性保护规划、古树名木规划、防灾避险绿地规划、分期建设规划、实施措施、附录附件等内容的具体解释说明。

21.4.3　规划图则

主要图纸包括：区位关系图（1∶10000～1∶150000）、现状图（1∶5000～1∶15000）、绿地现状分析图（1∶5000～1∶25000）、规划总图（1∶5000～1∶25000）、市域大环境绿化规划图（1∶5000～1∶25000）、绿地分类规划图（1∶2000～1∶10000）、近期绿地建设规划图（1∶5000～1∶25000）等。

21.4.4 规划基础资料汇编

基础资料，是编制城市绿地系统规划的基础，一般包括：城市概况（自然条件、经济与社会条件、环境保护资料、城市历史与文化资料等）、城市绿化现状（绿地及相关用地资料、技术经济指标、园林动植物资料等）、管理资料（管理机构、人员状况、园林科研、资金与设备、城市绿地养护与管理情况等）等，将基础资料汇编成册，是规划成果的组成部分之一。

第22章 自然资源保护与利用规划

自然资源保护与利用规划，包括风景名胜区规划、森林公园规划、自然保护区规划、地质公园规划、国家公园规划、水资源保护规划、土地利用与保护规划等。

22.1 风景名胜区规划

风景，是在一定的条件下，以山水景物以及自然和人文现象所构成的足以引起人们审美与欣赏的景象。

风景资源，也称景源、景观资源、风景名胜资源、风景旅游资源，是指能引起审美与欣赏活动，可以作为风景游览对象和风景开发利用的事物与因素的总称，是构成风景环境的基本要素，是风景区产生环境效益、社会效益、经济效益的物质基础。

风景名胜区，也称风景区，是指具有观赏、文化或者科学价值，自然景观、人文景观比较集中，环境优美，可供人们游览或者进行科学、文化活动的区域。

风景名胜区的功能，包括游憩审美、生态保护功能、景观功能、教学科研功能、国土形象展示、历史文化保护、经济功能及带动地区经济发展等。

风景名胜区规划，也称风景区规划，是保护培育、开发利用和经营管理风景区，并发挥其多种功能作用的统筹部署和具体安排，分为总体规划和详细规划。风景名胜区总体规划的编制，应当体现人与自然和谐相处、区域协调发展和经济社会全面进步的要求，坚持保护优先、开发服从保护的原则，突出风景名胜资源的自然特性、文化内涵和地方特色。风景名胜区应当自设立之日起2年内编制完成总体规划，总体规划的规划期一般为20年。风景名胜区详细规划应当根据核心景区和其他景区的不同要求编制，确定基础设施、旅游设施、文化设施等建设项目的选址、布局与规模，并明确建设用地范围和规划设计条件。经相应的人民政府审查批准后的风景区规划，具有法律权威，必须严格执行。

22.1.1 风景名胜区分类

风景名胜区按用地规模，可分为小型风景区（20km²以下）、中型风景区（21～100km²）、大型风景区（101～500km²）、特大型风景区（500km²以上）。

按景观特征分类，包括山岳型风景区、峡谷型风景区、岩洞型风景区、江河型风景区、湖泊型风景区、海滨型风景区、森林型风景区、草原型风景区、史迹型风景区、革命纪念地、综合型风景区等。

风景名胜区按照管理等级分类，包括国家级风景名胜区、省级风景名胜区。

① 国家级风景名胜区　自然景观和人文景观能够反映重要自然变化过程和重大历史文化发展过程，基本处于自然状态或者保持历史原貌，具有国家代表性的，可以申请设立国家级风景名胜区。

② 省级风景名胜区　具有较重要观赏、文化或科学价值，具有区域代表性的，可以申请设立省级风景名胜区。

22.1.2 风景资源现状调查

风景资源调查，包括区域特征调查、景区开发现状与开发条件调查、风景资源调查、相邻地区相关资源调查等。

① 区域特征调查 本区域的自然条件调查，包括地理位置、地质地貌特征、气候、水文、土壤、植被、动物、环境等；社会环境背景调查，包括区域的社会治安、人口、经济发展、文化素养、宗教信仰、物产情况、历史文化、民俗风情等。

② 景区开发现状与开发条件调查 景区内的经济状况，包括工农林牧等产业产值、产量，地方经济特点及发展水平，年人均收入情况等；景区内外交通条件，包括景区内现有各类道路等级、里程、路况、行车密度，区内交通方式、类型，景区到周边大中城市、飞机场、火车站、港口的距离，以及车站与港口的等级，景区到现有铁路、等级公路、国道、省道等交通干线的距离等；景区基础设施条件，包括给排水条件、变压电供应情况、内外交通条件、旅游接待服务设施；景区开发不利条件，包括多发性气候灾害、突发性灾害、其他不利因素等。

③ 风景资源调查 风景资源调查包括自然景观和人文景观。自然景观，包括基本数量、质量特征、类型、规模、地理分布、组合状况等；人文景观，包括调查现存的、有具体形态的物质实体，调查历史上有影响、但已毁掉的人文遗迹，调查不具有具体物质形态的文化因素，如民情风俗、民间传说和民族文化，调查当地居民的文化素养和宗教信仰。

④ 相邻地区相关资源调查 调查景区与相邻区风景资源类型的异同及质量差异，找出调查区的优势、不足和待点，为制定开发重点提供依据；调查景区与相邻区风景资源的相互联系及所产生的积极和消极影响；调查景区的风景资源在所属区域中的层次和地位。

22.1.3 风景资源分类

风景资源分类包括2大类8中类及若干小类。2个大类是自然景源、人文景源。自然景源分4个中类：天景、地景、水景、生景；人文景源分4个中类：园景、建筑、胜迹、风物。

① 天景 日月星光、虹霞蜃景、风雨阴晴、气候景象、自然声像、云雾景观、冰雪霜露、其他天景。

② 地景 大尺度山地、山景、奇峰、峡谷、洞府、石林石景、沙景沙漠、火山熔岩、蚀余景观、洲岛屿礁、海岸景观、海底地形、地质珍迹、其他地景。

③ 水景 泉井、溪流、江河、湖泊、潭池、瀑布跌水、沼泽滩涂、海湾海域、冰雪冰川、其他水景。

④ 生景 森林、草地草原、古树名木、珍稀生物、植物生态类群、动物群栖息地、物候季相景观、其他生物景观。

⑤ 园景 历史名园、现代公园、植物园、动物园、庭宅花园、专类游园、陵园墓园、其他园景。

⑥ 建筑 风景建筑、民居宗祠、文娱建筑、商业服务建筑、宫殿衙署、宗教建筑、纪念建筑、工交建筑、工程构筑物、其他建筑。

⑦ 胜迹 遗址遗迹、摩崖题刻、石窟、雕塑、纪念地、科技工程、游娱文体场地、其他。

⑧ 风物 节假庆典、民族民俗、宗教礼仪、神话传说、民间文艺、地方人物、地方物产、其他风物。

22.1.4 风景资源评价

风景资源评价单元，应以景源现状分布图为基础，根据规划范围大小和景源规模、内容、结构及其游赏方式等特征，划分若干层次的评价单元，并作出等级评价。在省域、市域的风景区体系规划中，应对风景区、景区或景点作出等级评价。在风景区的总体、分区、详细规划中，应对景点、景物作出等级评价。

（1）风景资源评价遵循的原则

扎实做好现场踏勘工作，认真研究相关文献资料，以便为风景资源评价打好基础。风景资源评价应采取定性概括与定量分析相结合，主观与客观相结合的方法，对风景资源进行综合评估。根据风景资源的类别及其组合特点，选择适当的评价单元和指标。对独特或濒危景源，宜做单独评价。

（2）评价指标

风景资源评价指标参照《风景名胜区规划规范》（GB50298—1999），指标层次包括综合评价层（赋值）、项目评价层（权重）和因子评价层。

对风景区或部分较大景区进行评价时，宜选用综合评价层指标；对景点或景群进行评价时，宜选用项目评价层指标；对景物进行评价时，宜在因子评价层的指标中选择。

（3）评价等级

根据景源评价单元的特征，及其不同层次的评价指标分值和吸引力范围，评出风景资源等级，包括特级、一级、二级、三级、四级等5个级别。

特级景源，应具有珍贵、独特、世界遗产价值和意义，有世界奇迹般的吸引力。

一级景源，应具有名贵、罕见、国家重点保护价值和国家代表性作用，在国内外著名和有国际吸引力。

二级景源，应具有重要、特殊、省级重点保护价值和地方代表性作用，在省内外闻名和有省际吸引力。

三级景源，应具有一定价值和游线辅助作用，有市县级保护价值和相关地区的吸引力。

四级景源，应具有一般价值和构景作用，有本风景区或当地的吸引力。

风景资源评价结论应由景源等级统计表、评价分析、特征概括等三部分组成。评价分析应表明主要评价指标的特征或结果分析；特征概括应表明风景资源的级别数量、类型及其综合特征。

22.1.5　风景区的范围与性质

（1）风景区的范围

确定风景区规划范围及其外围保护地带，应依据的原则：景源特征及其生态环境的完整性；历史文化与社会的连续性；地域单元的相对独立性；保护、利用、管理的必要性与可行性。

划定风景区范围的界限必须符合下列规定：有明确的地形标志物为依托，既能在地形图上标出，又能在现场立桩标界；地形图上的标界范围，应是风景区面积的计量依据；规划阶段的所有面积计量，均应以同精度的地形图的投影面积为准。

（2）风景区的性质

依据《风景名胜区规划规范》的要求，风景名胜区的性质界定必须明确表述出风景特征、主要功能、风景区级别等三方面内容，并要求定性用词，突出重点、准确精练。如武夷山风景名胜区的性质：以典型的丹霞地貌为特征，自然山水为主景，与悠久历史文物相融合，供游览为主的国家级风景名胜区。

22.1.6　风景名胜区发展的目标

（1）遵循的原则

风景区的发展目标，应依据风景区的性质和社会需求，提出适合本风景区的自我健全目标和社会作用目标两方面的内容，并应遵循以下原则：贯彻严格保护、统一管理、合理开发、永续利用的基本原则；充分考虑历史、当代、未来三个阶段的关系，科学预测风景区发展的各种需求；因地制宜地处理人与自然的和谐关系；使资源保护和综合利用、功能安排和项目配置、人口规模和建设标准等各项主要目标，同国家与地区的社会经济技术发展水平、趋势及步调相适应。

（2）发展目标

内部系统目标：建立并完善以保护为基础的风景游览主题系统；建立并完善以便利为主旨的旅游设施配套系统；建立并完善以和谐为核心的居民社会管理系统。

外部系统目标：维护生态，保存自然与文化信息的科教基地；美化国土，提供国民愉悦身心的游乐空间；发展旅游，推动地方经济发展的动力源泉。

22.1.7 风景名胜区的分区

（1）规划分区遵循的原则

同一区内，规划对象的特性及其存在的环境基本一致。同一区内的规划原则、措施及其成效特点应基本一致。规划分区应尽量保持原有的自然、人文单元界限的完整性。

（2）分区系统

根据不同需要，景区可以进行不同的规划分区，当需要调节控制功能特征时，应进行功能分区；当需组织景观和游赏特征时，应进行景区划分；当需确定保护培育特征时，应进行保护区划分；大型或复杂的风景区，可以几种方法协调并用。

① 景区划分　根据景源类型、景观特征或游赏需求而划分的一定用地范围，如湖光山色区、温泉景观区、云海景观区、枫林秋叶区、杜鹃花海区等。

② 功能区划分　根据重要功能发展需求而划分的一定用地范围，并形成独立的功能分区特征，如风景游赏区、生态保育区、游客服务区、运动休闲区（游乐区）、野营区、科研保护区、教学考察区、休闲疗养区、行政管理区、生产经营区等。

③ 保护区划分　依据保护各类景观资源的重要性、脆弱性、完整性、真实性等为基本原则，划定相应的生态保护区、自然景观保护区、史迹保护区等区域，并对相应的保护区制定严格的保护与培育措施，使资源的保护在空间上有了明确的限定性，为资源的保护提供可靠的地域划分界限。

④ 其他分区形式　几种分区方式结合，或以其他方式进行分区。

22.1.8 风景名胜区的结构与布局

① 规划结构确定的原则　规划内容和项目配置，应符合当地的环境承载力、经济发展状况和社会道德规范，并能促进风景区的自我生存和有序发展。规划应有效调节控制点、线、面等结构要素的配置关系；及解决各枢纽或生长点、走廊或通道、片区或网点之间的本质联系和约束条件。

② 规划布局的原则　规划布局应正确处理局部、整体、外围三个层次的关系；解决规划对象的特征、作用、空间关系的有机结合问题；调控布局形态对风景区有序发展的营销，为各组成要素的协调统一搭建平台；促进环境、社会、经济效益的有效发展；在保持风景名胜资源真实性与完整性的前提下，鼓励创新以突出地域特色。

③ 结构与布局的模式　结构与布局模式，包括圈层结构模式、点轴递进结构模式、点线放射结构、轴线对称模式等。

22.1.9 游人容量及生态原则

容量包括环境的生态容量和游人容量。

（1）环境生态容量

对一定规划范围的游人容量，应综合分析并满足该地区的生态允许标准、游览心理标准、功能技术标准等因素而确定。生态允许标准参照《风景名胜区规划规范》的相关规定，如疏林草地，生态容人量的指标为20～25人/hm²，用地指标为400～500m²/人。

（2）游人容量

游人容量包括一次性游人容量、日游人容量、年游人容量3个层次，计算方法可采用线路法、卡口法、面积法、综合平衡法。线路法的指标以每个游人所占平均道路面积为5～10m²/人；面积法的指标以每个游人所占平均游览面积计，主景景点为50～100m²/人（景点面积），一般景点为100～400m²/人（景点面积），浴场海域为10～20m²/人（海拔–2～0m以内水面），浴场沙滩为5～10m²/人（海拔0～2m以内沙滩）；卡口法的指标以实测卡口处，单位时间内通过的合理游人量，单位以"人次/单位时间"表示。

（3）风景区的生态原则

生态分区的一般标准按《风景名胜区规划规范》的相关规定执行。将风景区的生态状况按4个等级分别加以标明，即危机区、不利区、稳定区、有利区。危机区，应完全限制发展，并不再发生人为压力，实施综合的自然保育措施；不利区，应限制发展，对不利状态的环境要素要减轻其人为压力，实施针对性的自然保护措施；稳定区，要稳定对环境要素造成的人为压力，实施对其适用的自然保护措施；有利区，需规定人为压力的限度，根据需要而确定自然保护措施。

按其他生态因素划分的专项生态危机区应包括热污染、噪声污染、电磁污染、放射性污染、卫生防疫条件、自然气候因素、振动影响、视觉干扰等内容。

生态分区应对土地使用方式、功能分区、保护分区、各项规划的配套措施起指导作用。

22.1.10 保护培育规划

保护培育规划，依据风景区的具体情况和保护对象的级别，择优实行分类保护或分级保护，或两种方法并用，并协调处理保护培育、开发利用、经营管理的有机关系，加强引导性规划措施。

（1）风景区保护的分类

风景保护的分类应包括生态保护区、自然景观保护区、史迹保护区、风景恢复区、风景游览区和发展控制区等。

① 生态保护区的划分与保护　对风景区内有科学研究价值或其他保存价值的生物种群及其环境，应划出一定的范围与空间作为生态保护区。在生态保护区内，可以配置必要的研究和安全防护性设施，应禁止游人进入，不得搞任何建筑设施，严禁机动交通及其设施进入。

② 自然景观保护区的划分与保护　对需要严格限制开发行为的特殊天然景源和景观，应划出一定的范围与空间作为自然景观保护区。在自然景观保护区内，可以配置必要的步行游览和安全防护设施，宜控制游人进入，不得安排与其无关的人为设施，严禁机动交通及其设施进入。

③ 史迹保护区的划分与保护　在风景区内各级文物和有价值的历代史迹遗址的周围，应划出一定的范围与空间作为史迹保护区。在史迹保护区内，可以安置必要的步行游览和安全防护设施，宜控制游人进入，不得安排旅宿床位，严禁增设与其无关的人为设施，严禁机动交通及其设施进入，严禁任何不利于保护的因素进入。

④ 风景恢复区的划分与保护　对风景区内需要重点恢复、培育、抚育、涵养、保持的对象与地区，例如森林与植被、水源与水土、浅海及水域生物、珍稀濒危生物、岩溶发育条件等，宜划出一定的范围与空间作为风景恢复区。在风景恢复区内，可以采用必要的保护技术措施与设施；应分别限制游人和居民活动，不得安排与其无关的项目与设施，严禁对其不

利的活动。

⑤ 风景游览区的划分与保护　对风景区的景物、景点、景群、景区等各级风景结构单元和风景游赏对象集中地，可以划出一定的范围与空间作为风景游览区。在风景游览区内，可以进行适度的资源利用行为，适宜安排各种游览欣赏项目；应分级限制机动交通及旅游设施的配置；并分级限制居民活动进入。

⑥ 发展控制区的划分与保护　在风景区范围内，对上述五类保育区以外的用地、水面及其他各项用地，均应划为发展控制区。在发展控制区内，可以保持原有土地利用方式与形态，可以安排与风景区性质与容量相一致的各项旅游设施及基地，可以安排有序的生产、经营管理等设施，应分别控制各项设施的规模与内容。

（2）风景区保护的分级

风景保护的分级，包括特级保护区、一级保护区、二级保护区、三级保护区4级内容。

① 特级保护区的划分与保护　风景区内的自然保护核心区以及其他不应进入游人的区域应划为特级保护区。特级保护区应以自然地形地物为分界线，其外围应有较好的缓冲条件，在区内不得搞任何建筑设施。

② 一级保护区的划分与保护　在一级景点和景物周围应划出一定范围与空间作为一级保护区，应以一级景点的视域范围作为主要划分依据。一级保护区内可以安置必需的步行游赏道路和相关设施，严禁建设与风景无关的设施，不得安排旅宿床位，机动交通工具不得进入此区。

③ 二级保护区的划分与保护　在景区范围内，以及景区范围之外的非一级景点和景物周围，应划为二级保护区。二级保护区内可以安排少量旅宿设施，但必须限制与风景游赏无关的建设，应限制机动交通工具进入本区。

④ 三级保护区的划分与保护　在风景区范围内，对以上各级保护区之外的地区应划为三级保护区。在三级保护区内，应有序控制各项建设与设施，并应与风景环境相协调。

22.1.11　风景游赏规划

风景游览欣赏规划，应包括景观特征分析与景象展示构思、游赏项目组织、风景单元组织、游线组织与游程安排、游人容量调控、风景游赏系统结构分析等基本内容。

（1）景观特征分析和景象展示构思

景观特征分析和景象展示构思，应遵循景观多样化和突出自然美的原则，对景物和景观的种类、数量、特点、空间关系、意趣展示及其观览欣赏方式等进行具体分析和安排；并对欣赏点选择及其视点、视角、视距、视线、视域和层次进行分析和安排。

（2）游赏项目组织

游赏项目组织应包括项目筛选、游赏方式、时间和空间安排、场地和游人活动等内容。

① 风景区游赏项目　一般包括野外游憩（如休闲散步、郊游野游、垂钓、登山攀岩、骑驭等）、审美欣赏（如览胜、摄影、写生、寻幽、访古、寄情、鉴赏、品评、写作、创作等）、科技教育（如考察、访胜探险、观测研究、科普、教育、采集、寻根回归、文博展览、纪念、宣传等）、娱乐体育（如游戏娱乐、健身、演艺、体育、水上水下运动、冰雪活动、沙场草场活动、其他体智技能运动等）、休养保健（如避暑避寒、野营露营、休养、疗养、温泉浴、海水浴、泥沙浴、日光浴、空气浴、森林浴等）、其他（如民俗节庆、社交聚会、宗教礼仪、购物商贸、劳作体验等）。

② 游赏项目组织　游赏项目组织应包括项目筛选、游赏方式、时间和空间安排、场地和游人活动等。

③ 风景单元组织　应把游览欣赏对象组织成景物、景点、景群、园苑、景区等不同类型的结构单元。

④ 景区景点组织　景区景点组织应根据构成内容、特征、范围、容量，景区的结构布局、主景、景观多样化组织，景点的主、次、配景和游赏序列组织，景点的设施配备等内容；组织景区景点的游赏活动、游线组织等。

⑤ 游线组织与游程安排　游线组织应依据景观特征、游赏方式、游人结构、游人体力与游兴规律等因素，精心组织主要游线和多种专项游线，主要内容包括游线的级别、类型、长度、容量和序列结构，不同游线的特点差异和多种游线间的关系，游线与游路及交通的关系。

游程安排应由游赏内容、游览时间、游览距离限定。游程一般包括一日游，不需住宿，当日往返；二日游，住宿一夜；多日游，住宿二夜以上。

22.1.12　典型景观规划

风景区应依据其主体特征景观或有特殊价值的景观，进行典型景观规划。典型景观规划必须保护景观本体及其环境，保持典型景观的永续利用；应充分挖掘与合理利用典型景观的特征及价值，突出特点，组织适宜的游赏项目与活动；应妥善处理典型景观与其他景观的关系。典型景观一般包括植物景观规划、建筑景观规划、溶洞景观规划、竖向地形规划等。

典型景观规划的主要内容包括：特征与作用分析；规划原则与目标；规划内容、项目、设施与组织；典型景观与风景区整体的关系等内容。

22.1.13　其他专项规划

风景区的其他专项规划，包括游览设施规划、基础工程规划、居民社会调控规划、经济发展引导规划、土地利用协调规划、分期建设规划等。

（1）旅行游览接待服务设施规划

旅行游览接待服务设施规划，包括游人与游览设施现状分析、客源分析预测与游人发展规模的选择、游览设施配备与直接服务人口估算、旅游基地组织与相关基础工程、游览设施系统及其环境分析等内容。

（2）基础工程规划

风景区基础工程规划，包括交通道路、邮电通讯、给水排水和供电能源等内容，根据实际需要，还可进行防洪、防火、抗灾、环保、环卫等工程规划。

（3）居民社会调控规划

凡含有居民点的风景区，应编制居民点调控规划；凡含有一个乡或镇以上的风景区，必须编制居民社会系统规划，规划内容包括：现状、特征与趋势分析，人口发展规模与分布，经营管理与社会组织，居民点性质、职能、动因特征和分布，用地方向与规划布局，产业和劳力发展规划等内容。

（4）经济发展引导规划

经济发展引导规划，应以国民经济和社会发展规划、风景与旅游发展战略为基本依据，形成独具风景区特征的经济运行条件。经济发展引导规划包括：经济现状调查与分析；经济发展的引导方向；经济结构及其调整；空间布局及其控制；促进经济合理发展的措施等内容。

（5）土地利用协调规划

土地利用协调规划，包括土地资源分析评估、土地利用现状分析及其平衡表、土地利用规划及其平衡表等内容。土地资源分析评估，应包括对土地资源的特点、数量、质量与潜力进行综合评估或专项评估；土地利用现状分析，应表明土地利用现状特征，风景用地与生产生活用地之间关系，土地资源演变、保护、利用和管理存在的问题；土地利用规划，应在土地利用需求预测与协调平衡的基础上，表明土地利用规划分区及其用地范围。

（6）分期建设规划

风景区总体规划一般分三期：近期、中期、远期（远景）。

近期规划：5年以内，规划应提出发展目标、重点、主要内容，并应提出具体建设项目、规模、布局、投资估算和实施措施等。

中期规划：5～20年，规划的目标应使风景区内各项规划内容初具规模；并应提出发展期内的发展重点、主要内容、发展水平、投资匡算、健全发展的步骤与措施。

远期（远景）规划：大于20年，远期规划的目标应提出风景区规划所能达到的最佳状态和目标。

22.1.14 规划成果与深度规定

风景区规划的成果，包括风景区规划文本、规划图纸、规划说明书、基础资料汇编等四部分。规划文本应以法规条文方式，直接叙述规划主要内容的规定性要求；规划图纸应清晰准确，图文相符，图例一致，并在图纸的明显处标明图名、图例、风玫瑰、比例（比例尺）、规划期限、规划日期、规划单位及其资质图签编号等内容；规划说明书应分析现状，论证规划意图和目标，解释和说明规划文本的内容；基础资料为规划的基础，是规划前期调查的所有相关资料，应根据其类型、重要程度进行统一的编制。

22.2　森林公园规划

森林公园，是以森林景观为主体，融自然、人文景观于一体，具有良好的生态环境及地形、地貌特征，具有较大的面积和规模，较高的观赏、文化、科学价值，经科学的保护和适度开发，可为人们提供一系列森林游憩活动及科学文化活动的特定场所。

森林公园必须具备以下条件：首先，森林公园是具有一定面积和界线的区域范围；其次，森林公园是以森林景观为背景或依托，是这一区域的特点；第三，该区域必须具有旅游开发价值，要有一定数量和质量的自然景观或人文景观，区域内可为人们提供游憩、健身、科学研究和文化教育等活动；第四，森林公园必须经由法定程序申报和批准，如国家级森林公园，必须经中国森林风景资源评价委员会审议，国家林业局批准。凡达不到上述要求的，都不能称为森林公园。

22.2.1 森林公园的类型

在森林公园开发过程中，通过对森林公园进行分类，围绕明确的景观特征来确定开发主题，有利于突出特色，进行有针对性的开发。森林公园的分类，依据不同目的，可以有不同的分类标准，可以按景观特色、地貌形态、主要旅游功能、经营规模、管理级别等进行不同角度的划分，如按照管理级别，分为国家级森林公园、省级森林公园、市县级森林公园。

22.2.2 森林公园的功能与作用

森林公园的发展已有100多年的历史，森林公园的建设与发展，不仅在保护与改善生态环境，挽救濒危物种，保护自然历史遗产等诸多方面发挥了重要作用，还为人类提供了健康环境、审美环境、安全环境以及教育环境，具备了游憩、健康、环保、科研、教育以及经济方面的多种价值，其功能主要体现在生态、社会、经济效益上。

① 生态效益　森林公园的生态效益包括维护生态平衡，保持物种多样性；减轻环境污染，保护生态环境；调节气候，美化环境。

② 社会效益　一般来说，森林公园既是活的自然博物馆，又是人人向往的旅游胜地，是发展科学旅游的理想场所，其社会效益主要体现在满足市民郊野旅游需求、科研教育功能、普及科学文化知识和促进人们身心健康等方面。

③ 经济效益　经济效益，体现在有效利用森林资源，开拓新的旅游市场，提供休闲度假的场所；森林公园还是木材、食品、药材的资源库，蕴藏着国民经济建设和人民日常生活中需要的绝大多数原材料。

22.2.3　森林公园风景资源评价

森林风景资源，是指森林资源及其环境要素中能对旅游者产生吸引力，可以为旅游业所开发利用，并可产生相应的社会效益、经济效益和环境效益的各种物质和因素。

为了客观、全面、正确地反映森林公园的景观资源状况及其开发利用价值，合理确定开发利用时序，需要对森林公园进行全面翔实的风景资源调查和评价。

（1）森林公园风景资源的类型

根据森林风景资源的景观特征、赋存环境及《中国森林公园风景资源质量等级评定》（GB/T18005—1999）的相关规定，风景资源可以划分为五个主要类型：地文资源、水文资源、生物资源、人文资源和天象资源。

（2）森林公园风景资源质量评价

森林公园风景资源质量的评价，采取分层多重因子评价方法。风景资源质量主要取决于三个方面：风景资源的基本质量、资源组合状况、特色附加分。其中，风景资源的基本质量，按照资源类型分别选取评价因子进行加权评分获得分数；风景资源组合状况评价，则主要用资源的组合度进行测算；特色附加分，按照资源的单项要素在国内外具有的重要影响或特殊意义计算分数。评价计算公式：

$$M=B+Z+T$$

式中，M为森林公园风景资源质量评价分值；B为风景资源基本质量评分值；Z为风景资源组合状况评分值；T为特色附加分。

风景资源评价因子：典型度、自然度、多样度、科学度、利用度、吸引度、地带度、珍稀度、组合度9个因子，对五类风景资源的评分值进行一次加权计算，计算出风景资源的基本质量评价分值。

（3）森林公园风景资源的等级评定

资源等级评定根据三个方面来确定：风景资源质量、区域环境质量、旅游开发利用条件，其中，风景资源质量总分30分，区域环境质量和旅游开发利用条件各占10分，满分为50分。计算公式为：

$$N = M+H+L$$

式中，N为森林公园风景资源质量等级评定分值；M为森林风景资源质量评价分值；H为森林公园区域环境质量评价分值；L为森林公园旅游开发利用条件评价分值。

森林公园区域环境质量评价的主要指标包括：大气质量、地表水质量、土壤质量、负离子含量、空气细菌含量。

森林公园旅游开发利用条件评价指标包括：公园面积、旅游适游期、区位条件、外部交通、内部交通、基础设施条件。

森林公园风景资源质量等级确定标准，满分为50分，评定分值划分为3级：

一级为40～50分，符合一级的森林公园风景资源，多为资源价值和旅游价值高，难以人工再造，应加强保护，制定保全、保存和发展的具体措施。

二级为30～39分，符合二级的森林公园风景资源，其资源价值和旅游价值较高，应当在保证其可持续发展的前提下，进行科学、合理的开发利用。

三级为20～29分，符合三级的森林公园风景资源，在开展风景旅游活动的同时进行风景资源质量和生态环境质量的改造、改善和提高。

三级以下的森林公园风景资源，应首先进行资源的质量和环境的改善。

22.2.4 环境容量和旅游规模预测

（1）环境容量计算

环境容量的确定，目的在于确定森林公园的合理游憩承载力，即一定时期，一定条件下，某一森林公园的最佳环境容量。确定环境容量既能对风景资源提供最佳保护，又能使尽量多的游人得到最大满足。按照《森林公园总体设计规范》，森林公园环境容量的测算可采用面积法、卡口法、游路法三种，计算时应根据森林公园的具体情况，因地制宜地选用或综合运用三种方法。

① 面积法　以游人可进入的、可游览的区域面积进行计算，公式：$C=A/a \times D$

式中，C 为日环境容量（人次）；A 为可游览面积（m^2）；a 为每位游客应占有的合理面积（m^2）；D 为周转率（其值为景点开放时间/游完景点所需时间）。

每个游客所占平均游览面积计（a）的取值：主要景点为50～100m^2/人（景点面积）；一般景点为100～400m^2/人（景点面积）；浴场海域为10～20m^2/人（海拔–2～0m水面）；浴场沙滩：5～10m^2/人（海拔0～2m沙滩）。

② 卡口法　多适用于溶洞类及通往景区、景点必须经过并对游客量具有限制因素的卡口要道。

$$C=D \times A=(t_1/t_3) \times A=(H-t_2) \times A/t_3$$

式中，C 为日环境容量（人次）；D 为日游客批数；A 为每批游客人数（人）；t_1 为每天游览时间（h）；t_2 为游完全程所需时间（h）；t_3 为每批游客相距时间（h）；H 为每天开放时间（h）。

（2）游路法

游人仅能沿山路步行游览观赏风景的地段，可采用此法计算。

完全游道：$C=M/m \times D$

不完全游道：$C=M \times D/[m+(m \times E/F)]$

式中，C 为日环境容量（人次）；M 为游道全长（m）；m 为每位游客占用合理游道长度（m）；D 为周转率（D=游道全天开放时间/游完全游道所需时间）；F 为游完全游道所需时间（h）；E 为沿游道返回所需时间（h）。

游路法中，每个游客所占的平均道路面积取值5～10m^2/人。

（3）旅游规模预测

在环境容量计算的基础上，分别按森林公园、景区、景点测算日、年游客规模。

$$G=t/T \times C$$

式中，G 为日游客容量（人）；t 为游完某景区或游道所需时间（h）；T 为游客每天游览最舒适合理的时间（h）；C 为日环境容量（人次/日）。

根据游客规模，制定相应的接待策略，拟定合理的发展规模和时序，进行有针对性的规划建设。同时，根据游客规模，也可测算森林公园建设的投资概算和资金回收状况。

22.2.5　森林公园功能分区与布局

根据森林公园综合发展需要，结合地域特点，应因地制宜设置不同的功能区。森林公园主要的功能分区包括游览区、游乐区、狩猎区、野营区、休憩疗养区、接待服务区、生态保护区、生产经营区、行政管理区、居民生活区等。

① 游览区　为游客游览观光区域。主要用于景区、景点建设；在不降低景观质量的条件下，为方便游客及充实活动内容，可根据需要适当设置一定规模的饮食、购物、游艺等服务项目，且公园主要的景观点应布置在游览主线上，便于游客在尽可能短的时间内观赏到景观精华。

② 游乐区　在距离城市50km之内的近郊森林公园，为吸引游客，在条件允许的情况下，可以适当建设游乐与体育活动项目，但应单独划分区域。

③ 狩猎区　有条件的森林公园，在特定的区域和范围内，可适当设置狩猎场建设用地，但须经过审批和政府部门备案。其他地方则禁止猎捕和妨碍野生动物生息繁衍的活动。

④ 野营区　宿营区是在森林环境中开展野营、露宿、野炊等活动的用地，宜选择背风向阳的地形，视野开阔、植被良好的环境，周边有洁净的水源。一般靠近管理区或旅游服务区，以方便交通和卫生设施供给。营地组成包括营盘、车行道、步游道、停车场、卫生设备和供水系统。

⑤ 休、疗养区　主要用于游客较长时间的休憩疗养、增进身心健康之用地。

⑥ 接待服务区　用于相对集中建设宾馆、饭店、购物、娱乐、医疗等接待服务项目及其配套设施。

⑦ 生态保护区　以涵养水源、保持水土、维护公园生态环境为主要功能的区域。禁止建设人工游乐设施和旅游服务设施，严格限制游客进入此区域的时间、地点和人次。

⑧ 生产经营区　从事木材生产、林副产品、种养殖业等非森林旅游业范围内的各种林业生产区域。

⑨ 行政管理区　为行政管理建设用地，主要建设项目为办公楼、仓库、车库、停车场等。中心管理区设置在公园入口处比较合理，用地选择应充分考虑管理的内容和服务半径。

⑩ 居民生活区　为森林公园职工及公园境内居民集中建设住宅及其配套设施用地。

22.2.6　植被与森林景观规划

（1）一般规定

森林公园主要提供森林游憩服务，同时兼顾环境、生态、景观、游憩、美学、科普、教育等多种功能。森林景观规划应根据需要，因地制宜、合理布局、统筹安排，有计划地营造和改造。

（2）规划要点

① 森林植物景观是森林公园的景观主体。

② 森林景观规划应以现有森林植被为基础，按景观需要，结合造林、林相改造和抚育间伐等措施进行，应尽量保持森林植被的原生性。

③ 对于森林公园内尚存的宜林荒地，应结合景观建设，营造游憩林或景观林。

④ 对于森林公园内的残次林、疏林应进行林相改造，有目的地提高其景观效果和保健功能。

⑤ 植物景观应突出区系地带性植物群落的特色，充分利用森林植物群落结构、树种、植物干、花、叶、果等形态与色彩，形成不同的景观结构与四季变化的景观效果，重点突出具有特色的植物景观。

22.2.7 生态文化建设规划

森林公园中蕴涵着生态保护、生态建设、生态哲学、生态伦理、生态美学、生态教育、生态艺术、生态宗教文化等各种生态文化要素，是生态文化体系建设中的精髓，同时，森林公园中开展的各种"寓教于游、寓教于乐"的旅游活动，是传播、弘扬生态文化的最佳途径。主要内容包括：

① 生态文化基础设施的建设　森林（自然）博物馆、标本馆、游客中心、科普教育基地（中心）、科普长廊、游道解说，以及宣传科普的标识、标牌、解说牌等生态文化基础设施建设。

② 生态文化内涵的挖掘　明确生态文化建设的主要方向、建设重点和功能布局，加强生态文化内涵的挖掘，如森林文化、花文化、竹文化、茶文化、湿地文化、野生动物文化、宗教文化、少数民族文化、民俗文化、农耕文化等文化的发展潜力，并将其建设发展为人们乐于接受，富有教育意义的生态文化产品。

③ 宣传导示系统建设　规范建设各类资源和景区景点的导游词、解说词，提高导游和解说的科学性、教育性和趣味性；使人们在游览休闲过程中加深对自然的认知，接受自然生态知识的科普教育，真正达到知性之旅。

④ 宣教中心建设　宣教中心一般与游客中心相结合。游客中心是游客的集散地，是游客进入公园的第一站，游客中心除功能性的接待中心（接待咨询台、休息室、洗漱间、茶室、咖啡室、商店、导游服务处、多媒体展示厅等）外，还应建设标本展示厅、环境教育中心、多媒体演示等宣教的内容和设施。

22.2.8 森林游憩规划

森林游憩是利用森林资源来进行休养、娱乐、消遣、恢复健康等行为的总和。森林游憩规划应包括森林景观特征分析、游憩项目组织、游憩景区组织、游线组织与游程安排、游人规模预测和容量调控等基本内容。

22.2.9 基础设施规划

（1）一般规定

① 森林公园内道路、水、电、通信、燃气等线路布置，不得破坏景观，同时应符合安全、卫生、节约和便于维修的要求。通信、电气、给排水工程的配套设施，应设在隐蔽地段，不得造成视觉污染。

② 森林公园基础设施工程，应尽量与附近城镇联网，若经论证确有困难，可部分联网或自成体系，并为今后联网创造条件。

③ 森林公园尽量不设置架空线路，必须设置时，应避开中心景区、主要景点和游人密集活动区，以免造成视觉污染；不得影响原有植被的生长。植被配置规划时，应提出解决新植被与架空线路矛盾的措施。

④ 需要采暖的各种建筑物或动物馆舍，宜采用集中供热。

（2）交通系统规划

森林公园的交通应分为对外交通和内部交通，内部交通可包括陆路交通、水路交通、空中交通以及索道、户外电梯、溜索、观光小火车等特种交通。

（3）供电规划

森林公园的供电规划，应根据电源条件、用电负荷和供电方式，本着节约能源、经济合理、科学地规划方案，做到安全适用，维护管理方便；森林公园供电容量规划，应正确处理近期和远期发展的关系，做到以近期为主，同时考虑到远期发展的需要；供电电源应就近利用国家或地方现有电源；当无现有电源可以利用或利用现有电源不经济合理时，方可考虑自备电源；在水力或风力资源丰富地区，可优先考虑自建小型水力或风力发电站。

（4）给排水工程规划

森林公园给水工程，包括生活用水、生产用水和消防用水的供给；森林公园给水方式，有条件的可采用集中管网给水，也可利用简易管线自流引水，或采用机井给水；给水水源可采用地下水或地表水，一般以地下水为主；取水点要求水质良好，符合《生活饮用水卫生标准》（GB 6749—2006）的规定；排水工程（生活污水、生产污水、雨水等）必须达到环保排放的要求。

（5）通信网络工程规划

通信网络包括电信、邮政和互联网三部分。森林公园的通信工程，应根据其经营布局、用户数量、开发建设和保护管理工作的需要统筹规划，组成完整、统一的通信网络。

（6）医疗救护规划

森林公园应建立医疗救护中心，对游客中的伤病人员，及时采取救护措施；医疗救护设施应根据实际需要设立，也可与当地的医疗机构合并在一起；医疗救护建筑及其布局，应与公园景观和自然环境协调。

（7）公共厕所规划

在森林公园内游客聚集和流量大的地方设置既隐蔽又方便使用的公厕，包括无障碍设施。厕所的服务半径不宜超过600m，具体规划应参照《旅游厕所质量等级的划分与评定》（GB/T 18973—2003）的相关标准执行。

22.2.10　保护保育工程规划

（1）一般规定

① 森林公园建设应注重保护，遵守在保护的基础上进行开发的基本原则，确保公园实现可持续发展。

② 森林公园的建设项目，必须服从保护规划，森林公园保护规划应结合地区特点，选定建设方案。

③ 保护工程规划，包括方案制定、保护对象分类、保护措施确定等；保护工程设施的设置应因地制宜、就地取材、便于施工；保护工程设施应与周围景观相协调，重点地段的保护工程设施宜进行艺术处理，起到点缀、美化作用。

④ 森林公园的保护规划，包括生物资源的保护、生态环境的保护、灾害预防与控制，应根据保护对象的特性和科学管理的技术规定，确定适宜、可行的保护措施。

⑤ 森林公园保护保育的分类，应包括生态保护区、森林景观保护区、森林景观游憩区、生态恢复区和发展控制区等，应根据各区具体特点对森林景观资源保护、生态环境保护及人类活动和人工设施控制等提出具体措施。

（2）生物资源保护规划

① 植物资源保护　植物资源是森林公园的本底，是森林公园的生命线，保护好这些资源不仅是为了满足当代人的需要，而且是造福子孙后代的大事。保护措施包括：设置保护标示牌；分类分级制定保护措施；严禁随意采集标本；引入外地植物必须经过严格的论证和检验检疫；对古树名木、珍贵、特殊、数量少的植物应制定适宜的恢复和发展措施。

② 动物资源保护　对公园内的野生动物，实行全面保护，严禁乱捕乱猎和妨碍野生动物生息繁衍的活动；对野生动物繁殖地、栖息地实行专门保护，埋设界桩，设立警示牌；对影响野生动物活动的道路，应开设动物通道，道路网不能过密；引入野生动物必须慎重，须

经专门认证，以不影响本区域野生动物为准；在森林公园开发建设中，应监视、监测环境对野生动物的影响。

（3）生态环境保护规划

① 大气保护 公园内不宜以煤为燃料，应建立以电、天然气、太阳能等为主的能源体系；公园内的公路路面必须硬化，以减少尘埃；严禁尾气超标的机动车辆进入公园；公园附近禁止建设废气排放污染严重的工矿企业；停车场周围、公路两边应栽植能吸收有害气体的树种，扩大绿化面积、提高环境质量。

② 水环境保护 公园境内的水资源不仅是景观资源，也是饮用水和生产用水资源，生活污水、厕所污水严禁直接排入溪河，必须处理合格后方可排放；合理设置垃圾回收设施，在游客中心及游道两旁每隔60～100m设分类垃圾收集桶，严禁将垃圾、纸屑、果皮、塑料袋、食品等杂物丢入溪流、湖库；直接或间接向水体排放污染物的建设项目和其他水上设施，必须遵守国家有关建设项目环境保护管理的规定；海滨型森林公园向海洋排放污染物、倾倒废弃物，必须依照法律的规定，防止对海洋环境的污染损害。

③ 固体污染物的处理 在游道、度假村、野营区、烧烤场等公共场所，根据需要设立分类垃圾箱；在适当地段建立垃圾填埋场，或按环保部门指定的地点进行处理。

（4）防灾规划

防灾规划包括森林火灾防治、森林病虫害防治、泥石流等自然灾害防治。

① 森林火灾防治 森林防火主要包括瞭望塔（台）、阻隔带、预测预报系统、通信系统、防火道路、巡逻、检查、防火机场、防火站等工程建设，应根据地区特点和保护性质，设置相应的安全防火设施；在公园中应合理设置护林防火宣传牌，加强护林防火宣传；在相对较高的位置建立防火瞭望台，可结合观景台建设；根据林种和林相特征，开设防火隔离带和防火林带；在交通要道设立防火哨卡；野营、野炊等野外用火的旅游场所，必须设置防火设施；森林防火工程规划，应符合《森林防火工程技术标准》（LYJ 127—1991）的相关规定。

② 病虫害防治 贯彻"防重于治"方针，做好病虫害防治预测预报；针对公园病虫害具体情况，提出相应的防治措施；设置生物防虫的相关设施。

③ 地质灾害防治 针对有地质灾害的地段作好勘测，划定范围，提出防治措施；针对塌方、滑坡和泥石流易发区，建设防护设施。

（5）安全保障规划

安全保障规划包括：构建旅游安全信息系统和紧急救援系统；森林公园的游览内容及设施的设置，必须确保游人安全；各种游人集中场所容易发生跌落、淹溺等危险地段，园路在地形险要的地段，均应设置安全防护设施，设计要求按有关规定执行；通往孤岛、山顶等卡口的路段，宜设通行复线；必须沿原路返回的，宜适当放宽路面；应根据路段行程及通行难易程度，适当设置游人短暂休息的场所及护栏设施。

22.2.11 规划成果要求

森林公园总体规划文件，由规划文本、说明书、规划图纸和附件4部分组成。

① 规划文本 规划文本应以法规条文方式，简明扼要、直接叙述规划内容中规定性的要求。

② 说明书 主要内容包括：基本情况、生态环境及森林景观资源、环境容量估算及游客预测、森林公园发展条件分析、规划总则、规划总体布局、植被与森林景观规划、生态文化建设规划、森林游憩规划、基础设施规划、保护保育工程规划、防灾及预警系统规划、土地利用协调规划、居民点调控规划、投资估算、效益分析、分期建设规划、实施保障措施等

主要内容。

③ 规划图纸　规划图纸包括：区位图（对外关系图）、土地利用现状图、森林景观资源分布图、森林景观资源评价图、客源市场分析图、规划总图、功能分区图、游憩项目规划图、游憩体验分区图、接待设施规划图、道路交通规划图、游览线路组织图、土地利用规划图、居民点调控规划图、给排水工程规划图、供电及邮政通信规划图、近期建设规划图等。比例尺一般为1：10000～1：50000。

④ 附件　附件包括：专题研究报告、森林景观资源调查与评价报告、客源市场调查与分析报告、森林公园的批复文件、相关会议纪要和协议书等。

22.3　自然保护区规划

自然保护区，是指对有代表性的自然生态系统、珍稀濒危野生动植物物种的天然集中分布区、有特殊意义的自然遗迹等保护对象所在的陆地、陆地水体或者海域，依法划出一定面积予以特殊保护和管理的区域。

22.3.1　自然保护区设立的标准

① 典型的自然地理区域、有代表性的自然生态系统区域以及已经遭受破坏但经保护能够恢复的同类自然生态系统区域；

② 珍稀、濒危野生动植物物种的天然集中分布区域；

③ 具有特殊保护价值的海域、海岸、岛屿、湿地、内陆水域、森林、草原和荒漠；

④ 具有重大科学文化价值的地质构造、著名溶洞、化石分布区、冰川、火山、温泉等自然遗迹；

符合上述标准，需要予以特殊保护的其他自然区域，经国务院或者省、自治区、直辖市人民政府批准，可设立自然保护区。

22.3.2　自然保护区的主要类型

按照主要的保护对象，我国的自然保护区可以划分为3大类别9个类型。

3大类别：自然生态系统类、野生生物类、自然遗迹类。

9个类型：森林生态系统类型、草原与草甸生态系统类型、荒漠生态系统类型、内陆湿地和水域生态系统类型、海洋和海岸生态系统类型，以上5个类型属于自然生态系统大类；野生动物类型、野生植物类型属于野生生物大类；地质遗迹类型、古生物遗迹类型属于自然遗迹大类。

22.3.3　自然保护区的等级

自然保护区分为国家级、省（自治区、直辖市）级、市（自治州）级和县（自治县、旗、县级市）级，共4级。

国家级自然保护区，在国内外有典型意义、在科学上有重大国际影响，或者有特殊科学研究价值的自然保护区，列为国家级。国家级自然保护区的建立，由自然保护区所在的省、自治区、直辖市人民政府或者国务院有关自然保护区行政主管部门提出申请，经国家级自然保护区评审委员会评审后，由国务院环境保护行政主管部门进行协调并提出审批建议，报国务院批准。

地方级自然保护区，除列为国家级自然保护区的外，其他具有典型意义，或者重要科学研究价值的自然保护区列为地方级自然保护区。地方级自然保护区可以分级管理，具体办法由国务院有关自然保护区行政主管部门或者省、自治区、直辖市人民政府根据实际情况规定，报国务院环境保护行政主管部门备案。地方级自然保护区的建立，由自然保护区所在的县、自治县、市、自治州人民政府或者省、自治区、直辖市人民政府有关自然保护区行政主管部门提出申请，经地方级自然保护区评审委员会评审后，由省、自治区、直辖市人民政府环境保护行政主管部门进行协调并提出审批建议，报省、自治区、直辖市人民政府批准，并报国务院环境保护行政主管部门和国务院有关自然保护区行政主管部门备案。

跨两个以上行政区域的自然保护区的建立，由有关行政区域的人民政府协商一致后提出申请，并按照前两款规定的程序审批。建立海上自然保护区，须经国务院批准。

22.3.4　自然保护区的结构与布局

据《中华人民共和国自然保护区条例》的规定，自然保护区可划分为核心区、缓冲区和实验区等（图22-1）。

（1）核心区

自然保护区内保存完好的天然状态的生态系统以及珍稀、濒危动植物的集中分布地，应当划为核心区，禁止任何单位和个人进入。核心区总面积（国家级）不能小于$10km^2$，所占面积不得低于保护区总面积的1/3，界线划分不应人为割断自然生态的连续性，并尽量利用山脊、河流、道路等地形地物作为区划界线。

核心区除进行必要的瞭望观测、定位监测与科考调查项目外，不得设置和从事任何影响或干扰生态环境的设施和活动。

（2）缓冲区

核心区外围可以划定一定面积的缓冲区，缓冲区的作用是缓解外界压力，防止人为活动对核心区的影响，对核心区生态系统及生物物种的保护具有重要意义。加强对核心区内生物的保护，是缓冲区最基本的规划要求。此外，缓冲区还能为动物提供迁徙通道或临时栖息地。

缓冲区可进行有组织的科学研究、试验观察，安排必要的监测项目、野外巡护和保护设施建设，严禁开展旅游和生产经营活动。

（3）实验区

缓冲区外围划为实验区，可以进入从事科学试验、教学实习、参观考察、旅游以及驯化、繁殖珍稀、濒危野生动植物等活动。实验区所占面积不得超过总面积的1/3。

实验区为保护经营区域，可以适度建设和安排生物保护、资源恢复、科学试验、教学实习、参观考察、宣传教育、社区共管、生态旅游、多种经营项目，以及必要的办公、生产、生活等基础设施和道路、通信、给排水、供电等配套工程项目。

（4）外围保护地带

原批准建立自然保护区的人民政府认为必要时，可以在自然保护区的外围划定一定面积的外围保护地带。

（5）区间走廊

多个保护区如果连成网络，能促进自然保护区之间的合作。在自然保护区之间建立走廊，能减少物种的灭绝概率，亚种群间的个体流能增加异种群的平均存活时间，保护遗传多样性和阻止近交衰退。另外，建立生态走廊能够满足一些种群进行正常扩散和迁移的需要。

22.3.5　自然保护区规划编制的内容

根据《国家级自然保护区总体规划大纲》，规划编制的内容包括：前言、基本概况、自然保护区保护目标、影响保护目标的主要制约因素、规划期目标、总体规划主要内容、重点项目建设规划、实施总体规划的保障措施、效益评价、附录等。

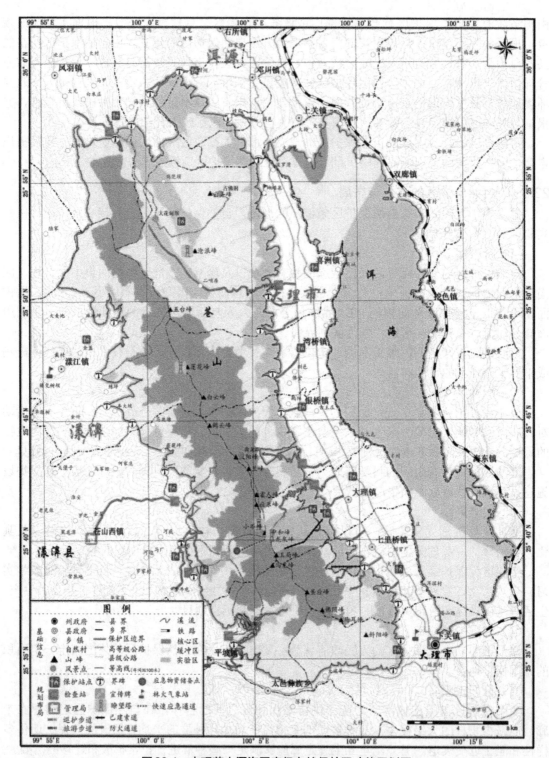

图22-1　大理苍山洱海国家级自然保护区功能区划图

（1）前言

前言是关于国家级自然保护区总体规划的简明阐述，包括该自然保护区基本特征、历史沿革、法律地位及编制和实施该总体规划的目的、意义等要素。

（2）基本概况

基本概况是依据该自然保护区科学考察资料和现有信息进行的基本描述和分析评价，资料信息不够的应予补充完善。评价应有科学依据，使结论客观、公正。

主要内容包括：区域自然生态、生物地理特征及人文社会环境状况；自然保护区的位置、边界、面积、土地权属及自然资源、生态环境、社会经济状况；自然保护区保护功能和主要保护对象的定位及评价；自然保护区生态服务功能/社会发展功能的定位及评价；自然保护区功能区的划分、适应性管理措施及评价；自然保护区管理进展及评价等。

（3）自然保护区保护目标

保护目标，是建立该自然保护区根本目的的简明描述，是保护区永远的价值观表达与不变的追求。

（4）影响保护目标的主要制约因素

制约因素包括：内部的自然因素，如土地沙化、生物多样性指数下降等；内部的人为因素，如过度开发、城市化倾向等；外部的自然因素，如区域生态系统劣变、孤岛效应等；外部的人为因素，如公路穿越、截留水源、偷猎等；政策、社会因素，如未受到足够重视、处境被动等；社区/经济因素，如社区对资源依赖性大或存在污染等；可获得资源因素，如管理运行经费少、人员缺乏培训等。

（5）规划期目标

规划期目标，是自然保护区总体规划目标的具体描述，是保护目标的阶段性目标。规划期一般确定为10年，并应有明确的起止年限。

确定规划目标的原则：规划目标要紧紧围绕自然保护区保护功能和主要保护对象的保护管理需要，坚持从严控制各类开发建设活动，坚持基础设施建设简约、实用并与当地景观相协调，坚持社区参与管理和促进社区可持续发展。

规划目标：包括自然生态/主要保护对象状态目标；人类活动干扰控制目标；工作条件/管护设施完善目标；科研/社区工作目标。

（6）总体规划主要内容

总体规划内容包括：管护基础设施建设规划；工作条件/巡护工作规划；人力资源/内部管理规划；社区工作/宣教工作规划；科研/监测工作规划；生态修复规划（非必需时不得规划）；资源合理开发利用规划（如生态旅游、多种经营等）；保护区周边污染治理/生态保护建议等。

（7）重点项目建设规划

重点项目可分别列出项目名称、建设内容、工作/工程量、投资估算及来源、执行年度等，并列表汇总。

（8）实施总体规划的保障措施

保障措施包括：政策/法规需求；资金（项目经费/运行经费）需求；管理机构/人员编制；部门协调/社区共管；重点项目纳入国民经济和社会发展计划。

（9）效益评价

效益评价是对规划期内主要规划事项实施完成后的环境、经济和社会效益的评估和分析，如所形成的管护能力，保护区的变化及对社区发展的影响等。

（10）附录

包括自然保护区位置图、现状分析图、卫星影像图（图22-2）、总体规划图、功能区划图（图22-1）、基础设施规划图、生态旅游规划图（图22-2）等。

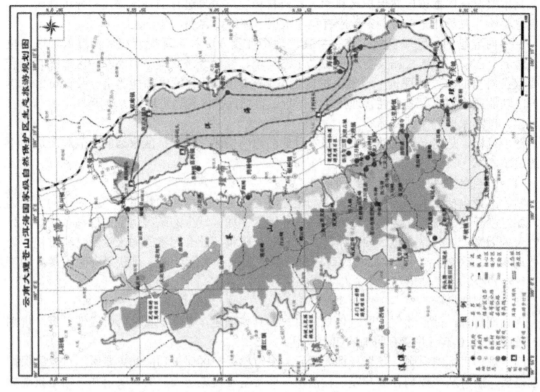

图22-2　大理苍山洱海国家级自然保护区卫星影像图、生态旅游规划图

22.4 地质公园规划

中国国家地质公园是以具有国家级特殊地质科学意义，较高的美学观赏价值的地质遗迹为主体，并融合其它自然景观与人文景观而构成的一种独特的自然区域。由国家行政管理部门组织专家审定，由国土资源部正式批准授牌的地质公园。

地质公园担负三项任务：第一，保护地质遗迹，保护自然环境；第二，普及地球科学知识，促进公众科学素质提高；第三，开展旅游活动，促进地方经济与社会可持续发展。

22.4.1 规划编制的基本原则

地质公园的规划编制应遵循以下基本原则：

① 保护优先，科学规划，合理利用；

② 体现地质公园宗旨，突出地质公园特色；

③ 统筹兼顾，做好与相关规划的衔接。

22.4.2 规划主要内容及要求

国家地质公园规划主要内容包括：划定、明确界定地质公园范围；划定地质公园的园区、功能区；地质遗迹的调查、评价、登录和保护；地质公园的科学解说系统；地质公园的科学研究；科学普及工作；地质公园的信息化建设；地质公园的机构设置与人才培养等主要内容。

（1）划定、明确界定地质公园范围

① 范围划定的原则　范围划定要以能够包含构成地质公园的主要地质遗迹并能实施有效保护为基本原则，方便管理，避免公园规划面积过大，充分考虑区域内矿产资源赋存状况和地方经济建设情况，避免公园内设置矿业权，要注意与地方经济发展相协调。

② 范围的表述　地质公园的范围除文字描述外，同时要用边界控制点（拐点）坐标标注在适当比例尺的地形图上。公园范围如有变动必须标明变动情况，并说明变动的理由和原因。

③ 土地权属及使用　地质公园的土地权属应清晰。公园内的土地权利人应服从地质遗迹保护的管理要求，其土地用途应符合地质公园规划，必要时以"契约"、"协议"等形式约定。

④ 勘界　地质公园边界及地质公园内的功能区界线，必须使用测绘仪器或GPS定位仪（注明误差）进行准确勘界，测定边界的重要拐点坐标，并标注在以相应比例尺的地形图为底图的《地质公园园区划界实际资料图》上（根据规模按规划图件要求确定比例尺）。根据实际管理的需要，应依照边界类型，设立明确的界线标示碑或标示牌。地质公园勘界的图形与实测数据应建库存档。

为便于管理，在保证地质遗迹的完整性和有效保护的前提下，边界划定可充分利用山脊线、山谷线、河流中线、水岸、陡崖边线、道路、行政区边界、土地权属边界等具有明显分界特征的地形、地物界线。

（2）划定地质公园的园区、功能区

① 园区、景区　在公园范围内，按地质遗迹景观和其它景观类型的空间分布与组合特征，地貌的自然分区，交通连通状况，特别是行政辖区的因素，可将地质公园划分为相对独立的园区和园区之下的景区。为便于公园统一管理，一个公园的园区不宜太分散，数目不能过多。

② 功能区划分　功能区的划分应依据土地使用功能的差别、地质遗迹保护的要求及旅

游活动的要求，在公园或独立的园区范围内，功能区划分包括：入口景区、游客服务区、科普教育区、地质遗迹保护区、人文景观区、自然生态区、游览区（包括地质、人文、生态、特别景观游览）、公园管理区、原有居民点保留区等。

a.地质遗迹保护区：根据保护对象的重要性，可划分为特级保护区、一级保护区、二级保护区和三级保护区。保护区的范围必须准确划定（要有重要拐点坐标）。各级保护区要有明确的保护要求：特级保护区是地质公园内的核心保护区域，不允许观光游客进入，只允许经过批准的科研、管理人员进入开展保护和科研活动，区内不得设立任何建筑设施；一级保护区可以安置必需的游赏步道和相关设施，但必须与景观环境协调，要控制游客数量，严禁机动交通工具进入；二级、三级保护区属一般保护区，允许设立少量服务设施，但必须限制与地质景观游赏无关的建筑，各项建设与设施应与景观环境协调。所有地质遗迹保护区内不得进行任何与保护功能不相符的工程建设活动；不得进行矿产资源勘查、开发活动；不得设立宾馆、招待所、培训中心、疗养院等大型服务设施。保护区之外的园区，可依据矿产资源规划，适当开展对地质遗迹资源不会造成破坏或影响的矿产资源勘查、开发活动和工程建设活动，但需事前经过省级以上国土资源行政主管部门批准后才能进行。地质公园内禁止开山、修建水库、开荒等破坏地貌景观植被的活动，不得设立任何形式的工业开发区。

b.科普教育区：包括公园博物馆、影视厅、地质科普广场等内容。有条件的公园可以建立青少年科普教育基地、科普培训基地，开辟专项科普旅游路线等。

c.游客服务区：服务区内可发展与旅游产业相关的服务业，控制其他产业，不允许发展污染环境、破坏景观的产业。服务区的面积可控制在地质公园总面积的5%以内。

d.自然生态区：大型地质公园在生态良好的部分，应设立自然生态保护区并遵照自然保护区要求进行规划。

e.人文景观区：园内如有人文景观相对集中的地区可设立人文景观区以利于对其保护。

（3）地质遗迹的调查、评价、登录和保护

应加强对地质遗迹调查、评价、登录和保护。对公园内地质遗迹的调查、评价、登录，是地质遗迹保护的基础工作，也是一项需要持续开展、不断深化的工作。规划应说明公园内地质遗迹调查、登录、评价工作已有的工作程度，并确定近期、中期、长期的工作目标和计划。

① 地质遗迹的调查　地质遗迹调查的内容包括：查明公园内应当予以保护的地质遗迹的类型与空间分布；地质遗迹的地质地貌背景，例如构成地质遗迹的岩石、地层，控制地质遗迹形成的构造与外营力作用，地质遗迹所处的地貌类型单元等；能描述和分析地质遗迹形态和性状特征的各种参数；地质遗迹受到破坏与保护的现状；对地质遗迹产生破坏或威胁的自然与人为的影响因素。

地质遗迹野外调查的信息与数据采集，应能满足地质遗迹评价和建立地质公园地质遗迹数据库的要求。地质遗迹调查应以已完成的中、大比例尺区域地质调查成果为基础，以实测的大比例尺地形图为载体，以提高调查的精度和控制程度。

② 地质遗迹的登录与评价　按科学价值、美学价值、科普教育价值及旅游开发价值为主，并参考有关因素对地质遗迹进行综合评价，将地质遗迹划分为世界级、国家级、省级及县市级四个等级。按类按级编列公园全部地质遗迹名录，并按相关的技术要求进行档案登录和数据库录入，为有效保护与科学管理提供依据。

③ 地质遗迹的保护　将公园内地质遗迹分别划入特级、一级、二级和三级地质遗迹保护区中，并制定科学合理的保护方案与保护措施，使园中地质遗迹得到切实有效的保护。特级、一级地质遗迹的保护责任要落实到人。

（4）地质公园的科学解说系统

科学解说系统是地质公园的主要特色，内容包括：户内外解说设施（地质博物馆，演示厅，公园与园区主、副碑，解说碑、牌、栏，交通指示牌等），解说员的配备，解说出版物（公园科学导游图、地质公园丛书、地质公园解说词及主要地质科普路线解说词，科普音像出版物等）。

（5）地质公园的科学研究

科学研究是提升地质公园建设和管理水平的重要举措，必须强化。各地质公园必须按要求制定科学研究计划。科学研究选题紧密围绕资源、保护、科学解说、打造有科学含量的旅游产品、提高旅游效益、保障游客安全以及公园可持续发展等方面设立科研课题。

（6）科学普及工作

开展科学普及活动是地质公园设立的三大任务之一。应以普及地球科学知识、提高公众科学素养为基本原则。各地质公园应制订科普及工作方案，包括乡土科普活动、教学实习活动、面向普通游客的专项科普活动等。

（7）地质公园的信息化建设规划

用现代科技完善信息化建设是建设和管理地质公园的基本要求。要加强地质公园数据库、监测系统、网络系统的建设。

（8）地质公园的机构设置与人才培养

健全的管理机构和有序的管理体制，是建设和管理好地质公园的保障。修编时必须做好地质公园机构设置方案，应把地质公园管理机构的名称、级别、二级机构设置、人员编制、管理职能等编列清楚，并以公园上一级政府正式批件为据。地质公园管理人才、科技人才（特别是地质专业人才，要求世界级5～8人，国家级3～5人）是建好地质公园的重要保障，必须将公园的人才结构和配备途径、培训计划纳入地质公园的总体规划。

22.4.3　规划成果要求

地质公园规划应提交以下成果：规划文本、规划编制说明、规划图件、基础资料汇编等。

（1）规划文本

规划文本是实施地质公园规划的行动指南和规范，应以法规条文的方式、简明扼要地直接表述地质公园规划的结论，规定做什么和怎么做，体现规划内容的指导性、强制性和可操作性。规划文本字数以不超过2万字为宜。

（2）规划编制说明

地质公园规划编制说明是对规划编制的主要原则、主要内容、编制过程、初审情况等方面的简要说明，具体应包括以下内容：规划编制的主要依据、原则及指导思想；着重说明规划的基本思路、主要内容和特点；规划编制过程、规划研究情况；规划目标、任务、主要指标及主要内容的确定过程与依据；与其他相关规划的衔接情况；省级国土资源部门对规划的审核情况；征求有关部门、地方政府、专家等意见的情况以及协调、论证情况；其他需要说明的问题。

（3）规划图件及编制要求

① 主要附图　地质公园区位和交通图、地质公园地质图、地质公园园区划界实际资料图、地质遗迹及其他自然人文资源分布图、地质遗迹保护规划图、地质公园规划总图、地质公园园区（景区）功能分区图、地质公园土地利用规划图、地质公园遥感影像图、地质公园科学导游图等。

② 相关图件比例尺原则按如下要求选择

小型地质公园：面积≤20km²，图纸比例为1/10000～1/5000。

中型地质公园：面积20～100km²，图纸比例为1/25000～1/10000。

大型地质公园：面积100～500km²，图纸比例为1/50000～1/25000。

特大型地质公园：面积＞500km²，图纸比例为1/100000～1/50000。

（4）基础资料汇编

主要是规划编制形成的基础调查资料、资料辑录、数据统计、重要的参考文献等。

由于我国自然资源国有的属性，具体管理中又存在按行政分级管理和行业归口管理的特点，造成同一个自然资源丰富的区域，可能存在多头管理和重复交错的地方，如云南大理苍山，是国家级自然保护区、国家级风景名胜区、又是国家级地质公园等，在管理上亦存在环保、旅游、林业、国土等多部门共管的局面，因此，在规划中，应协调处理好各规划、各部门之间的区别与联系，重点在于保护好我国核心的自然资源不被破坏，具有可持续性，并能促进当地经济、社会的发展和文化的振兴。

第23章　旅游规划

旅游规划，指在旅游系统发展现状调查评价的基础上，结合社会、经济和文化的发展趋势以及旅游系统的发展规律，以优化总体布局、完善功能结构以及推进旅游系统与社会和谐发展为目的的战略设计和实施的动态过程。

旅游规划的功能，是在市场中合理分配旅游资源、制定区域旅游发展的战略目标、落实区域相关部门的协作、保障区域旅游可持续发展。

旅游规划的基本任务，通过确定发展目标，提高吸引力，综合平衡旅游体系、支持体系和保障体系的关系，拓展旅游内容的广度与深度，优化旅游产品的结构，保护旅游赖以发展的生态环境，保证旅游地获得良好的效益并促进地方社会经济的发展。

23.1　旅游规划的分类

旅游规划的分类，根据不同的标准有不同的划分类型。按旅游规划的时空二维尺度，可以分为区域旅游发展（开发）规划、旅游区（点）开发规划；按旅游规划的内容，可分旅游综合规划、旅游专题规划；按旅游规划的深度要求，可分为旅游发展总体规划、控制性详细规划、修建性详细规划；按规划的权威等级、规划范围角度，分为国家级旅游规划、省级旅游规划、市级或县级规划；从规划时期，分为长期规划、中期规划、短期规划；从等级制度上分为上级规划、下级规划。

23.2　旅游发展规划

旅游发展规划，是根据旅游业的历史、现状和市场要素的变化所制定的目标体系，以及为实现目标体系在特定的发展条件下，对旅游发展要素所作的安排。

旅游发展规划的内容，从范围上又可分为全国旅游发展规划、区域旅游发展规划、地区旅游发展规划（省、市、县），从时间上分为近期发展规划（3～5年）、中期发展规划（5～10年）、远期发展规划（10～20年）。

旅游发展规划的主要任务，是明确旅游业在国民经济和社会发展中的地位与作用，提出旅游业发展目标，优化旅游业发展的要素结构与空间布局，安排旅游业发展优先项目，促进旅游业持续、健康、稳定发展。

23.2.1　旅游发展规划的主要内容

① 全面分析规划区旅游业发展历史与现状、优势与制约因素（SWOT分析），及与相关规划的衔接。

② 分析规划区的客源市场需求总量、地域结构、消费结构及其他结构，预测规划期内客源市场需求总量、地域结构、消费结构及其他结构。

③ 提炼出规划区的旅游主题、旅游形象和发展战略。

④ 提出旅游业发展目标及依据，明确旅游产品开发的方向、特色与主要内容。

⑤ 确定旅游发展重点项目，对其空间及时序作出安排。

⑥ 提出要素结构、空间布局及供给要素的原则和办法。

⑦ 提出合理的保护开发利用措施。

⑧ 估算投资数量及综合产出。

⑨ 提出规划实施的保障措施。

⑩ 对规划实施的总体投资分析，主要包括旅游设施建设、配套基础设施建设、旅游市场开发、人力资源开发等方面的投入与产出方面的分析。

23.2.2 旅游发展规划的成果

规划成果包括规划文件、规划图表及附件。规划图表包括区位分析图、旅游资源分析图、旅游客源市场分析图、旅游业发展目标图表、旅游产业发展规划图等。附件包括规划说明和基础资料等。

23.3 旅游区规划

旅游区，是以旅游及其相关活动为主要功能或主要功能之一的空间或地域。

旅游区规划，是指为了保护、开发、利用和经营管理旅游区，使其发挥多种功能和作用，而进行的各项旅游要素统筹部署和具体安排。规划的内容包括：旅游资源调查、旅游资源评价、旅游区规划、具体方案实施。

23.3.1 旅游资源调查

旅游资源，是指能够激发旅游者的旅游动机并促动其实现旅游活动，可为旅游业发展所利用，并由此产生一定的经济、社会及生态环境效益的一切自然存在和社会创造。

旅游资源调查的主要内容为环境调查和资源赋存状况调查。环境调查，自然方面：调查区的概况、气候条件、地质地貌条件、水体环境、生物环境等；人文方面：历史沿革、经济状况、社会文化环境等。资源赋存状况调查包括旅游资源类型调查、规模调查、组合结构调整、开发现状调查等。

旅游资源调查的方法，包括直接询问法、统计分析法、分类对比法、实地测量法、遥感法等。

旅游资源分类，旅游资源分成8个主类、37个亚类、155个基本类型。8个旅游资源主类，分别是地文景观、水域风光、生物景观、天象与气候景象、遗址遗迹、建筑与设施、旅游商品和人文活动等，其具体内容参考《旅游资源分类、调查与评价标准》（GB/T 18972—2003）。

23.3.2 旅游资源评价

（1）评价的原则

评价原则包括客观实际的原则、全面系统的原则、符合科学的原则、效益估算的原则、高度概括的原则、力求定量的原则等。

（2）旅游资源评价的内容

资源评价包括旅游资源特点和结构的评价，如特性和特色，价值和功能，数量、密度和布局；旅游资源环境的评价，如自然环境、社会环境、经济环境、环境容量和承载力；旅游资源开发条件评价，如区位条件、客源条件、建设施工条件、投资条件等。

（3）旅游资源评价的方法

① 定性评价　选取一些定性指标，抽象地用好坏、强弱、优差等评价用语来判定价值大小。定性评价只能反映旅游资源的概要状况，主观色彩较浓，可比性较差。

② 定量评价　根据一定的评价标准和评价模型选择评价项目和评价因子，然后将各评价因子逐项予以赋值，经汇总后得到该旅游资源或旅游地的整体开发利用价值。旅游规划中，一般根据《旅游资源分类、调查与评价标准》（GB/T 18972—2003）中的"旅游资源共有因子综合评价系统"，对资源要素价值和资源影响力进行赋分，总分值为100分，根据评分将资源分为：特品级旅游资源（≥90分）、优良级旅游资源（≥60～90分）、普通级旅游资源（≥30～59分）、未获等级旅游资源（≤29分）。

23.3.3　旅游区规划

旅游区规划，按层次分总体规划、控制性详细规划、修建性详细规划等。

（1）旅游区总体规划

旅游区总体规划的任务，是分析旅游区客源市场，确定旅游区的主题形象，划定旅游区的用地范围及空间布局，安排旅游区基础设施建设项目，提出开发措施。总体规划包括远景规划、近期规划。远景规划期限为10～20年，主要对旅游区的远景发展作出轮廓性的规划安排；近期规划期限为3～5年，主要是对近期发展布局和主要建设项目进行安排。

旅游区总体规划的主要内容包括：

① 对旅游区客源市场的需求总量、地域结构、消费结构等进行全面分析与预测。

② 界定旅游区范围，进行现状调查和分析，对旅游资源进行科学评价。

③ 确定旅游区的性质和主题形象。

④ 确定规划旅游区的功能分区和土地利用，提出规划期内的旅游容量。

⑤ 规划旅游区对外交通系统的布局和主要交通设施的规模、位置；规划旅游区内部其他道路系统的走向、断面和交叉形式；规划旅游区线路布局，提出客源流向和服务措施。

⑥ 规划旅游区景观系统和绿地系统的总体布局。

⑦ 规划旅游区其他基础设施、服务设施和附属设施、防灾系统、安全系统规划。

⑧ 研究并确定旅游区资源的保护范围和保护措施。

⑨ 提出旅游区近期建设规划，进行重点项目策划；提出总体规划的实施步骤、措施和方法，以及建设和运营中的管理意见。

⑩ 对旅游区开发建设进行总体投资分析。

（2）旅游区控制性详细规划

旅游区控制性详细规划，是以总体规划为依据，详细规定区内建设用地的各项控制指标和其它规划管理要求，为区内一切开发建设活动提供指导。主要内容包括：

① 详细划定规划范围内，各类不同性质用地的界线，各类用地内适建、不适建或者有条件地允许建设的建筑类型。

② 规划控制分地块内建筑高度、建筑密度、容积率、绿地率等控制指标，并根据各类用地的性质增加其它必要的控制指标。

③ 规定交通出入口方位、停车泊位、建筑后退红线、建筑间距等要求。

④ 提出对各地块的建筑体量、尺度、色彩、风格等要求。

⑤ 确定各级道路的红线位置、控制点坐标和标高。

（3）旅游区修建性详细规划

对于旅游区当前要建设的地段，应编制修建性详细规划。在总体规划、控制性详细规划的基础上，进一步深化和细化，用以指导各项建筑和工程设施的设计和施工。旅游区修建性详细规划的主要内容包括：

① 综合现状与建设条件分析。

② 用地布局。

③ 景观系统规划设计。

④ 道路交通系统规划设计。

⑤ 绿地系统规划设计。

⑥ 旅游服务设施及附属设施系统规划设计。

⑦ 工程管线系统规划设计。

⑧ 竖向规划设计。

⑨ 环境保护和环境卫生系统规划设计。

23.3.4 其它专项规划

其他专项旅游规划，是指针对旅游地、旅游区特定课题的研究和规划安排，一般包括：旅游项目开发规划、旅游线路规划、旅游投融资规划、旅游地建设规划、旅游营销规划、旅游区保护规划、旅游服务设施规划等。

23.4 主题公园规划

主题公园是根据某个特定的主题，采用现代科学技术和多层次活动设置方式，集诸多娱乐活动、休闲要素和服务接待设施于一体的现代旅游目的地。其特点是由人工创造而成的、舞台化的休闲娱乐活动空间，以游乐为目标的模拟景观的呈现，围绕既定主题来营造游乐的内容与形式，形成一种休闲娱乐产业。

23.4.1 主题公园类型及特点

① 主题公园的类型　主题公园按旅游体验类型，可分为游乐型、情景模拟型、观光型、主题型、风情体验型5大类。

② 主题公园的特点　主题公园具有强烈的个性与普遍的适宜性，能吸引不同年龄、不同层次的游客；是一种被动的游憩形式，这种被动的益处，一是游客可以保持充沛的精力多停留一段时间，二是在每个表演娱乐场地可容纳更多的游客；投入高、占地规模大；高门票、高消费。

23.4.2 主题公园的规划原则

① 特殊性原则　规划设计寻求"不可替代性"，强调呈现主题的独特视角。

② 饱和性原则　保证足够的信息刺激，重视高潮的安排与充分的情节积累空间。

③ 艺术性原则　提升主题形象的审美品位，以艺术手段渲染主题情境气氛。

④ 有机性原则　不以静态内容来固定主题情节，内容、结构能适应大众需求的变化。

23.4.3 主题公园筹建基本程序

主题公园的筹建程序包括：概念规划、可行性研究、总体规划、政府审批、公园设计、资金准备、施工图设计、施工、设备采购、设备安装、开业前准备、试营业、正式开业、更新、扩充等步骤。

23.4.4 主题公园规划设计的主要内容

① 选址　选址主要考虑当地客源市场、交通条件、面积等因素。

② 主题营造　主题公园需要讲述一个连贯的故事，这个故事给游客一个独特的精神体验。

③ 游客经历设计　设计、描述游客进入乐园后在各个区域的经历，直至游客完成游玩

离开乐园。设计游乐项目、真人表演、人造景物、饮食点、零售店如何整体配合以利于主题的表达；描述建筑物、人造景物，如何向游客传达景点背后的主题故事等。

④ 公园的布局　公园布局有许多形式，同心圆环状、放射状、线状、网状等，如迪士尼采用的是环形设计。无论采用哪种布局形式，重要的是物流、客流、景观布局之间的联系和组合。

⑤ 吸引物组合　吸引物组合，是主题公园成败的关键。吸引物的组合，是在充分市场调查的基础上，根据游客特征，结合产品的新颖性、独特性、前瞻性，共同研究制定。同时，还应根据市场的前景和变化，进行周期性的产品更新，以保证主题公园持久的吸引力。

⑥ 其它一般性内容　包括土地使用、基础设施、建筑、景观、标识系统等规划，以及确定道路、停车场、餐厅、厕所、商店等公园设施的数量和规模等。

23.5　休闲农业园规划

休闲农业，是指利用田园景观、自然生态及环境资源，结合农林牧副渔生产、农业经营活动、农村文化及农家生活，提供人们休闲、娱乐、劳动、购物等活动，增进人们对农业及农村的体验为目的的农业经营。与休闲农业相关的概念包括：观光农业、休闲农业旅游、休闲农场、休闲农庄、都市农庄、农业庄园、生态农业观光、乡村旅游、乡土旅游、农村观光、农村旅游、假日农场等，其实质都是以农业、农村为载体，融合休闲、旅游、观光、度假等服务业态，形成的综合产业类型。

休闲农业园，就是采用生态模式进行观光园内农业的布局和生产，将农事活动、自然风光、科技示范、休闲娱乐、环境保护等融为一体，实现生态效益、经济效益与社会效益统一的农业观光园区。休闲农业园是将农产品作为观光、旅游资源，进行开发的一种绿色产业园区，使农业生产者既有农产品的经济收入，又可从旅游产业中获得丰厚的经济回报，而广大游客则可以通过在园区内观光旅游、休闲度假，使其向往宁静温馨田园生活的精神需求得以满足。因此，休闲农业园，是具有生产性、娱乐性、参与性、文化性、市场性、生态性、高效性等特征为一体农业园区。

休闲农业园的发展，是以农业为基础，农业和旅游业相结合的一项交叉性产业，也是充分利用农业资源，改变单一农业结构，提高农民收入，发展高效农业的一条重要途径，是农业走向综合性发展的必然趋势。

23.5.1　休闲农业园的类型与功能

① 休闲农业园的类型　按休闲农业园的功能，主要包括有5种类型：多元综合型（产、购、游、娱、住等）、科技示范型、高效生产型、休闲度假型、游览观光型等；按休闲农业的产业结构，主要包括6种类型：休闲种植业、休闲林业、休闲牧业、休闲渔业、休闲副业、休闲生态农业。

② 休闲农业园的功能　主要功能包括：经济功能、生态环保功能、科技示范功能、科普教育功能、休闲观光功能、体验和参与功能、综合服务功能（吃、住、看、玩、购、行）、疗养功能等。

23.5.2　休闲农业园规划主要内容

（1）目标定位和发展战略

① 目标定位　通过对园区的现状分析，结合休闲农业园发展的现状和趋势，确定规划目标，以目标为导向进行规划；确定园区的性质与规模、主要功能与发展方向、园区的发展

阶段与每阶段的发展目标等，并在规划过程中对目标进行讨论，并进一步提炼。

②发展战略 在调查—分析—综合的基础上，对各级市场（客源市场、旅游产品市场）的前景进行分析与预测、对园区自身的特点做出正确的评估后，提出园区发展战略、特色产业选择、关键技术应用、项目实施方案、收入规划及效益评估、确定实现园区发展目标的途径，挖掘出生态农业观光园的市场潜力。

（2）功能定位与产业规划

①功能定位 一般园区的主要功能，包括生产加工功能、技术创新与科技成果转化功能、科技示范功能、科技培训功能、生态旅游观光功能、教育示范功能等。以产业生产、科技示范推广为主要功能的园区，产业定位主要以第一产业和第二产业为主；而以旅游观光功能为主的园区，产业定位主要以第三产业为主。

②产业规划 结合农业产业理论、可持续发展理论和产业生态学理论，使传统的农业扩展为立体休闲农业产业，如农业种养殖、副产品加工、产品销售等相结合；农业产业和景观规划结合，可丰富园区景观内容，使产业布局更合理；和游憩规划相结合，可丰富游憩活动内容，发挥休闲农业园的社会效益。产业规划应选择具有特色、生产潜力大、具有价值的项目，如种植业中的有机（绿色）蔬菜、有机（绿色）瓜果、观赏花卉、经济作物等，养殖业中的渔业养殖、家畜禽养殖、珍稀家禽养殖、观赏性动物养殖等，加工业中的果蔬加工、肉蛋加工等，旅游业中的餐饮类、度假休闲类、疗养类等。

（3）园区总体布局

①空间布局 按照规划思想、目标与功能定位，结合资源属性、景观特征及其场地条件，在考虑保持原有的自然地形和生态完整性的基础上，结合农业生产、旅游服务要求，对园区进行总体布局，科学划分各产业在园区的发展空间及规模。

②用地规模 合理确定园林绿地、建筑、道路、广场、农业生产用地等各项用地的面积与范围，对不同土地类型的各个地块做出适宜性评价，达到农业土地的最合理化利用，取得最大的经济效益。

（4）分区规划

休闲农业园主要的功能分区包括生产示范区、观光旅游区、休闲娱乐区和管理服务区。

①生产示范区 生产示范区以展示高科技农业生产技术为主，体现和展示园中蔬菜、瓜果生产水平，起到示范作用，主要包括生产示范区、科普区和生产区。

②观光旅游区 观光旅游区是旅游资源丰富、景区景点集中地区域，也是园区实现观光旅游、民俗风情体验等功能区的主要区域，主要包括采摘区（花、果）、体验区（农事参与、传统手艺馆、农家体验等）、观赏区域。

③休闲娱乐区 在农业观光园区内适当设置一些休闲、娱乐项目，吸引城市居民前来观光、休闲、求知、体验乡村生活，内容包括休闲区、娱乐区（野营、烧烤、射箭等）、垂钓区等。

④管理服务区 管理服务区位于园区入口附近或中心，与各功能区均衡相联，是整个园区建筑布局、空间组织和交通流线的中枢，包括综合服务区（宾馆、商业、市场、餐饮、交通、客服中心等）、办公管理区、停车场等。

（5）园区生态环境建设规划

休闲农业园区建设，一方面要利用当地的"生态"优势作为吸引游客的手段，另一方面，致力于生态环境的治理。园内的垃圾、人畜粪便、植物秸秆、污水等废弃物处理应形成完整的生态系统，运营力争做到"低耗能"、"零污染"，促进休闲农业、生态农业、绿色农业和有机农业的发展。

（6）园区景观规划

景观系统规划设计，更强调对园区土地利用的叠加和综合，通过对物质环境的布局，规划园区的景观空间结构，包括园艺种植景观、绿化植物景观、道路景观、建筑与设施景观、重要节点景观等内容。

（7）基础设施规划

基础设施包括道路系统、给排水系统规划、服务设施体系、供电规划、弱电系统、宣传导视系统等。

（8）分期建设与投资估算

分近、中、远三期进行建设，并制定工程投资概算。

23.5.3 规划成果要求

规划成果包括规划文本、附录图册。文本主要是规划内容的详细说明，图册包括区位分析图、现状分析图、功能分区图、土地利用规划图、总体布局规划图、道路交通规划图、给排水规划图、电力电信规划图、分期建设规划图、重点项目分布图、重点景观效果图等。

23.6 温泉旅游度假区规划

温泉，是一种由地下自然涌出的泉水，其水温高于环境年平均温度5℃，或华氏10℉以上。形成温泉必须具备地底有热源存在、岩层中具裂隙让温泉涌出、地层中有储存热水的空间三个条件。温泉是水疗及养生的天然资源，温泉中含有丰富的矿物质，不仅对多种疾病有治疗作用，而且有保健、美容、护肤、疗养之功效，通过洗、浴、泡、熏、蒸、饮、吸等多种用法，可以解除病痛、消除疲劳、焕发青春活力。

温泉旅游，是旅游者以体验温泉、感悟温泉沐浴文化为主，达到温泉养生、休闲、度假为目的的旅游方式。

23.6.1 温泉的种类

温泉的种类有不同的划分标准，如根据环境、地质构造、酸碱度等进行划分。

① 根据环境　根据所在环境，温泉分为火山型温泉和非火山型温泉。

② 根据地质构造　根据地质构造，温泉分为火山区温泉、深层岩区温泉、变质岩区温泉和沉积岩区温泉。

③ 根据酸碱度　根据酸碱度，温泉分为酸性温泉（pH值在3以下，如果低于1，就属于强酸）、弱酸性温泉（pH值在3～6间）、中性温泉（pH值在6～7.5间）、弱碱性温泉（pH值在7.5～8.5间）、碱性温泉（pH值在8.5以上）。

④ 根据化学组成　根据化学组成，温泉可分为氯化温泉、碳酸氢盐泉、硫黄盐泉、氡温泉、混合温泉等。

⑤ 根据分泌方式　根据温泉出露时的分泌方式，可以分为普通泉、间歇泉、沸泉、喷泉、喷气泉、热泥泉等。

⑥ 根据温度　温泉依温度之高低不同可分为三类，高于75℃者为高温温泉，介于40～75℃者为中温温泉，低于40℃者为低温温泉。

23.6.2 温泉度假区规划的原则

① 可持续性的原则　温泉旅游度假区，可持续发展的核心是要求旅游与自然、文化和人类的生存环境成为一个整体，要保证从事温泉旅游开发的同时，不损害后代为满足其旅游

需求而进行旅游开发的可能性，即维持温泉资源、环境与发展之间的协调。

② 文化性原则　旅游本身是一种文化活动，旅游景观只有拥有了特定的文化内涵，满足游客的心理需要，才能有长久的生命力。因此规划应在温泉资源调研、评价的基础上，充分挖掘温泉旅游地的文化内涵，精心营造，增加温泉旅游地的特色和吸引力。

③ 整体性原则　整体性原则包括三层含义，第一是指温泉度假区规划要因地制宜，在原有地段、环境的基础上进行的适当的改造，使之成为统一的整体；第二是指资源的整合利用，充分利用自然资源和人文资源、有形资源和无形资源，整合当地的文化、民族、宗教和服务设施，融合到景观设计中；第三是指发展的整体性，度假区发展的同时还要注重周边地区的规划设计，使之与度假区的整体基调相协调，同时也增强度假区的功能。

④ 艺术性原则　温泉度假区要给人带来舒适的体验和美的视觉感受，不论是整个景区，还是设施小品、泡池外形、标识系统等，都要体现出统一的艺术美感。

⑤ 特色性原则　社会经济的快速发展使得旅游业的竞争日趋激烈，旅游竞争不能仅仅停留在资源上，而是以特色为基础的品牌竞争。在温泉旅游规划中，应明确自身的资源优势，并通过对地域文化的挖掘、整理，塑造出特色的温泉旅游产品，以增强温泉地的吸引力和竞争力，这是温泉旅游产品开发应遵循的重要原则。

23.6.3　规划开发模式

① 观光娱乐式开发模式　以周边大型旅游区为依托，利用良好的自然人文旅游资源，将各种娱乐、休闲因素注入传统意义的温泉中，建设娱乐性强的露天温泉公园，其客源是面向社会大众，旅游功能以观光娱乐为主，度假为辅。

② 保健开发模式　在产品的开发中遵循现代人的保健疗养心理，将传统的保健养生手段与现代科学医疗技术相结合，充分挖掘温泉水保健医疗的功能，利用温泉中所含的矿物元素、微量元素或在温泉水中加上花、精油、酒、中草药等制成不同配方、不同功能、不同特色的温泉浴池，设计出以保健为主的温泉旅游产品。

③ 主题度假式开发模式　以一个大中城市为依托，通过开展鲜明的主题活动，建设文化含量浓郁的特色露天温泉和高档度假酒店，其目标群体是高消费人群，旅游功能是以度假为核心，发展休闲、疗养、保健、会议、旅游等。

④ 大型主题休闲娱乐开发模式　这种开发模式以度假功能为主，观光功能为辅，将温泉资源与周边旅游资源充分结合，以大型或超大型温泉主题休闲区为开发形式，主题休闲游乐设计为核心，融观光、度假、休闲、娱乐于一体。

⑤ 综合开发式模式　以多个大中城市为依托，建设大型露天温泉和不同档次的度假酒店，同时结合观光、体育、农业、民俗等旅游形式，加入了多种旅游活动项目，以主题公园的形式出现，其目标群体是中高档游客，内容为观光、度假、保健、娱乐、会议、商务等。

总之，温泉旅游度假区的开发，是以温泉为主体，集健康、养生、休闲、度假、美容美体、旅游于一体，形成温泉+养生项目、温泉+生态旅游项目、温泉+休闲农业项目、温泉+观光项目、温泉+民俗体验项目、温泉+冬季滑雪项目、温泉+运动休闲项目、温泉+旅游小镇等各种形式的开发模式。不同开发模式的规划，必须在充分调查了解温泉资源、旅游市场、游客需求等内容的基础上，有针对性地提出，切忌盲目和贪大求全。

23.6.4　温泉产品及功能区规划

温泉旅游度假区的功能，根据其温泉资源、旅游资源、周边环境等不同，可以有不同的温泉产品和功能区，但其核心产品及功能区主要包括：露天温泉区、温泉度假酒店、其他休闲娱乐区等。

（1）露天温泉区

露天温泉区是温泉度假区的核心，包括温泉中心、入口景观区、中心温泉景观区、温泉泡池区、温泉娱乐区、特色理疗区、温泉汤屋区等（彩图23-1）。

①温泉中心　温泉中心，是客人进入露天温泉区前，办理相关手续、更换泳衣、集散、休闲等活动的场所，主要包括停车、接待、更衣、淋浴、室内泡池、水疗馆、综合服务、餐饮、休闲、理疗按摩等内容。

②入口景观区　入口景观区，包括入口集散广场、手汤、足汤、温泉散步道、热身泡池、特色景观等构成，是游客留下的第一印象的景观区域（图23-2）。

③中心温泉景观区　以温泉出水口、大型动感泡池、景观瀑布、表演舞台、中心广场、无边际温泉泳池等作为中心，是露天温泉特色文化集中展现的场所，人流最集中的区域。

④温泉泡池区　温泉泡池区是室外露天温泉的主体，根据泡池的功能、性质、加料、动静等的不同，进行泡池的分区，常见的有加料泡池区，如加药、花、精油、牛奶、酒、水果、饮料、茶等；原汤泡池区，根据温泉水不同的疗效，进行原汤泡池的设置；动感泡池区，将水力冲击、气泡、水流与泡池结合，形成以运动、冲击、按摩为特色的动感泡池；特色泡池区，如养生泡池、民族风情泡池、情侣泡池、保健泡池、理疗泡池、天体浴（裸浴）等（图23-2）。

图23-2　某温泉度假区入口景观及各泡池效果图

⑤温泉娱乐区　温泉娱乐区侧重于水上娱乐产品的设计，以亲水项目为主，配置水上游乐设施，注重参与性和互动性，如冲浪池、儿童戏水池、游泳池、综合娱乐池、休闲沙滩、组合玩具、水滑梯、水滑道、大喇叭、海盗船等休闲项目及设施。

⑥特色理疗区　特色理疗区，可以根据温泉资源，设置石板浴、温泉沙（泥）埋、火山泥浴、熏蒸浴、小鱼池、火山石（泥）疗、土耳其浴、罗马浴、芬兰浴等，具有一定理疗效果的温泉产品区。

⑦温泉汤屋区　为满足高端市场，在露天温泉泡池内可适当设置温泉汤屋区或温泉别墅区，将室内外泡池、住宿、休闲、保健理疗、食疗等统一到汤屋中，形成休闲、疗养、泡汤相结合的度假综合体，可以是独栋的温泉汤屋，也可汤屋组合成院落（汤院）进行布局。

（2）温泉度假酒店

温泉度假酒店，是度假区内的主体建筑，主要的游客中心、住宿区域及交通集散中心，为游客提供接待、餐饮、购物、住宿（汤宿）、会议等服务，是度假区的中心服务区域。

（3）其他休闲娱乐区

根据温泉度假区周边环境资源，可以温泉度假为中心，开发其他休闲娱乐，使游客的度假产品丰富多彩，增加度假的天数及入住的回头率，如体育运动区、生态种养殖区、民族风情体验区、自然风景游览区、旅游小镇等相关内容。

第24章 生态规划

生态规划，主要包括区域生态保护规划、生态示范区建设规划（生态省、市、县建设规划）、生态功能区建设规划、景观生态规划、湿地公园规划、矿山生态恢复规划、生物多样性保护规划、生物物种资源保护与利用规划、生态安全格局规划等相关规划。

24.1 生态规划概述

24.1.1 生态规划的概念

生态规划，是指运用生态学原理，综合地、长远地评价、规划和协调人与自然资源开发、利用和转化的关系，提高生态经济效率，促进社会经济可持续发展的一种区域发展规划方法。

生态规划的原理，是基于一种生态思维方式，强调系统思想、共生思维和演替思想，以生态学原理为指导，应用系统科学、环境科学等多学科手段辨识、模拟和设计生态系统内部各种生态关系，确定资源开发利用和保护的生态适宜性，探讨改善系统结构和功能的生态对策，促进人与环境系统协调、持续发展的规划。

24.1.2 生态规划的目的与任务

生态规划的目的主要体现在保护人体健康和创建优美环境、合理利用自然资源、保护生物多样性及完整性三个方面。生态规划的目的可概括为：在区域规划的基础上，以区域的生态调查与评价为前提，以环境容量和承载力为依据，把区域内环境保护、自然资源的合理利用、生态建设、区域社会经济发展与城乡建设有机结合起来，培育优美的生态景观，创建和谐统一的生态文明，孵化经济高效、环境和谐、社会适用的生态产业，确定社会、经济和环境协调发展的最佳生态位，建设人与自然和谐共处的生态区，建立自然资源可循环利用体系和低投入高产出、低污染高循环、高效运行的生态调控系统，最终实现区域经济、社会、生态效益高度统一的可持续发展。

按照生态规划的目的，生态规划的任务是探索不同层次生态系统发展的动力学机制和控制论方法，辨识系统中局部与整体、眼前与长远、人与环境、资源与发展的矛盾冲突关系，寻找解决这些矛盾的技术手段、规划方法和管理工具。

24.1.3 生态规划的原则

生态规划作为区域生态建设的核心内容、生态管理的依据，与其他规划一样，具有综合性、协调性、战略性、区域性和实用性的特点，规划要遵守以下原则。

① 整体优化原则　强调生态规划的整体性和综合性，规划的目标不只是生态系统结构组分的局部最优，而是要追求生态环境、社会、经济的整体最佳效益。

② 协调共生原则　复合系统具有结构的多元化和组成的多样性特点，子系统之间及各生态要素之间相互影响、相互制约，直接影响着系统整体功能的发挥。在生态规划中就是要保持系统与环境的协调、有序和相对平衡，坚持子系统互惠互利、合作共存，提高资源的利用效率。

③ 功能高效原则　生态规划的目的，是要将规划区域建设成为一个功能高效的生态系统，使其内部的物质代谢、能量的流动和信息的传递形成一个环环相扣的网络，物质和能量得到多层分级利用、废物循环再生、物质循环利用率和经济效益高效。

④ 趋势开拓原则　生态规划在以环境容量、自然资源承载能力和生态适宜度为依据的条件下，积极寻求最佳的区域或城市生态位，不断开拓和占领空余生态位，以充分发挥生态系统的潜力，强化人为调控未来生态变化趋势的能力，改善区域和城市生态环境质量，促进生态区建设。

⑤ 保护多样性原则　生态规划要坚持保护生物多样性，从而保证系统的结构稳定和功能的持续发挥。

⑥ 区域分异原则　不同地区的生态系统有不同的特征、生态过程和功能，规划的目的也不尽相同，生态规划要在充分研究区域生态要素的功能现状、问题及发展趋势的基础上因地制宜地进行。

⑦ 可持续发展的原则　生态规划遵循可持续发展原则，强调资源的开发利用与保护增值并重，合理利用自然资源，为后代维护和保留充分的资源条件，使人类社会得到公平持续发展。

24.1.4　生态规划的类型

生态规划的类型划分有很多标准，按地理空间尺度，可划分为区域生态规划、景观生态规划、生物圈保护区建设规划；按地理环境和生物生存环境，可划分为海洋生态规划、淡水生态规划、草原生态规划、森林生态规划、土壤生态规划、城市生态规划、农村生态系统规划等；按社会科学门类，可划分为经济生态规划、人类生态规划、民族生态规划等；按环境性质，可划分为生态建设规划、污染综合防治规划、自然保护规划等；按规划的范围和层次，可分为国家规划、区域规划和部门规划；按照宏观和微观，分为区域规划和专项规划。

目前，我国主要的生态规划包括：区域生态保护规划、生态示范区建设规划（生态省、市、县建设规划）、生态功能区建设规划、景观生态规划、湿地公园规划、矿山生态恢复规划等。

（1）区域生态规划

区域生态保护规划，是运用生态学、生态经济学及原理，根据区域社会、经济、自然条件特点，提出区域内不同层次生态功能区的保护、建设、资源开发战略和区域内环境保护和经济发展决策，调控区域内社会、经济及自然亚系统各组分的关系，使之达到资源综合利用、环境保护与经济增长的良性循环。

主要规划领域和重点建设任务，包括土地利用规划、产业布局规划、生态城镇建设规划等。

（2）生态示范区建设规划

生态示范区是以生态学和生态经济学原理为指导，以协调经济、社会发展和环境保护为主要对象，统一规划、综合建设生态良性循环、社会经济全面、健康持续发展的一定行政区域范围。生态示范区规划，以生态省、市、县建设规划为主，主要指社会经济和生态环境协调发展，各个领域基本符合可持续发展要求的省（市、县）级行政区域。

生态区建设内容包括：生物多样性保护、生态农业开发、农药和化肥污染的治理、乡镇企业污染防治、海洋环境保护、生态破坏的恢复、自然资源的合理开发利用及保护。规划应体现出生态系统与社会经济系统的有机联系，同时，规划应明确近、中、远期目标，并将建设任务加以分解落实，分阶段、分部门组织实施，突出阶段、部门的建设重点，组成重点建设项目。

生态区建设指标，包括基本条件、建设指标两部分，具体可参考《生态县、生态市、生态省建设指标（修订稿）》（环发［2007］195号）。

（3）生态功能区建设规划

生态功能区划，是根据区域生态环境要素、生态环境敏感性与生态服务功能空间分异规律，将规划区划分成不同生态功能区的过程，其目的是为制定区域生态环境保护与建设规划、维护区域生态安全、资源合理利用与工农业生产布局、保育区域生态环境提供科学依据，并为环境管理部门和决策部门提供管理信息与管理手段。

生态功能区建设规划内容涵盖面广，包含江河源头区、江河洪水调蓄区、水土保持的重要预防保护区和重点监督区、重要水源涵养区、防风固沙区、重要渔业水域等。范围的确定既要考虑生态系统结构的完整性和主导生态功能的统一性，又要考虑与行政边界保持一致，便于管理，如全国（或省、市、县级）生态功能区划方案，在生态大区划分的基础上，以一省或几省构成一个生态地区，相关内容。参考《中国生态功能区划方案》（环境保护部中国科学院公告2008年第35号）。

生态功能区规划的目标，要与《全国生态环境保护纲要》、《全国生态环境建设规划》、《全国主体功能区划》等的目标相一致，要与当地的经济和社会发展计划、规划相结合，并将规划纳入当地经济和社会发展的长远规划和年度计划。在时间上以五年为一时段（与当地的经济和社会发展计划、规划同步），分为近期、中期和远期三个阶段。

生态功能区划分，在生态调查、环境敏感性评价、功能评价等生态评价的基础上，围绕确保主导生态功能稳定、有效发挥，按照自然特点、环境现状、社会发展需要、保护与恢复生态功能的要求等，进行科学的分区保护，明确各分区的范围、主要生态问题、生态保护目标、任务和措施。

规划主要内容包括：保护管理规划、基础设施能力建设规划、宣传教育规划、科研监测规划、社区共管规划、产业结构调整规划、生态产业发展规划、人口控制或移民规划。

（4）景观生态规划

景观生态规划，是运用景观生态学、生态经济学及相关学科的知识、原理，从景观生态功能的完整性、自然资源的特征、实际的社会经济条件出发，通过对原有景观要素的优化组合或引入新的成分，调整或构建合理的景观格局，使景观整体功能优化，达到经济活动与自然过程的协同进化。

景观生态规划程序为：确定规划目标——→景观生态调查——→景观格局与生态过程分析——→景观分析与制图——→生态适宜性评价——→景观功能区划——→生态规划方案及评价——→规划实施。

24.1.5 生态规划的程序与内容

生态规划的方法及程序一般可概括为3个阶段7个步骤。

生态规划的3个阶段：第一阶段为准备阶段，主要任务是确定规划的总则，编制规划大纲；第二阶段为编制阶段，主要任务是完成生态调查和评价、规划设计及决策，编写规划及相关图件；第三阶段为规划的实施与管理。

生态规划的7个步骤：编制规划大纲、生态调查、生态环境现状分析与评价、生态功能区划、规划设计与规划方案的建立、规划方案的分析与决策、规划方案的审批与实施。

（1）编制规划大纲

根据规划任务，确定规划范围，在区域可持续发展总目标下，确定规划的总体目标、阶段目标及指标体系，规划原则和总体思路，编制规划大纲。

（2）生态调查

生态调查的方法，可以采用遥感、收集资料和实地调查三种方法。收集规划区内自然生态环境和社会经济环境资料及与规划有关的法律法规、历史资料、现状资料及遥感资料，对收集的资料进行初步的统计分析、因子相关分析、现场核实与图件的清绘工作，然后建立资料数据库。生态调查的主要内容包括以下6个方面。

① 一般调查　内容主要有动、植物物种，特别是珍稀、濒危物种的种类、数量、分布、生活习性、生长、繁殖及迁移行为等情况。

② 生态系统调查　生态系统类型、结构及功能调查，特别注意土地利用类型的调查、城市绿化系统结构的调查、生态流及生态功能的调查等。

③ 社会系统调查　内容包括人口的结构、流动及健康状况，科技的结构、转化及应用，科技示范区的建设现状及发展趋势，精神文明及环境管理的建设与现状。

④ 经济系统的调查　内容包括产业结构、能源结构、投资结构、资源的利用与保护、环境与环境保护情况等。

⑤ 区域特殊保护目标调查　调查地方性敏感生态目标，如自然景观与风景名胜、水源地，水源林与集水区等、脆弱生态系统、生态安全区、重要生境等。

⑥ 自然灾害调查　包括地震、泥石流、海啸、台风、洪水、干旱、火山爆发等。

（3）生态环境现状分析与评价

通过对生态环境调查资料的分析，发现系统存在的主要问题、发展的利导因子、制约因素、发展潜力及优势，找出系统中存在的反馈关系、调节机制、政策对系统局部的影响机制，确定规划需要调节的主要环节、生态环境保护和建设的主要领域、经济发展的模式。

（4）生态功能区划

生态功能区划应在生态环境现状评价、生态环境敏感性评价、生态服务功能重要性评价的基础上进行。

生态功能区划的一般过程为：确定区划目标——收集资料——生态环境评价（生态环境敏感性评价、生态服务功能评价）——生态功能区划及分区描述——编制区划文件及生态规划图件。

生态功能区划分区系统，分3个等级：一级区划分以中国生态环境综合区划三级区为基础，各省市可根据管理的要求及生态环境特点，做适当调整；二级区划分以主要生态系统类型和生态服务功能类型为依据；三级区划分以生态服务功能的重要性、生态环境敏感性等指标为依据。

生态功能区分区方法，一般采用定性分区和定量分区相结合的方法进行分区划界。边界的确定应考虑利用山脉、河流等自然特征与行政边界。一级区划界时，应注意区内气候特征的相似性与地貌单元的完整性；二级区划界时，应注意区内生态系统类型与过程的完整性，以及生态服务功能类型的一致性；三级区划界时，应注意生态服务功能的重要性、生态环境敏感性等的一致性。

生态功能区划，是对规划区实行分区管理的主要依据，因此，分区后要确定各功能区的目标、生态保护和建设及经济发展的规划。

（5）规划设计与规划方案的建立

在现状调查与评价的基础上，充分研究国家的有关政策、法规、区域发展规划，综合考虑人口发展、经济发展及环境保护的关系，提出生态规划的目标及建设的指标体系，确定区域发展的主要任务、重点领域，在区内生态环境、资源及社会条件的适宜度和承载力范围内，选择最适于区域发展的对策措施。

规划内容主要包括：生态工业建设、生态农业建设、林业与自然保护区建设、生态旅游建设、水利建设与水土保持建设、环境综合整治、生态城镇建设、生态文化建设等。每一个规划方案都应包括经济发展战略、空间构架、建设目标和主要保护及建设内容。方案的设计要结合规划的实际，体现社会、环境、经济三者效益的高度统一。

（6）规划方案的分析与决策

对规划方案实施后，可能造成的影响进行预测分析，包括生态风险评价、损益分析及环境影响等分析来进行方案比选，也可以采用数学规划的方法和动态模拟等决策方法进行辅助决策。

（7）规划方案实施的措施与审批

根据生态规划目标要素和存在的问题，有针对性地提出与规划主要建设领域和重点任务相配套的经济措施、行政措施、法律措施、市场措施、能力建设、国内与国际交流合作、资金筹措等内容，尤其是能力建设和政策调控最为关键，对规划的实施进行动态追踪和管理，及时修正，保证规划目标的实现。

规划编制完成后，报有关部门进行审批实施。生态规划由所在地的环境保护行政主管部门会同有关部门组织编制、论证，经上级环境保护行政主管部门审查同意后，报当地人民政府批准实施。审批后的规划应纳入区内相关的发展规划，以保证规划的实施。

24.2 生态市（县）规划

城市是一个高度人工化的复合生态系统。生态城市是一种按照生态学原理建立起来的社会、经济、自然协调发展，物质、能量、信息高效利用，生态良性循环的人类聚居地，即高效、和谐的人类栖息的环境。

生态市（县）规划是以创建生态城市（县）为目标的城市生态规划，也可以看作城市生态规划的一个专项规划。目前，国内外都把创建生态城市作为城市发展最高层次和追求的目标，生态城市规划已成为城市生态规划的核心和主要形式。

24.2.1 生态市（县）规划的基本原则

① 协调发展的原则　充分考虑区域社会、经济与资源、环境的协调发展，统筹城乡发展，促进人与自然和谐，实现经济、社会和环境效益的"共赢"。

② 因地制宜的原则　从本地实际出发，发挥本地资源、环境、区位优势，突出地方特色。

③ 量力而行的原则　不贪大求全，不盲目攀比。通过规划编制，选择生态市（县）建设的重点领域和重点区域作为突破，循序渐进，分步实施。

④ 便于操作的原则　规划要与当地国民经济与社会发展规划（计划）相衔接，与相关部门的行业规划相衔接。规划目标与措施应尽可能做到工程化、项目化、时限化。

24.2.2 生态市（县）规划的主要内容

（1）总论

说明规划任务的由来，规划编制的依据，宏观背景与现实基础，建设的目的、意义、规划范围、规划时限等。

（2）现状分析与评价

收集规划区的自然和生态环境现状资料，对社会、经济、环境现状及存在的重要问题进行分析评价，包括规划区域内各种资源的组合状况及对经济发展的影响分析；对规划区域经济、生态、社会持续发展和进步的有利因素、制约因素（包括自然因素、社会因素、经济因素、技术因素和政策因素等）及相互关系分析；存在的主要生态环境问题及其产生原因分析（图24-1）。

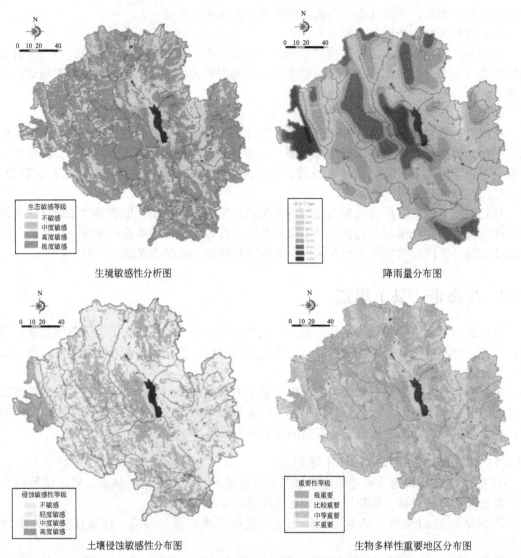

图24-1　云南大理生态州规划现状分析图

（3）规划的指导思想

围绕全面建设小康社会，以全面、协调、可持续的科学发展观为指导，运用生态经济和循环经济理论，统筹区域经济、社会和环境、资源的关系，以人为本，通过调整优化产业结构，大力发展生态经济和循环经济，改善生态环境，培育生态文化，重视生态人居，走生产发展、生活富裕、生态良好的文明发展道路。

（4）规划目标

规划目标分为总体目标和建设指标。总体目标可分为整体协调目标、经济领域的目标、社会领域目标、生态环境领域目标分别提出要求，建设指标要根据国家环保总局《生态县、生态市、生态省建设指标（修改稿）》和当地实际需要，分阶段分项列出具体要求和指标。

（5）生态功能分区

生态功能区划，是在生态景观实地调查的基础上，根据反映生态经济关系综合信息的某种共性和不同单元存在的差异，综合总体特征进行区域划分，依据相同类型在空间上的连续分布，组成特征鲜明的生态功能区。生态功能分区根据自然地理条件和社会经济条件，结合土地利用与行政区划现状，考虑未来发展需要，确定每个功能区的面积、人口、所辖行政区域，功能区的基本特征、发展方向，建设目标等（图24-2）。

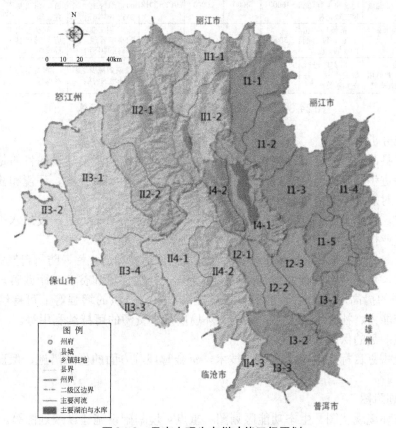

图24-2　云南大理生态州功能三级区划

（6）建设的主要任务和重点领域

生态市（县）建设的主要任务包括：增强可持续发展能力、改善生态环境和明显提高资源利用效率等3个方面。

重点建设领域由生态经济、人居环境、生态环境、生态文化4部分组成，生态经济建设的重点，体现为以循环经济为特征的现代化经济体系；人居环境建设的重点，体现在社会稳定、生活环境的舒适性和适宜性；生态环境建设与保护的重点，包括资源可持续利用、生物多样性、重要生态功能区、生态安全、生态环境修复和环境质量；生态文化的重点，体现现代生态文化建设，从制度文化、认知文化、心智文化三方面，在单位（企业、学校等）、社区（乡、镇）和社会三个层面上展开。

（7）重点建设工程与经费概算

根据生态市（县）建设的总体目标，主要任务和建设步骤，确定若干项重点建设工程，并说明所处位置、建设内容、建设周期、投资概算、承担单位及主要负责人、经费渠道等（图24-3）。

	序号	项目名称	建设内容	近中期(2010～2015)	远期(2016～2020)	投资合计/万元	建设期限	项目效益	责任单位	资金来源
大理生态州建设体系	1	大理市生态工业园区建设	占地300公顷，可入驻120家工业企业	15000	0	15000	2010～2015	实现工业发展的集中管理、污染物集中防治	大理市政府、大理州建设局	国家投资40%，云南省、大理州财政投资60%
	2	巍山县甸中生态工业园区建设	占地160公顷，可入驻60家工业企业	13000	0	13000	2010～2015	实现工业发展的集中管理、污染物集中防治	巍山县政府、巍山县建设局	国家投资40%，云南省、大理州财政投资60%
	3	剑川县生态工业园区建设	占地200公顷，可入驻100家工业企业	16000	4000	20000	2012～2018	实现工业发展的集中管理、污染物集中防治	剑川县政府、剑川县建设局	国家投资40%，云南省、大理州财政
	4	鹤庆县兴鹤工业园区改扩建	新征1500亩土地、包括前期规划、设计	3000	0	3000	2010～2015	实现工业发展的集中管理、污染物集中防治	鹤庆县政府、鹤庆县建设局	国家投资40%，云南省、大理州财政
	5	金泰、东景矿业有限公司尾矿处	对矿尾进行综合利用，并达到示范作用	1000	0	1000	2010～2015	有效减少尾矿对环境的污染	洱源县环保局等	企业投资

图24-3　云南大理生态州规划重点建设项目汇总

（8）效益分析

生态市（县）是一个开放的自然—社会—经济复合生态系统，建设的目的是努力使经济现代化、社会进步和生态环境良好三者之间良性互动，从而实现经济、环境和社会效益同步提高，因此，对规划方案需进行主要的效益分析。

经济效益，可以从经济结构、产业布局、资源利用效率水平、生产发展水平、GDP、财政收入、各产业构成、人均GDP、人均收入及相应增长率等分析。

生态效益，包括生态环境质量水平、人居环境的舒适性和适宜性、防御自然灾害能力等。

社会效益，包括城乡结构、城镇布局是否合理，社会保障和贫富差距改善，科技进步和文化教育水平的提高，人民生活水平和素质提高，生态意识的增强等；可持续发展能力增强，包括生产能力、社会稳定、人口素质、环境质量、资源的可持续利用等。

（9）实施规划的保障措施

提出实现规划目标的组织、政策、技术、资金管理等方面的保障措施，保证规划的顺利实施。

（10）规划附图

包括生态环境现状图、生态功能区划图、重点环境基础设施建设规划图等。

24.3　湿地公园规划

湿地，《湿地公约》的定义："湿地系指不问其为天然或人工、长久或暂时之沼泽地、泥炭地或水域地带，带有或静止或流动、或为淡水、半咸水或咸水水体者，包括低潮时水深不超过6m的水域。"同时又规定："可包括邻接湿地的河湖沿岸、沿海区域以及湿地范围的岛屿或低潮时水深不超过6m的区域。"

湿地公园，是保持该区域独特的自然生态系统近于自然景观状态，维持系统内部不同动植物物种的生态平衡和种群协调发展，并在不破坏湿地生态系统的基础上，建设不同类型的辅助设施，将生态保护、生态旅游和生态教育的功能有机结合，突出生态性、自然性和科普性三大特点，集湿地生态保护、生态观光休闲、生态科普教育、湿地研究等多功能的生态型公园。

24.3.1　湿地公园的分类

根据湿地公园建造目的、特点、功能和作用，将湿地公园分为生态展示型、仿生湿地型、野生湿地型、湿地恢复型、污水净化型5大类。

①生态展示型　生态展示型湿地，不具备自然演替的功能，而是将生态学的手法和技术手段向游人进行展示，有教育、科普宣传的作用，具湿地公园外貌而湿地功能较弱，主要是通过此类湿地公园向游人展示完整的湿地功能，寓教于游，唤起人们对大自然的美好向往，以及对湿地环境的重视（图24-4）。

图24-4　北京奥林匹克森林公园湿地生态展示

②仿生湿地型　模仿湿地在自然的原始形态，并加以归纳、提炼的人工湿地公园，具有一定自然演替的功能。湿地公园岸上植喜水湿的植物，散置自然石块，在适当地方设置观赏及休闲设施。这是一种在城市边缘，创造丰富的生物多样性的生境，以联接城市居民和自然环境为目的的景观模式（图24-5）。

③野生湿地型　完全野生状态的湿地公园，多属于生态保护型湿地，可供游客限制性参观、游憩，湿地功能完全，反映自然湿地的特性和完善的自然演替功能，不经由人工设计，而体现出自然的原始状态，尽管没有完备的设施或丰富的娱乐项目，却有着引人入胜的神秘感（图24-6）。

④湿地恢复型　原本是湿地场所，由于人工干预（如城市建设）造成湿地性质消失，后又经人工恢复，具有湿地外貌和一定的湿地功能。湿地恢复重建，即便是一片不大的空间，经过科学的生态设计，也能达到恢复生态系统，兼顾生态良性循环和为城市生活服务的目的。

⑤污水净化型　通过一定水域的湿地对污水进行净化处理，达到水质改善的目的（图24-4）。

图24-5　仿生湿地景观示意

图24-6　野生湿地景观效果

24.3.2　湿地公园的功能和作用

①生物多样性保护的场所　湿地公园特殊的环境、多样的湿地生物群落构成复杂的生态系统，为各种涉禽、游禽、蝴蝶和小型哺乳动物，提供了丰富的食物来源和营造了良好的避敌场所，一定规模的湿地环境还能成为常住或迁徙途中鸟类的栖息地，促进生物多样性的保护。

②科学研究和教育场所　湿地公园生态系统、有丰富的动植物物种等，在自然科学教育和研究中都具有十分重要的作用，可以为教育和科学研究提供对象、材料和试验基地。

③ 改善景观美学价值　景观，是一个地方或整个地区外观内容的总和。湿地是景观的重要组成部分，其美丽的景色是旅游的风景线，大地景观的一个重要组成部分。

④ 提高生态环境质量　湿地较慢的水流速度，有助于沉积物的下沉，也有助于与沉积物结合在一起的有毒物的储存和转换，有些水生植物还能有效地吸收有毒物质，有效地降解污染、净化水质。湿地公园可以逐渐恢复植被，重建湿地生态系统的食物链基础，从而恢复生物多样性和复杂的食物链网，维持生态系统稳定的结构与功能。

⑤ 调蓄洪水，防止自然灾害　湿地公园在控制洪水、调节水流方面的功能十分显著，在蓄水、调节河川径流、补给地下水和维持区域水平衡中发挥着重要作用，是蓄水防洪的天然"海绵"。湿地可以为地下蓄水层补充水源，从湿地到蓄水层的水可以成为地下水系统的一部分，又可以为周围地区的工农业生产提供水源。

24.3.3　湿地公园规划的原则

湿地公园规划应遵循的原则：因地制宜的原则、整体性的原则、可持续发展原则、循环与再生原则、物种最优匹配原则、尊重地方精神的原则、经济与高效相结合的原则、湿地生态保护与合理利用相协调的原则等。

24.3.4　湿地公园规划的内容

根据湿地区域的自然资源、经济社会条件和湿地公园用地的现状，确定总体规划的指导思想和基本原则；划定公园范围和功能分区，确定保护对象与保护措施；测定环境容量和游人容量；规划游览方式、游览路线和科普、游览活动内容，确定管理、服务和科学工作设施规模等内容；提出湿地保护与功能的恢复，增强科研工作与科普教育，湿地管理与机构建设等方面的措施和建议。对于有可能对湿地以及周边生态环境造成严重干扰、甚至破坏的城市建设项目，应提交湿地环境影响专题分析报告。

24.3.5　湿地公园的功能分区

以保护为主的湿地公园中，根据湿地的敏感性分为重点保护区、湿地展示区、游览活动区和管理服务区。

① 重点保护区　针对重要湿地，或湿地生态系统较为完整、生物多样性丰富的区域，应设置重点保护区。在重点保护区内，可以针对珍稀物种的繁殖地及原产地设置禁入区，针对候鸟及繁殖期的鸟类活动区设立临时性的禁入区。此外，考虑生物的生息空间及活动范围，应在重点保护区外围划定适当的非人工干涉圈，以充分保障生物的生息场所。重点保护区内只允许开展各项湿地科学研究、保护与观察工作。可根据需要设置一些小型设施，为各种生物提供栖息场所和迁徙通道。本区内所有人工设施应以确保原有生态系统的完整性和最小干扰为前提。

② 湿地展示区　在重点保护区外围建立湿地展示区，重点展示湿地生态系统、生物多样性和湿地自然景观，开展湿地科普宣传和教育活动。对于湿地生态系统和湿地形态相对缺失的区域，应加强湿地生态系统的保育和恢复工作。湿地展示区实际上是湿地保护的缓冲区，其功能是保护核心区的生态过程和自然演替，减少外界人为干扰带来的冲击。一般是在核心保护区周围划出辅助性的保护和管理范围。安全的缓冲区应能滞留多余的雨水，在洪涝时期保证地下水的供给，而且在水量不足时，保证有足够的水流经湿地。缓冲区的宽度为100m左右，以确保适当的野生物栖息地和动物在湿地间的活动。

③ 游览活动区　利用湿地敏感度相对较低的区域，可以划为游览活动区，开展以湿地为主体的休闲、游览活动。游览活动区内可以规划适宜的游览方式和活动内容，安排适度的

游憩设施，避免游览活动对湿地生态环境造成破坏。同时，应加强游人的安全保护工作，防止意外发生。

④ 管理服务区　在湿地生态系统敏感度相对较低的区域，设置管理服务区，并应尽量减少对湿地整体环境的干扰和破坏。

24.3.6　水系组织规划

水是湿地的本原，水质是公园湿地保护的最基本要求，没有良好的水质，公园各分区湿地的恢复与建设就难以得到保证。因此，水系组织的规划是湿地保护规划得以实施的重要保障。

① 公园水系整体规划　湿地公园的水系在规划时，充分考虑城市与周边水系的特点，将湿地内外的水系结合起来，尽可能形成水系网络，改善湿地整体生态功能的发挥。

② 公园内部水系规划　湿地公园内部的水系的分布，主要受基质现状的限制，在湿地公园的重点区域，水系以自然状态为主，水体的净化通过湿地的自我修复达到；生态缓冲带，是湿地的自然恢复和修复区，水系可以根据我国的传统的理水理念，模拟自然水体的形式，将其设计成湾、河、港、溪、瀑、泉等形式，成为景观。

③ 岸线设计　在湿地公园中，岸边及环境是一种独特的线性空间，是湿地系统与其它环境的过渡地带，由于"边缘效应"，其生物种类丰富。因此，在对岸线进行规划时要尽量应用自然形式，与周围的环境相协调，并结合湿地的参观、污水净化、环境保护等功能，尽可能地保持岸边的生态多样性的景观。湿地驳岸主要有3种：自然原型驳岸、自然型驳岸、人工驳岸（图24-7）。

(a) 自然原型驳岸

(b) 自然型驳岸

(c) 人工驳岸

图24-7　湿地驳岸类型

24.3.7　生物多样性保护规划

① 植物种类规划　在湿地公园中，湿地植物可以分为观赏型、净化污水型。湿地植被规划，要以湿地的功能类型为依据，进行湿地植被种植，尽量保护现有的植物，既要保证湿地生境的多样性，又能营造出不同季相变化的湿地植物景观，使公园湿地生态系统多样性与景观多样性得到充分的展示。植物选择应遵循适地适树和经济的原则，尽可能地选择本地植物种类，既经济又实用，还可以避免外来物种对本地生态系统构成威胁和破坏。

② 湿地植物配置　植物的配置中，从层次上考虑，有灌木与草本植物之分，挺水（如芦苇）、浮水（如睡莲）和沉水植物（如金鱼草）之别，应将各种层次上的植物进行搭配设计；从功能上考虑，可采用发达茎叶类植物（有利于阻挡水流、沉降泥沙）和发达根系类植物（有利于吸收污染物）进行混合搭配，既能保持湿地系统的生态完整性，又能带来良好的生态效果。

③ 湿地动物的规划　动物是湿地生态系统的重要组成部分，它是食物链中一个不可缺少的元素。湿地公园动物种类规划时，要依据生态学的能量传递原理对其进行合理分析，主要包括候鸟、留鸟、鱼类、两栖类、水禽、昆虫等动物的规划。在规模较大自然湿地公园中，动物的种类比较丰富，以保护为主，对于濒危种类要重点保护，对于常见的白鹭、苍鹭、小白鹭等种类也要适当保护，确保多样的鸟类资源。

在动物规划时，可以推选出特色的栖息动物作为公园的标志动物，如崇明东滩湿地公园以扬子鳄为标志，在公园中设立了试验中心，还创建了适合其生活的环境，保护了动物，也吸引了游客。

24.3.8　游览道路系统规划

湿地公园交通可分为园内交通、园外交通。园内交通以人行为主，车行为辅，外来机动车限制入园，规划应构建完整的对外、对内的交通动线，形成线性休闲景观廊道。停车场紧靠湿地公园间隔设置，以不影响公园内的生态环境。

公园步道系统，主要为游览性步行道，景区内人行道应该形成环形。步道系统规划应兼顾自然环境、游览速度、心灵感受、景点展示等内容。步道一般为临水木质栈桥，可以增强人们的亲水性，并随水位呈错落叠置的变化，木头的质感更能与水体、植物融为一体，增加自然亲切感（图24-8）。

图24-8　某湿地公园内的木栈道

24.3.9　湿地生态保护与恢复规划

（1）湿地生态保护规划

依据社会、经济、环境复合生态系统的发展模式，围绕湿地的核心价值，从有利于生态保全、文化展示和组织游览的角度出发，来实现湿地的生态保护。

（2）湿地生态保护恢复规划

① 水环境整治规划　在外部水体进入段，可建设生态湿地、自然式生态效能沉淀池，以过滤降低水体污染物输入，改善水质；湿地沿岸，要求统一协调，截污纳管，综合治理、检测并保证充裕的水量配给，保证湿地有良好的水源水质保障；改变生产方式，禁用化肥、农药，水产养殖以自然放养为主，禁止进行网箱养育和高密度的池塘养鱼，禁止在区内进行一切禽畜养殖，减少面源污染对水质的影响；结合环境多样性和景观、活动多样性的需要，丰富水陆关系变化，适度拓展水域面积；同时通过改变鱼类的物种组成或多度，来调整湿地水体的营养结构，从而加速水质的恢复和生态系统结构的完善；疏浚，通过逐步疏浚，去除千百年来集聚在水体中的富营养物质，避免对水体产生污染。

② 植被建设　结合亲水岸滩规划，重建湿地植被生长区，恢复湿地植被，拓展湿地区域面积。在适宜区域营建由"沉水植物—浮水植物—挺水植物—湿生植物"组成的湿地植被全序列或半序列湿地景观（图24-9）。

图24-9　湿地植被序列景观示意

③ 整体景观建设　结合基质修复和湿地植被恢复工作，优化配置各景观要素，进行多样化的湿地景观建设，提高湿地植物景观异质性。

④ 生物景观恢复　保护现有植被群落，从生物多样性、稳定性角度进一步完善植物生态系统；根据用地条件，适当增加林地比例，充分发挥绿化在水土保持、防风降燥等方面的作用；在丰富植被群落景观的同时，维持乡土田园式的绿化基调；保护鸟类与其他生物，创造有利于其生活、生长的环境空间；与区块规划结构相吻合，创造特色化的组团植物空间。

24.3.10　净水系统规划

人为创造一个适宜水生、湿生植物生长的、用于处理污水的工艺，它可以在自然的基础上改造而得，也可以人为创造。人工湿地处理污水系统包括预处理和人工湿地两个部分。预处理一般包括隔栅、沉砂池、沉淀池、厌氧池、兼性池等，在实际应用中可做适当调整。

24.4 矿山生态环境保护与恢复规划

矿山生态环境，矿业活动影响范围内由生物群落及非生物自然因素组成的各种生态系统所构成的整体，主要或完全由自然因素组成。

矿山生态环境保护，矿业活动中采取一定措施，控制生态环境破坏和污染等问题，保护矿区生态系统的生物多样性和动态平衡，实现矿山资源开发与生态环境的可持续发展。

矿区生态恢复重建，是将破坏的矿区生态系统恢复成具有生物多样性和动态平衡的本地生态系统。其实质是将人为破坏的矿区环境恢复或重建成一个与当地自然界相和谐的生态系统。

24.4.1 规划基本原则

（1）在保护中开发，在开发中保护的总原则

正确处理好矿产资源开发利用过程中与矿山自然生态环境保护的关系。

（2）矿产资源开发利用与生态环境恢复并举的原则

在矿产资源开发利用过程中，要坚持"谁开发、谁保护，谁破坏、谁治理，谁受益、谁补偿"的原则，明确采矿权人对矿山自然生态环境保护与治理的义务和责任。

（3）坚持统筹规划，预防为主、保护优先的原则

矿山自然生态环境的保护与治理工作，首先要突出保护，以预防生态破坏为首要任务；其次要做好治理的工作，综合治理生态环境已遭破坏的矿山，以恢复矿山自然生态环境。

（4）坚持重点突出、分阶段实施的原则

由于各个矿山所处的区位条件、对生态破坏的程度不尽相同，因而在规划中必须体现突出重点、分阶段实施的原则，以保证在实践中做到保护与恢复的有条不紊。

（5）坚持因地制宜、分类指导的原则

在调查研究基础上，从矿山自然生态环境现状和当地经济发展水平出发，分别对新建矿山、生产矿山和废弃矿山提出生态环境保护与恢复的要求，使规划（方案）具有更强的可操作性。

（6）遵循发展循环经济的减量化、再使用、再循环的原则

24.4.2 规划编制的程序

规划编制包括：规划（方案）编制准备及背景资料收集、规划区域内生态环境现状调查与预测分析、矿山生态规划、规划（方案）报告编制等。

24.4.3 现状资料收集与分析

主要通过资料收集与分析、现场踏勘、人员访谈等方式开展调查，确定项目规划范围、时限。

① 资料收集与分析　规划区的背景资料和专业调查资料，如区域地质、矿产资源开发利用方案、地质灾害，土地利用总体规划、农业区划、土壤、林业等相关规划、城乡建设与规划资料、社会经济统计资料、自然条件资料，项目环境评价、水土保持方案、环境保护等相关资料；反映项目区及其邻近区域的开发及活动状况的航片或卫片，其它有助于评价项目区域污染的历史资料，如平面布置图、地形图等；矿山资源开发利用变迁过程中，场地内的建筑、设施、工艺流程和生产污染等变化情况；相关政府文件，由政府机关和权威机构所保存和发布的环境资料，如区域环境保护规划、环境质量公告、企业在政府部门相关环境备案和批复、生态和水源保护区规划等。

② 现场踏勘　以矿区范围为主，并应包括其周边区域；在现场勘查时，应尽可能勘查矿区内的主要设施、建构筑物、人口居住密度，人文景观等，同时观察是否有保护目标存在。现场踏勘的主要内容包括规划区内的土地利用情况，生态环境情况，社会经济及人文景观情况，周边区域的现状与历史情况，地质、地形、地貌的描述，建（构）筑物、设施或设备的描述。

③ 人员访谈　访谈内容应包括资料分析和现场踏勘所涉及的问题，由调查人员提前准备设计。访谈对象为项目区对现状或历史了解的知情人，包括管理机构和地方政府的官员，环境保护行政主管部门的官员，项目区土地过去和现在的不同阶段使用者，项目所在地或熟悉当地事物的第三方，如过去的工作人员、雇员和附近的居民。访谈方法可采取当面交流、电话交流、电子或书面调查表等方式进行。内容整理，应对访谈内容进行整理，并对照已有资料，对其中可疑处和不完善处进行再次核实和补充。

④ 规划区域内生态环境现状调查与预测分析　规划区域内生态环境调查与分析，包括生态环境调查、自然社会状况调查、矿区生态破坏调查、矿山开采对矿区生态环境的影响调查、矿山开采对矿区周边生态环境的影响调查。通过调查，分析矿山生产对矿区生态环境破坏的现状与生态恢复的重点环节、区域。

24.4.4　矿山生态规划

矿区生态规划，包括矿区范围与时限界定、生态功能区划、规划目标及建设模式、矿山生产污染控制工程、矿区水土保持工程、矿山生态恢复与重建工程、生态产业发展能力分析、工程投资及效益分析、实施规划的保障措施等。

（1）规划范围与时限

规划的范围一般以矿区为基准，包括其生态环境影响区。规划时限一般分三个阶段：近期、中期和远期（矿山开采结束），分别以五年为一个方案实施期。五年实施期结束后，另行制定下一个五年实施的方案。

（2）矿区的生态功能区划

按照服务功能划分生态系统，可将矿区分为生产区、管理区、生活区、道路区、生态环境区等。

（3）矿区生态规划建设模式

矿区生态规划应根据矿山生态破坏情况，当地社会经济发展需要，矿区生态建设的实际情况，及不同生产场地的生态状况设立重建模式，包括采矿场、废石场（排土场）、尾矿库和选矿厂等生产区的生态恢复与重建的模式；生活区和管理区生态恢复与重建模式。

① 采矿场生态恢复与重建模式

包括农林利用型生态重建模式，蓄水利用型生态重建模式，挖深垫浅、综合利用生态重建模式（图24-10）。

② 废石场（排土场）生态恢复与重建模式　排土场生态恢复与重建的时间，根据排土堆置工艺不同，在排土堆置的同时进行生态重建，如开采缓倾斜薄矿脉的矿山，或一些实行内排土的矿山；而大多数露天矿山的排土场为多台阶状，短时间不能结束排土作业，待结束一个

图24-10　某露天采矿场农林利用型生态恢复重建景观

台阶或一个单独排土场后，便可以进行生态重建（图24-11）。

③选矿场生态恢复与重建模式　选矿场，作为工业场地，按工业场地要求重建。

④尾矿库生态恢复与重建模式　尾矿库的生态恢复与重建，一般是在干涸的尾砂层上直接种植植被或覆土后整成田块，种植作物或种草植树。尾矿库的生态重建包括尾矿库立地条件的分析、尾矿库土壤的改良、植物种的筛选以及种植模式的选择。

图24-11　某采矿区排土场生态恢复作业现场

⑤生活区和管理区　对闭坑后的矿山，对生活区和管理区进行绿化和景观建设，建设舒适的人居环境。

⑥道路区生态恢复与重建模式　矿区道路的生态重建主要是对矿区道路进行恢复，对永久性道路，建设排水设施，同时在道路两侧进行植被建设和边坡防护。对于临时性道路，使用结束后对其进行土地整治和植被恢复。物种筛选以当地树种为主，同时兼顾景观效果。

（4）规划目标

规划应从清洁生产、污染控制、水土保持、生态恢复等方面，提出生态环境保护与恢复的总体目标、阶段目标和具体指标要求。

①清洁生产指标　清洁生产指标包括：采选矿生产工艺先进性及装备技术水平、资源能源利用指标、废物回收利用指标、环境管理要求。资源能源利用指标，采选矿回收率（%）、采矿贫化率（%）、全员劳动生产率（t/人）、万元产值耗新水量（m³/万元）、万元产值能耗（t标煤/万元）；废物回收利用指标，采矿废石利用率（%）、矿坑（露天、井下）涌水利用率（%），选矿尾矿综合利用率（%）、选矿水重复利用率（%）等。

②污染控制指标　污染控制指标包括：工业废水排放达标率（%）、工业废气排放达标率（%）、作业环境粉尘合格率（%）、固体废弃物处置率（%）、生活垃圾无害化处理率（%）、生活污水处理率（%）、大气环境质量、地表水环境质量、噪声环境质量、地表水功能区达标率（%）等。

③水土保持指标　水土保持指标包括：扰动土地治理率（%）、水土流失治理度（%）、水土流失控制比、林草覆盖率、植被复垦系数、植被重建区林分郁闭度、植被重建区植被盖度等。

④生态恢复指标　生态恢复指标包括：森林覆盖率（%）、矿山土地复垦率（%）、退化土地治理率（%）、人均公共绿地面积（m²）、工业场地及办公生活居住区绿化率（%）、受污染土地水体治理达标率（%）等。

（5）规划工程措施

规划应对各类生态环境保护与恢复工程所采取的技术措施、技术指标、实施时间等进行说明。规划实施工程措施包括污染防治工程、水土保持建设工程、生态恢复与重建工程、人文景观工程、生态产业工程。

①污染防治工程　污染防治工程包括大气污染防治工程、水污染防治工程、固体废弃物处理与处置利用工程、噪声与振动控制工程。大气污染防治工程，包括采矿、选矿生产过程中粉尘污染控制，爆破扬尘及产生有害气体防治；水污染防治工程，包括采选矿过程中四

种污水治理，即矿坑水、排土场淋溶水、选矿尾水及生活水治理；固体废弃物利用工程，包括排土场、尾矿库有价值元素选别，建筑及其他材料应用，处理与处置包括安全贮存，植被复垦等；噪声与振动控制工程，包括矿山生产爆破冲击波与爆破飞石影响、爆破震动影响、选矿厂噪声等的控制。

② 水土保持建设工程　水土保持建设工程包括截洪沟、挡土墙、植被复垦等。

③ 生态恢复与重建工程　生态恢复与重建工程包括采矿过程生态恢复与重建，含采矿坑（或塌陷区）生态恢复与重建、排土场生态恢复与重建，选矿场及尾矿库生态恢复与重建。

④ 人文景观工程　人文景观工程包括矿山开采过程中和服务期满后应建设人文景观，供观光旅游。

⑤ 生态产业工程　生态产业工程，建设可产生经济效果的产业，如建材业（固废利用）、花卉苗圃、经济果木等。

（6）矿山生态规划效果

依据建设工程绘制生态工程实施后的生态恢复与重建效果，用效果图进行表示。

（7）投资估算

投资估算范围是矿区生态环境破坏治理、矿区生态环境污染治理、水土保持、生态恢复与重建、资源综合利用（固废资源）、生态产业发展所需要资金等。

（8）效益分析

效益主要体现在社会效益、生态环境效益及经济效益三个方面。

（9）实施规划保障措施

实施规划保障措施包括组织管理措施、技术保障措施、资金保障措施等。

24.3.4　成果要求

规划成果包括规划文本、规划附图、附件等内容。

（1）规划文本　包括总论、规划区的基本概况、生态环境现状调查与预测、生态环境保护目标、规划主要任务及生态环境保护方案、规划可行性及预计效果分析、保证规划实施的措施、结论。

（2）规划附图　矿山范围及生态环境现状图、矿山生态影响预测图、生态环境综合整治总体布局图、规划方案中各项工程的配套专业图件、生态环境恢复综合整治效果图。

（3）附件　包括重点建设项目一览表（含责任单位）、投资概预算表、专家评审意见及其他相关附件。

参考文献

[1] 周维权. 中国古典园林史 [M]. 北京：中国建筑工业出版社，1990.

[2] 彭一刚. 中国古典园林分析 [M]. 北京：中国建筑工业出版社，1986.

[3] 郦芷若，朱建宁. 西方园林 [M]. 郑州：河南科技大学出版社，2002.

[4] 王晓俊. 风景园林设计 [M]. 南京：江苏科学技术出版社，2009.

[5] 唐学山，李雄，曹礼昆等. 园林设计 [M]. 北京：中国林业出版社，1997.

[6] 任军. 文化视野下的中国传统庭院 [M]. 天津：天津大学出版社，2005.

[7] [美] 诺曼·K·布思著. 曹礼昆，曹德鲲译. 风景园林设计要素 [M]. 北京：中国建筑工业出版社，1986.

[8] [日] 针之谷钟吉著. 邹红灿译. 西方造园变迁史：从伊甸园到天然公园 [M]. 北京：中国建筑工业出版社，1991.

[9] 俞孔坚. 理想景观探源 [M]. 北京：商务印书馆，1998.

[10] [美] 克莱尔·库柏·马库斯，卡罗琳·弗朗西斯著. 俞孔坚，孙鹏，王志芳等译. 人性场所——城市开放空间设计导则 [M]. 北京：中国建筑工业出版社，2001.

[11] [美] 莱若·G·汉尼鲍姆著. 宋力主译. 园林景观设计——实践方法 [M]. 沈阳：辽宁科学技术出版社，2003.

[12] 武文婷，任蓁. 景观设计 [M]. 北京：中国水利水电出版社，2013.

[13] 朱钧珍. 中国园林植物景观艺术 [M]. 北京：中国建筑工业出版社，2003.

[14] 陈其兵. 风景园林植物造景 [M]. 重庆：重庆大学出版社，2012.

[15] 杨向青. 园林规划设计 [M]. 南京：东南大学出版社，2004.

[16] 刘荣凤. 园林植物景观设计与应用 [M]. 北京：中国电力出版社，2009.

[17] 邓小飞. 园林植物 [M]. 武汉：华中科技大学出版社，2008.

[18] 刘扬. 城市公园规划设计 [M]. 北京：化学工业出版社，2010.

[19] 黄东兵. 园林规划设计 [M]. 北京：中国科学技术出版社，2003.

[20] 黄晓华. 园林规划设计 [M]. 北京：高等教育出版社，2005.

[21] 陈璟. 园林规划设计 [M]. 北京：化学工业出版社，2009.

[22] 卢新海. 园林规划设计 [M]. 北京：化学工业出版社，2009.

[23] 王冬梅. 园林景观设计 [M]. 合肥：合肥工业大学出版社，2010.

[24] 张德炎. 园林规划设计 [M]. 北京：化学工业出版社，2009.

[25] 胡长龙. 园林规划设计 [M]. 北京：中国农业出版社，2003.

[26] 艾伦·泰特著. 周玉鹏，肖季川，朱青模译. 城市公园设计 [M]. 北京：中国建筑工业出版社，2005.

[27] 王晓俊. 西方现代园林设计 [M]. 南京：东南大学出版社，2001.

[28] 王向荣，林箐. 西方现代景观设计的理论与实践 [M]. 北京：中国建筑工业出版社，2002.

[29] 王浩，王亚军. 生态园林城市规划 [M]. 北京：中国林业出版社，2008.

[30] 李铮生. 城市园林绿地规划与设计 [M]. 北京：中国建筑工业出版社，2006.

[31] 江芳，郑燕宁. 园林景观规划设计 [M]. 北京：北京理工大学出版社，2009.

[32] [美] 格兰特·W·里德著. 郑淮兵译. 园林景观设计：从概念到形式 [M]. 北京：中国建筑工业出版社，2010.

[33] [美] 约翰·O·西蒙兹，巴里·W·斯塔克著. 朱强，俞孔坚，王志芳译. 景观设计学：场地规划与设计手册 [M]. 北京：中国建筑工业出版社，2009.

[34] [美] 伊恩·伦诺克斯·麦克哈格著. 黄经纬译. 设计结合自然 [M]. 天津：天津大学出版社，2006.

[35] 刘滨谊. 现代景观规划设计 [M]. 南京：东南大学出版社，1999.

[36] 谷康，严军，汪辉等. 园林规划设计 [M]. 南京：东南大学出版社，2009.

[37] 王浩，汪辉，王胜永等. 城市湿地公园规划 [M]. 南京：东南大学出版社，2008.

图 13-5　某别墅入口庭院景观效果

图 13-6　某别墅中庭院景观效果

图 13-7　某别墅庭院花架景观效果

图 13-8　某别墅中庭水景效果示意

桂花

红枫

小桥

景石组合

白砂

N

0 2.5 5 10M

图 15-5　某酒店中庭景观平面图与透视效果图

图 15-6　某酒店中庭景观效果图

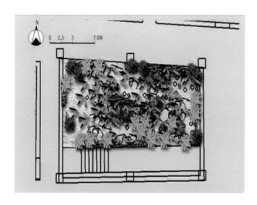

图 16-3　某商业型屋顶花园效果示意

图 15-7　某酒店廊道景观平面图与效果图

图 16-4　某家庭型屋顶花园效果示意

图 16-5　某屋顶花园休闲娱乐区效果示意

图 17-5　某区级政府广场效果图

图 18-2　某别墅小区入口景观方案一、二效果图

图 18-3　某别墅小区景观景点视线分析图

图 18-4　某别墅小区的景观重心（叠水瀑布）

图 18-5　某小区庭院 1、2 景观效果图